瑞蘭國際

妙子先生の
日本語ミニ講座
III

吉田妙子　著
許玉穎　譯

第III部　序言

　　筆者は 2014 年に政治大学を定年退職した後、2015 年 9 月より東海大学にて兼任教授として「日本語学総論」の授業を担当させていただきました。また、2014 年 2 月 14 日から 2019 年 6 月 2 日まで、台湾長老教会国際日語教会で、A 4 一枚に収まる程度の内容を「妙子先生のミニ講座」と題して、毎週 1 回の礼拝の際に発表する機会を与えていただきました。その際、教会関係の多くの方々に翻訳をいただき、それを優秀な翻訳パートナーである許玉頴さんとの知己を得て監訳をお願いし、このたび瑞蘭国際から上梓する運びになり、皆様の義協力、誠に感謝に耐えません。本書は、主に東海大学の授業を内容として、日語教会の講義を基にまとめたものです。

　　また、筆者は東呉大学日文研究所、輔仁大学翻訳研究所において、元清華大学外語系主任・湯廷池教授の謦咳に触れる機会に恵まれ、多大なる学恩を受けました。本書の内容は、湯先生の授業で得た知識が多く盛り込まれています。この場を借りて、湯廷池先生に感謝と尊敬を込めて御礼申し上げます。

　　本書は、主に日本語学習者、日本語教師志望者を念頭において執筆いたしましたが、中国語訳を付けたので、日本語に興味のある人にも読み物として読めるかと思います。

　　本書の構成は、言語規則の分野を扱ったものは「1. オノマトペ」「6. 間投詞」「7. ハとガ」「8. モダリティ」「9. 助詞」、社会言語の分野を扱ったものは「2. 敬語」「3. 呼称」「4. 男言葉・女言葉」「5. 一人称と二人称」「10. 挨拶」「12. 和製英語」、そして、台湾人の犯しやすい誤用をまとめたものとして「11. 台湾日本語」の 12 のテーマとなっています。言語表現の背景には文化が控えています。どのテーマも、日本語と日本文化を擦り合わせて説明することを忘れないよう心がけました。これらを、テーマが一つの分野に偏らないよう、全 3 冊に振り分けました。勉強する気で姿勢を正して読むテーマと、気楽に日本文化を発見するつもりで読むテーマを均等に配分しました。

　　第III部は「11. 台湾日本語」「12. 和製英語」の 2 つのテーマについてお話しします。

2020 年 4 月

第Ⅲ冊　序言

　　筆者 2014 年於政治大學屆齡退休後，自 2015 年 9 月起，於東海大學以兼任教授的身分，負責教授「日本語學總論」。並於 2014 年 2 月 14 日至 2019 年 6 月 2 日，承蒙台灣長老教會國際日語教會給予機會，讓我將一張 A4 紙能容納的內容以「妙子先生のミニ講座」（妙子老師的迷你講座）為題，於每週一次的禮拜中發表。當時有很多教會相關的人士幫忙翻譯，並邀請到優秀的翻譯夥伴許玉穎這位知音監譯，此次得以由瑞蘭國際出版，對諸位情義相挺實在感激不盡。本書主要以東海大學的授課為內容，以日語教會的講義為基礎彙整而成。

　　此外，筆者有幸於東吳大學日文研究所、輔仁大學翻譯研究所聆聽前清華大學外語系主任——湯廷池教授教誨，獲賜教之恩。本書內容有許多知識來自湯老師的課堂。借此機會，表達對湯廷池老師的感謝與尊敬。

　　筆者執筆本書時，原是以日文學習者，以及有志擔任日文教師者為對象，但是由於加了中文翻譯，應當亦值得對日文感興趣的人一讀。

　　本書由涉及語言規則領域的「1. 擬聲、擬態詞」、「6. 間投詞」、「7. は與が」、「8. 情態」、「9. 助詞」；涉及社會語言領域的「2. 敬語」、「3. 稱呼」、「4. 男性用語・女性用語」、「5. 第一人稱與第二人稱」、「10. 寒暄」、「12. 和製英語」，以及統整了台灣人容易錯用的「11. 台灣日語」等 12 個主題組成。語言表達的背景有文化影響。不論任何一個主題，筆者都留心謹記說明時揉合日文與日本文化。筆者將這些主題分為三冊，不偏重單一領域。平均地分配了以學習的態度正襟危坐閱讀的主題，以及以輕鬆發覺日本文化的心態閱讀的主題。

　　第Ⅲ冊將說明「11. 台灣日語」、「12. 和製英語」二個主題。

2020 年 4 月

譯者序

　　原先踏入台灣長老教會國際日語教會，就是想加強自己的日文能力。正好吉田老師請我幫忙翻譯每週禮拜的講義，我非常驚喜。因為內容非常有意思，同時也覺得是很好的學習機會，便義不容辭地幫忙了。沒想到其後集結成冊，得以出版，並在老師強力推薦下，讓我繼續幫忙統整、修正整體譯文。

　　我過去學習語言時，有位老師曾說過「學習外語的時候，與其一一找到對應的中文詞彙，不如去弄懂『怎麼用』」。所以翻譯中不時與老師討論，除了語言學相關的專有名詞外，還有如何翻譯、說明比較方便讀者了解與學習。其中部分單元例如擬聲、擬態詞、敬語，還有一些台灣人容易搞混的近義詞等等刻意不翻出「單詞」或「單句」，以避免譯文反而誤導讀者，目的在讓讀者透過閱讀吉田老師的說明來理解。非常感激老師和編輯在翻譯上非常尊重我的想法，甚至邀我寫序。

　　許多日文自己用了那麼久，卻是用得懵懵懂懂，拜讀老師的講義內容才恍然大悟。比如擬聲、擬態詞一章，才知道原來日本人對於各行發音有不同感受；難以區別的條件接續助詞之間有何差別；寒暄一章不僅明白各種寒暄詞真正的涵義，也透過寒暄的方式得以一窺日本人的想法、民族性。書中許多內容甚至連日本人也未必清楚，所以能如此清晰、細微地解說許多日文的近義詞、語源、文化背景，真的很令人佩服吉田老師的知識涵養與教學上的專業。這不僅是本語言教學書，更是本透過語言使用，了解日本文化與民族性的書。相信此書不論對已有日文基礎者，或是初學者都會非常有意思。

2020 年 4 月

目次

11

台湾日本語
台灣日語

日本語

　このシリーズは、「台湾人の誤りやすい日本語」ということで、発音、語彙、文法、表現、の4部門に分けてお話ししたいと思います。

1. 音声の誤用—清音と濁音

　皆さんは、タとダの区別が聞き取れない、という悩みを一度は感じたことがあるでしょう。「あた<u>ま</u>（頭）」を「あ<u>だ</u>ま」と聞き取ったり、「そうです<u>か</u>」と「そうです<u>が</u>」の区別ができない人がたくさんいます。以下、誤用例を挙げます。

① 「<u>じ</u>ごく（地獄）」→×「<u>ち</u>こく（遅刻）」

　教会の若い人が私に聞きました。「先生、チコクとはどんなところですか。」私は「チコクとは、あなたがいつもやっていることです。」と答えました。彼は目を丸くしました。

② 「か<u>ば</u>（河馬）」→×「か<u>っぱ</u>（河童）」

　動物園に行った時、学生が「先生、あそこにカッパがいます。」と言いました。私は「カッパは架空の動物よ。動物園にいるわけないじゃない！」と言いました。

③ 「<u>じ</u>かん（時間）」→×「<u>ち</u>かん（痴漢）」

　授業が終わる時、学生が「先生、チカンが来ました。」と言いました。私は「早く警察を呼びなさい。」と言いました。

④ 「さ<u>ど</u>う（茶道）」→×「さ<u>と</u>う（砂糖）」

　ある人が「私はサトウが好きです。」と言いました。私は「糖尿病にならないように注意してね。」と言いました。

台灣日語 1

　　這個系列要談談「台灣人容易弄錯的日文」，將分成發音、語彙、文法、表現4個部分來說明。

1. 發音的誤用—清音與濁音

　　各位應該都曾苦惱過聽不出た和だ的區別吧。有很多人把「あたま」（頭）聽成「あだま」、或是無法分辨「そうですか」和「そうですが」。以下是誤用的例子。

① 「じごく」（地獄）→×「ちこく」（遲到）

　　教會裡曾有年輕人問「老師，『ちこく』是什麼樣的地方呢？」我回答「『ちこく』就是你經常做的事情。」他一聽，眼睛睜得大大地愣住了。

② 「かば」（河馬）→×「かっぱ」（河童）

　　去動物園時，學生說「老師，那裡有『かっぱ』。」我回答「『かっぱ』是虛構的動物喔。怎麼可能在動物園裡！」

③ 「じかん」（時間）→×「ちかん」（痴漢）

　　下課時，學生說「老師『ちかん』到了。」於是我說「趕快叫警察。」

④ 「さどう」（茶道）→×「さとう」（砂糖）

　　某人說「我喜歡『さとう』。」我說「注意不要得糖尿病喔。」

日本語

1. 音声の誤用—有声音と無声音

どうして台湾人にとって濁音は発音しにくいのでしょうか。答は簡単、中国語には濁音がないからです。（台湾語には一部濁音がありますが。）

中国語には、有気音と無気音があります。「他」の子音部分の発音は 't^h' つまり有気音で、「大」の子音部分の発音は 't' つまり無気音です。この無気音の 't' を、日本語の「だ」の子音部分 'd' と勘違いしている向きが多いようですが、'd' の音は中国語にはありません。

日本語の濁音は、言語学では「有声音」と言います。清音は「無声音」です。有声音と無声音の違いは、有声音が声帯を震わせる音であるのに対し、無声音は声帯を震わせない音です。

有声音は、a、i、u、e、o、の母音の他、g、z、j、d、n、b、m、y、r、w、があり、無声音は、k、s、t、h、p、があります。この中の、g、z、j、d、b、が、それぞれガ行、ザ行、ダ行、バ行の濁音の子音になります。

無声音にはそれぞれ有気で発音する場合と、無気で発音する場合があります。語頭の k、s、t、h、p、は有気になりがちで、語中・語末の k、s、t、h、p、は無気になりがちです。例えば「たいへんよかった（非常好了）」という言葉を日本人が言った場合、「たいへん」の「た」は有気になりやすく、「よかった」の「た」は無気になりやすいので、台湾人にとっては「よかった」の「た」が「だ」に聞こえてしまうのです。しかし、先ほど「語頭の k、s、t、h、p、は有気になりがちで、語中・語末の k、s、t、h、p、は無気になりがちだ」と述べましたが、それは規則ではなく、語頭の k、s、t、h、p、を無気で発音しても、語中・語末の k、s、t、h、p、を有気で発音しても、どちらでもよいのです。

つまり、中国語では 't^h' と 't' は全く違った音なのですが、日本語では 't^h' も 't' も同じ、「た」の音なのです。日本語では 't' と 'd' が違った音なのです。中国語の 't' と日本語の 'd' が似ているので、台湾人を悩ませているのです。

台灣日語 2

1. 發音的誤用—有聲音與無聲音

　　為什麼對台灣人來說，濁音這麼難發呢？答案很簡單，因為中文裡沒有濁音。（雖然台語中有部分濁音。）

　　中文的發音包含有氣音與無氣音。「他」的子音部分的發音 'tʰ'（ㄊ）就是有氣音，而「大」的子音部分的發音 't'（ㄅ）就是無氣音。這個無氣音的 't' 常常被誤認為是日文「だ」的子音部分 'd'，但是其實中文裡沒有 'd' 這個音。

　　日文的濁音，在語言學裡歸類為「有聲音」。清音是「無聲音」。有聲音與無聲音的不同，在於有聲音是讓聲帶震動的音，而無聲音是不讓聲帶震動的音。

　　有聲音除了母音 a、i、u、e、o 外，還有 g、z、j、d、n、b、m、y、r、w，無聲音則有 k、s、t、h、p。其中 g、z、j、d、b 分別是「が行」、「ざ行」、「だ行」、「ば行」的濁音子音。

　　無聲音各有發有氣音和發無氣音的情況。語首的 k、s、t、h、p 多是發有氣音，而語中或語尾的 k、s、t、h、p 則多是發無氣音。例如日本人在說「たいへんよかった」（非常好）時，「たいへん」的「た」容易變成有氣音，「よかった」的「た」容易變成無氣音，所以對台灣人來說「よかった」的「た」聽起來像是「だ」。可是，先前提到「語首的 k、s、t、h、p 多是發有氣音，而語中或語尾的 k、s、t、h、p 則多是發無氣音」，但這並不是固定的規則，即便語首的 k、s、t、h、p 發無氣音，語中、語尾的 k、s、t、h、p 發有氣音也無妨。

　　換句話說，中文的 'tʰ'（ㄊ）和 't'（ㄅ）是全然不同的音，但就日文而言 'tʰ'（ㄊ）和 't'（ㄅ）同樣是「た」的音。日文中 't' 和 'd' 是不同的音。由於中文的 't'（ㄅ）和日文的 'd' 發音類似，所以才讓台灣人這麼困擾。

日本語

1. 音声の誤用―長音と短音（1）

　日本語には、「おばさん（叔母さん）」と「おばあさん（お婆さん）」、「おじさん（叔父さん）」と「おじいさん（お爺さん）」、「すじ（筋）」と「すうじ（数字）」、「せき（席）」と「せいき（世紀）」、「こさん（胡さん：胡先生）」と「こうさん（黄さん：黄先生）」、のように、長音と短音があります。長音とは、「ka → kaa」「ji → jii」「su → suu」「se → see」「ko → koo」などのように、母音を一拍延ばす音です。次に、いつも授業で言い古されたジョークですが、一応誤用例として挙げておきます。

① 「ぼこう（母校）」→×「ぼうこう（膀胱）」

　　学生「先生のボウコウはどこですか？」

　　教師「皆さんと同じです。」

② 「こもん（顧問）」→×「こうもん（肛門）」

　　学生「私の父は、会社のコウモンです。」

　　教師「廃棄物処理係ですか？」

③ 「ようめいさん（陽明山）」→×「よめさん（嫁さん）」

　　学生「先生は、いつヨメサンに行きますか。」

　　教師「当分その予定はありませんが。」

④ 「おおの（大野）」→×「おの（小野）」

　　A「オノさん、こんにちは。」

　　B「私はオノでなくて、オオノです。」

台灣日語 3

1. 發音的誤用—長音和短音（1）

　　日文有長短音的區別的，如：「おばさん（叔母さん）」和「おばあさん（お婆さん）」、「おじさん（叔父さん）」和「おじいさん（お爺さん）」、「すじ（筋）」和「すうじ（数字）」、「せき（席）」和「せいき（世紀）」、「こさん（胡さん；胡先生）」和「こうさん（黃さん；黃先生）」。所謂的長音，例如「ka → kaa」、「ji → jii」、「su → suu」、「se → see」、「ko → koo」，是將母音延長 1 拍的音。以下是我常在上課時講的老笑話，姑且舉作誤用的例子。

① 「ぼこう」（母校）→×「ぼうこう」（膀胱）

　　學生「老師的『ぼうこう』（膀胱）在哪裡？」

　　教師「跟大家一樣。」

② 「こもん」（顧問）→×「こうもん」（肛門）

　　學生「我的父親是公司的『こうもん』（肛門）。」

　　教師「是負責處理廢棄物的人嗎？」

③ 「ようめいさん」（陽明山）→×「よめさん」（嫁さん；新娘）

　　學生「老師何時要當『よめさん』？」

　　教師「暫時還沒有計畫。」

④ 「おおの」（大野）→×「おの」（小野）

　　A「『おのさん』（小野先生），你好。」

　　B「我不是『おの』（小野），是『おおの』（大野）。」

日本語

1. 音声の誤用—長音と短音（2）

　長音とはいったい何でしょうか？　これは、音節の拍感覚に関係があります。

　例えば、英語の 'strip' を日本語で表記すると「ストリップ」となります。ご存じのように英語は「1つの母音につき1つの拍」ですから、'strip' は1拍となります。しかし、日本語は「1つの平仮名（拗音、撥音、長音、促音も含む）につき1つの拍」ですから、日本語で表記された「ストリップ」は5拍となります。

　また、中国語の「麻油」の発音 'mayou' を日本語で書くと「マーヨウ（maayou）」となります。中国語は「1つの漢字につき1つの拍」ですから、「麻油」は2拍になります。しかし、日本語で表記された「マーヨウ」は4拍となります。「麻」の発音は、日本人が聞くと「マー（maa）」と、2拍の長音に聞こえてしまうのです。

　中国語では、長音は1拍と数えず、'ko' も 'koo' も同じ音、同じ意味を表すことになります。しかし、日本語では 'ko（1拍）' と 'koo（2拍）' は違った音、違った意味を表すことになります。ですから、「かさん（何さん：何先生）」と「かあさん（母さん）」は意味が違うのです。

　次の早口言葉を言ってみてください。

1. じじょのじーじょはじじょうがあるようだ。
　　（次女のジージョは事情があるようだ）

2. しゅうちょうのしゅちょはなにをしゅちょうしていますか？
　　（酋長の主著は何を主張していますか？）

3. このきょうかしょはきょういくぶのきょかしょうをもらっている。
　　（この教科書は教育部の許可証をもらっている）

4. ここはこうこがくをおしえるここうのこうこうだ。
　　（ここは考古学を教える孤高の高校だ）

5. ブスがブースでぶすうをかぞえている。
　　（ブスがブース（booth）で部数を数えている）

台灣日語 4

1. 發音的誤用─長音和短音（2）

　　長音究竟是什麼？這和節拍感有關。

　　例如英文的 'strip'，如果寫成日文就變成「ストリップ」。如同大家所知道，英文是「每 1 個母音 1 拍」，因此 'strip' 就是 1 拍。但是，日文是「1 個平假名（包括拗音、撥音、長音、促音在內）1 拍」，所以日文的「ストリップ」就變成了 5 拍。

　　而中文的「麻油」發音 'mayou' 寫成日文的話，就會是「マーヨウ」（maayou）。中文的發音是 1 個漢字 1 拍，所以「麻油」就是 2 拍。但是，日文的「マーヨウ」卻變成了 4 拍。「麻」的發音日本人聽起來會是「マー」（maa），像是 2 拍的長音。

　　就中文來說，長音並不算 1 拍，例如 'ko' 和 'koo' 是同音，意思也相同。但是日文中，'ko（1 拍）' 和 'koo（2 拍）' 是不同的發音，意思也不相同。因此，「かさん（何さん；何先生）」和「かあさん（母さん）」意思是不同的。

　　請試著說說看下列的日文繞口令。

1. じじょのじーじょはじじょうがあるようだ。
   （次女のジージョは事情があるようだ。）（次女的吉喬鼠好像有苦衷。）
2. しゅうちょうのしゅちょはなにをしゅちょうしていますか？
   （酋長の主著は何を主張していますか？）（酋長的代表作主張什麼呢？）
3. このきょうかしょはきょういくぶのきょかしょうをもらっている。
   （この教科書は教育部の許可証をもらっている。）（這本課本已經獲得教育部的許可。）
4. ここはこうこがくをおしえるここうのこうこうだ。
   （ここは考古学を教える孤高の高校だ。）（這裡是教考古學的孤傲的高中。）
5. ブスがブースでぶすうをかぞえている。
   （ブスがブース（booth）で部数を数えている。）（醜女在攤位上算冊數。）

日本語

1. 音声の誤用─撥音（鼻音）（1）

　時々、撥音（「ん」の音）がおかしい人を見かけます。3 つの種類があります。

　一つは、「お<u>ん</u>な（女）」を「お<u>な</u>」と言ったり、「ごめ<u>ん</u>なさい」を「ごめなさい」と言ったり、「こ<u>ん</u>にちは」を「こ<u>に</u>ちは」と言ったり。真ん中の「ん」の音が聞こえないような発音をする人がいます。これは、「おんな：onna」「ごめんなさい：gome<u>nn</u>asai」と、n が 2 つ続く語を発音する時に、nn が一つの n の音になってしまうためです。

　二つ目は、「せ<u>ん</u>えん（千円）」「あ<u>ん</u>い（安易）」「ほ<u>ん</u>ね（本音）」を「せ<u>ね</u>ん」「あ<u>に</u>」「ほ<u>ね</u>」と発音してしまう誤りです。これは、'sen-nen' 'a<u>n</u>-i' 'hon-<u>ne</u>' の 'nn' の部分がくっついて一つの n の音になってしまったり、後続の母音とくっついて 'ne' や 'ni' となって、「ん」の音が聞こえなくなってしまったりした結果です。

　これらの誤りは、「ん」の音が一拍と認識されていないことにも由来します。「お・ん・な」「ご・め・ん・な・さ・い」「せ・ん・ね・ん」「ほ・ん・ね」と、一拍ずつゆっくり発音するようにすれば、すぐに矯正されるでしょう。

　深刻なのは、三つ目の間違いです。「ぼ<u>う</u>（棒）」が「ぼ<u>ん</u>」と聞こえたり、「け<u>ん</u>こ<u>う</u>（健康）」が「け<u>ん</u>こ<u>ん</u>」と聞こえたりするような発音をするのです。これは、歴史的な理由があるのです。

台灣日語 5

1. 發音的誤用—撥音（鼻音）（1）

　　有時候，會碰到撥音（「ん」的音）發音怪怪的人。其中可分為 3 種。

　　其一，將「おんな（女）」唸成「おな」、「ごめんなさい」唸成「ごめなさい」、「こんにちは」唸成「こにちは」。這些人唸起來似乎聽不見中間的「ん」音。這是因為例如「おんな：onna」、「ごめんなさい：gomennasai」，連續發 2 個 n 音時，nn 音卻唸成了 1 個 n 音。

　　其二，是將「せんえん（千円）」、「あんい（安易）」、「ほんね（本音）」，唸成了「せねん」、「あに」、「ほね」。這是 'sen-en'、'an-i'、'hon-ne' 的 'nn' 發音連成一塊，唸成 1 個 n 音，或者跟後面的母音連在一塊，唸成 'ne' 和 'ni'，結果就聽不見「ん」音了。

　　這些錯誤，也是由於未認知到「ん」音是一拍的事實。只要將「お・ん・な」、「ご・め・ん・な・さ・い」、「せ・ん・ね・ん」、「ほ・ん・ね」一拍一拍慢慢地唸，立刻可以矯正吧。

　　最嚴重的，是第 3 種錯誤。「ぼう」（棒）唸起來像「ぼん」、「けんこう」（健康）唸起來像「けんこん」的發音。這有歷史上的因素。

日本語

1. 音声の誤用—撥音（鼻音）（2）

　日本人の友達に、次の言葉を発音してもらいましょう。

　①あんた（你）　②あんごう（暗号＝密碼）　③あんま（按摩）　④あんぽ（安保＝安保条約）

　いかがですか？　③と④が同じで、①、②、③④は皆違うふうに聞こえたのではないでしょうか。①は 'an'、②は 'ang'、③と④は 'am' と聞こえたと思います。

　中国語では、「湯」は 'tang'、「炭」は 'tan' と発音しますが、日本人にはどちらも「タン」と聞こえます。日本人にとっては、'an' と 'ang' は同じ音として認識されるのです。

　因みに、グループ A とグループ B は、どこが違うでしょうか。

グループ A：音、引、飲、因、陰、淫、殷、寅、隠、印、慇

グループ B：応、鶯、桜、鸚、英、嬰、迎、映、影、営、頴

　もうお気づきでしょう。グループ A は、'yin'、グループ B は 'ying' の音ですね。ところが、日本語読みでも、グループ A は「いん」、グループ B は「おう」または「えい」と読むのです。つまり、グループ A は「ん」の音が入っており、グループ B は長音が入っているのです。これを見ると、「中国語で 'an' の音が入っている語は日本語で「ん」の音が入り、中国語で 'ang' の音が入っている語はは日本語で長音になる」という規則があるのがわかりますね！

　どうしてこのようになったのでしょうか。1000 年以上も昔、日本人が初めて中国語を聞いた時、'an' の音を聞いた時は、日本人は「あん」と認識しました。しかし、'ang' の音を聞いた時は、日本語にその音がなかったので、日本人は長音と認識してしまいました。ですから、「黄」「洪」「江」「康」という苗字は「こう」と長音で読みますが、「甘」という苗字は「かん」と鼻音で読むのです。

　反対に、台湾人は「棒（ぼう）」を中国語の 'bang' に影響されて長音の部分を 'ang' のように発音してしまったり、「けんこう（健康）」を中国語の 'kang' に影響されて長音の部分 'ang' のように発音してしまったりするので、「ぼん」「けんこん」と聞こえてしまうような発音をするのです。まあ、めったにないことですが。

台灣日語 6

1. 發音的誤用—撥音（鼻音）（2）

可以請你的日本朋友唸唸下面的詞。

①あんた（你）　②あんごう（暗号＝密碼）　③あんま（按摩）　④あんぽ（安保＝安保條約）

如何呢？③和④發音相同，但①、②和③④聽起來都不同吧？我想，①應該聽起來是 'an'、② 'ang'、③和④是 'am' 吧。

在中文裡，「湯」是唸 'tang'（ㄊㄤ）、「炭」是唸 'tan'（ㄊㄢ），但日本人聽起來都是「タン」。就日本人的認知而言，'an'（ㄢ）和 'ang'（ㄤ）是同音。

順帶一提，請看看以下的 A 組和 B 組，究竟有何不同？

A 組：音、引、飲、因、陰、淫、殷、寅、隱、印、慇

B 組：應、鶯、櫻、鸚、英、嬰、迎、映、影、營、穎

各位發現了嗎？A 組是發 'yin'（一ㄣ）音，B 組是發 'ying'（一ㄥ）音。但是以日文來唸的話，A 組是唸「いん」、B 組是唸「おう」或「えい」。意即，A 組會有「ん」音，B 組則納入長音。由此看來，我們可以找到一個規則——「中文含有 'an'（ㄢ）音者，日文中會有『ん』音；中文含有 'ang'（ㄤ）音者，日文會唸成長音」呢。

為什麼會這樣子呢？一千多年以前，當日本人初次聽到中文時，他們聽到 'an' 音理解為「あん」。但是，當他們聽到 'ang' 音時，因為當時日文中沒有這樣的音，日本人就理解為長音。因此，「黃」、「洪」、「江」、「康」等姓氏都唸成長音「こう」，「甘」一姓就以鼻音唸成「かん」。

相反地，有些台灣人在唸「棒」（ぼう）這個字時，因為受到中文 'bang' 的影響，會把長音的部分唸成 'ang'；或「けんこう」（健康）受到中文 'kang' 的影響，長音的部分唸成了 'ang'，因此聽起來像是在唸「ぼん」、「けんこん」。不過，這種情形不多見就是了。

日本語

1. 音声の誤用―促音（1）

　促音の間違いも、また頭が痛い問題ですね。日本語には促音（小さい「っ」）という特殊音があります。誤用例を挙げます。

① 「いた（居た）」→×「いった（行った）」

　　A「陳さんは、学校に行った？」

　　B「いや、家にイッタよ。」

　　A「え、誰の家に行ったの？」

② 「きて（来て）」→×「きって（切って）」

　　学生「先生、早くキッテください。」

　　教師「何を切るの？」

③ 「した（做了）」→×「しった（知った）」

　　A「あなたは何をシッタの？」

　　B「何も知りませんよ。」

　どうやら、無声子音の前は促音になりやすいようです。ですから、無声子音が2つ続く場合は、どちらの無声子音に音が付くのかわからなくなる場合が多いのです。私が政治大学を定年退職した時、台湾人の友達に「退官記念講演には、大勢の人が来てくれたよ。うれしかった。」とメールで報告しました。すると友達は「×よっかたね。」（「○よかったね」）と書いて来たので、「『よっかたね』じゃなくて、『よかったね』だよ。」と訂正してあげました。そしたら彼は、「×わっかた」（「○わかった」）と書いて来たので、私は絶句しました。

台灣日語 7

1. 發音的誤用—促音（1）

　　促音的誤用也是令人頭痛的問題呢。在日文中，有促音（小寫的「っ」）這樣一個特殊音。以下來看看誤用的例子。

① 「いた（居た）」（在）→×「いった（行った）」（去了）

　　A「陳さんは、学校に行った？」（陳同學，去學校了嗎？）

　　B「いや、家にイッタよ。」（不，去了家裡喔。）

　　A「え、誰の家に行ったの？」（咦，去了誰的家？）

② 「きて（来て）」（來）→×「きって（切って）」（切）

　　學生「先生、早くキッテください。」（老師，請快「切」。）

　　教師「何を切るの？」（要切什麼呢？）

③ 「した」（做了）→×「しった（知った）」（知道）

　　A「あなたは何をシッタの？」（你「知道了」什麼？）

　　B「何も知りませんよ。」（什麼都不知道喔。）

　　無聲子音之前似乎易形成促音。因此，連續2個無聲子音時，常會不知道促音要放在哪個無聲子音前。筆者在政治大學退休時，曾用電子郵件去函台灣的友人說「退官記念講演には、大勢の人が来てくれたよ。うれしかった。」（有許多人願意來參加我的退休紀念演講，我很高興。）於是，由於朋友回以「×よっかたね」（「○よかったね」），所以我又去函訂正「『よっかたね』じゃなくて、『よかったね』だよ。」（不是『よっかたね』，是『よかったね』喔。）沒想到友人竟回函說「×わっかた」（「○わかった」），我頓時啞然。

日本語

1. 音声の誤用―促音（**2**）

　実は、この促音は台湾語にもあるのです。台湾語の「木瓜（パパイヤ）」の「木」という字の発音がそうですし、数字の「一」「六」「七」「十」の発音、'yit''rak''tit''zap' は皆、無声子音で終わる促音です。「日本」の「日」も 'jip' ですね。これは、「入声（にっしょう）」と呼ばれる音声現象です。ですから、台湾語の「十五」は日本人には「ザッコ」と聞こえるし、「日本」は「ジップン」と聞こえます。

　しかし、台湾語の「入声音」と日本語の「促音」はちょっと違います。台湾語の入声音に比べると、日本語の促音の方が停止時間がながいのです。正確に言えば、日本語の促音が停止する時間はきちんと 1 拍です。

　次の音を、日本人のお友達に発音してもらってみてください。

①がっかり（ga<u>kk</u>ari：灰心）　　②あっさり（a<u>ss</u>ari：清淡）

②ばったり（ba<u>tt</u>ari：倒的声音）　　④やっぱり（ya<u>pp</u>ari：果然）

　皆さん、お気づきでしょうか。促音、小さい「っ」の部分は、2 つ重なった子音の最初の音ですね。つまり、無声子音、k、s、t、p、の 4 種の前だけで、促音は発生します。そして、日本人のお友達がこれらの発音をする時の口の形を見てください。促音を発音する時は、次の子音の形をしています。例えば、「やっぱり（yappari）」を発音する時は、促音の部分は次の p の形をして唇を閉じているのがわかります。

　つまり、促音とは「後続の子音の準備をしながら 1 拍停止する」という音なのです。決して音がないのではなく、次の子音を準備しているのです。その証拠に、あっさり（a<u>ss</u>ari）と言う時には次の子音の s を準備しているため、s の音が漏れ聞こえるでしょう。

台灣日語 8

1. 發音的誤用—促音（2）

其實，在台語裡也有促音。台語的「木瓜」（パパイヤ）的「木」的發音即是，還有數字「一」、「六」、「七」、「十」的發音、'yit' 'rak' 'tit' 'zap' 都是以無聲子音結尾的促音。「日本」的「日」也是唸 'jip' 吧。這種發音現象稱作「入声（にっしょう）」（入聲）。因此，台語的「十五」日本人聽起來像「ザッコ」，「日本」聽起來像「ジップン」。

但是，台語的「入聲音」與日文的「促音」還是有點不同。比起台語的入聲，日文促音的停止時間較長。正確地說，日文的促音停止時間是完整的 1 拍。

請讓你的日本友人唸唸看下列的音。

① がっかり（gakkari；灰心）　　②あっさり（assari；清淡）
③ ばったり（battari；倒下的聲音）　④やっぱり（yappari；果然）

各位發現了嗎？促音、小寫的「っ」部分其實是 2 個重疊子音的首音呢。也就是說，只有在 k、s、t、p 這 4 種無聲子音之前，才會發生促音。而且，請你看看日本朋友在發這些音的嘴型。發促音時，是做出下一個子音的嘴型。例如在唸「やっぱり（yappari）」時，促音的部分是在做下一個 p 的嘴型，而閉上嘴唇。

總之，所謂的促音即「為後續的子音做準備，暫停 1 拍」這樣的音。絕非無音，而是為了下一個子音做準備。這可以從唸「あっさり（assari）」時，為了準備下面的子音 s，聽得到漏出 s 音得証。

日本語

1. 音声の誤用―無声母音

　同じ日本人でも、東京などの東京圏の人と、大阪・京都など関西圏の人の発音では、微妙な違いがあります。代表的なのは、無声母音です。

　機会があったら、次の言葉について、東京圏の人と関西圏の人の発音を聞いてみてください。特に下線部分に注意して聞いてください。

①あきた（秋田）　②おくさん（奥さん：太太）　③あした（明日：明天）
④たすき（襷）　⑤かちかん（価値観）　⑥うつくしい（美しい）　⑦かひつ（加筆）
⑧いふく（衣服）　⑨えんぴつ（鉛筆）　⑩はんぷく（反復）

　いかがですか。いずれも、下線部分が違うことに気づくでしょう。東京圏の人は、「あきた（akita）」、「おくさん（okɯsan）」など、下線部の音節の母音が聞こえないように発音していますね。つまり、「あきた」の「き」や、「おくさん」の「く」は音を出していないようでしょう。これは、東京圏の人に見られる「母音無声化」という特徴です。「母音無声化」とは、

① akita　② okɯsan　③ ashita　④ tasɯki　⑤ kachɨkan　⑥ utsɯkusii　⑦ kahɨtsu
⑧ ihɯku　⑨ enpitsu　⑩ hanpɯku

というように、「無声子音に挟まれた i と u の母音で、アクセント核のない音が無声化する」という現象です。

　もちろん、これは東京圏と関西圏という地域による差異ですから、どちらの発音が正しいという問題ではありません。試しに、台湾人の皆さんも①から⑩までの言葉を無声母音で発音してみてください。すぐにできる人と、なかなかできない人がいるかもしれません。しかし、無声母音ができない台湾の学生でも、「がくせい（学生）」の「く」と、「あした（明日）」の「し」は自分でも気がつかずに無声母音で発音していますよ！

台灣日語 9

中文

1. 發音的誤用─無聲母音

即使同樣是日本人，東京等地的東京圈的人，和大阪、京都等地的關西圈的人，發音上也有著微妙的差異。其代表例是無聲母音。

有機會的話，可以就下列詞語，聽看看東京圈的人和關西圈的人的發音。請特別注意聽劃線的部分。

①あきた（秋田）　②おくさん（奥さん；太太）　③あした（明日；明天）

④たすき（襷）　⑤かちかん（価値観）　⑥うつくしい（美しい；美麗）

⑦かひつ（加筆）　⑧いふく（衣服）　⑨えんぴつ（鉛筆）

⑩はんぷく（反復；反覆）

如何呢？有發現不管哪一個，畫線的部分發音都不一樣吧！東京圈的人在唸「あきた（akita）」、「おくさん（okɯsan）」等時，似乎聽不到畫線部分音節的母音。總之，「あきた」的「き」、「おくさん」的「く」音好像都出不來。這就是在東京圈的人身上看到的「母音無聲化」的特徵。所謂的「母音無聲化」，就如同以下的例子：

① akita　② okɯsan　③ ashita　④ tasɯki　⑤ kachikan　⑥ utsɯkusii　⑦ kahitsu

⑧ ihɯku　⑨ enpitsu　⑩ hanpɯku

這是一種「母音 i 和 u 被無聲子音包夾，且屬非重音核的音會無聲化」現象。

當然，因為這是東京圈和關西圈地域性的差異，所以在發音上無孰是孰非的問題。台灣人的各位，可嘗試唸唸看①至⑩的詞語。有的人可能立刻就會，有的人可能怎麼學不會。但是，就算是發不出無聲母音的台灣學生，也會無意識地將「がくせい（学生）」的「く」與「あした（明日）」的「し」，以無聲母音方式唸出喔。

日本語

1. 音声の誤用—特殊音

　さて、外国人の皆さんを悩ませる促音、撥音、長音を、特殊音と言います。何故特殊なのでしょうか。他の音と違い、促音、撥音、長音は単独では発音できず、他の音の後についてしか発声できないからです。促音の「っ」、撥音の「ん」は語頭に来ることはできず、長音に至っては前の音の母音によって音色が違うのですから、単独では表記することすらできません。

　これらの特殊音、さらに濁音、拗音（きゃ、きゅ、きょ、など、小さい「ゃ」「ゅ」「ょ」を伴う音）は、台湾人の皆さんの頭痛の種のようです。（拗音の「きゅ」「しゅ」ができないで「やきゅう（野球）」を「やきょう」、「じゅぎょう（授業）」を「じょぎょう」と言ってしまったりする人を時々見かけます。）

　どうしてこんな面倒な音ができたのでしょうか。実は、1000年も昔には、これらの音はなかったのです。これらの音は、後の時代にできたのです。その証拠に、源氏物語などの古い本を見ると、促音、撥音、長音、濁音、拗音は書かれていません。では、これらの音はどう表記されていたのでしょうか。また、実際にはどう発音されていたのでしょうか。それは、また次回にお話しすることにしましょう。

台灣日語 10

1. 發音的誤用—特殊音

　　姑且，將令外國人困擾的促音、撥音、長音稱為特殊音。為什麼是特殊呢？因為和其他音不同的是，促音、撥音、長音都不能單獨發音，只能緊接在其他音後面才能發音。促音「っ」、撥音「ん」不能置於詞首，至於長音則會由於前面母音的關係發不同的音，更是無法單獨表示。

　　這些特殊音再加上濁音、拗音（きゃ、きゅ、きょ等伴隨小寫的「ゃ」、「ゅ」、「ょ」的音），可說都頗讓台灣學習者頭痛。因為不會發拗音中的「きゅ」、「しゅ」的音，偶爾會聽到有人將「やきゅう（野球）」說成「やきょう」、「じゅぎょう（授業）」說成「じょぎょう」。

　　為什麼會出現這麼麻煩的音呢？其實，在 1000 多年以前並沒有這些音。這些音是後來的時代裡才出現的。這從在源氏物語之類的古書裡並沒有促音、撥音、長音、濁音、拗音可以得到證明。那麼，這些音當時是如何表示呢？以及，實際上是如何發音的？請看下回分解吧。

日本語

1. 音声の誤用—歴史的仮名遣い（1）

　1000年の昔、濁音は表記の方法がなく、清音も濁音も同じ表記、つまり、「た」も「だ」も同じく「た」と書かれていました。江戸時代になって、学者の間で濁音を表記する方法が模索され始め、清音の横に〇を書くなどの方法が試みられましたが、現在のように ゛（濁点）を書くことに決められたのは、明治になってからでした。しかし、明治以後でも「誰」を「たれ」と書く作家もいました。

　撥音の「ん」は「む」と表記されていました。「かんなづき（神無月：十月）」は「かむなつき」と書かれることになります。なお、「馬（うま）」「梅（うめ）」は「むま」「むめ」と書いて「んま」「んめ」と読んでいたようです。

　促音は平安時代の後期頃から生まれた音と思われ、それ以前の本には書かれていません。表記の方法は、戦前までは小書きをせず、「いつた（行った）」「やつと（終於）」などと、大きな「つ」を書いていました。テ形の「言って」「立って」「乗って」「行って」などの促音便も、江戸時代までは「言ひて」「立ちて」「乗りて」「行きて」などマス形語幹に直接テを接続させていました。

　長音は、母音を一拍延ばす音をハヒフヘホで表記するなどしていました。つまり、「あわれ（憐れ）」を「あはれ」、「言います」を「いひます」、「くう（食う）」を「くふ」、「大きな」を「おほきな」と書いていたのです。ですから、古文を読む時は、語頭のハヒフヘホはハヒフヘホと読みますが、第二音節以後のハヒフヘホはワイウエオと読めばいいわけです。明治以後は「こう」「そう」「とう」など '-oo' の長音は '-au' になり、「かう」「さう」「たう」などと書かれました。ですから「行こう」は「行かう」、「そうです」は「さうです」、「とうとう（終於）」は「たうたう」となったわけです。そうすると、「源氏物語」の「げんじ（源氏）」は、昔の表記だと「けむし（毛虫）」になってしまいますね。濁音表記がなく、撥音は「む」と書いたのですから。

台灣日語 11

1. 發音的誤用—歷史上的假名使用法（1）

在 1000 年前，並沒有標記濁音的方法，無論是清音或濁音都是採用相同方法表示，亦即「た」和「だ」都是以「た」來表示。到了江戶時代，學者間開始摸索濁音的標記方式，嘗試了在清音的旁邊加上○等方法，但要到明治以後，才訂定為如現今加上 ゛（濁點）的書寫方式。不過，在明治以後，還是有作家將「誰」寫成「たれ」。

過去，撥音「ん」是寫成「む」。「か<u>ん</u>なづき（神無月；十月）」是寫為「か<u>む</u>なつき」。而「馬（うま）」、「梅（うめ）」是寫成「むま」、「むめ」，讀音是「んま」、「んめ」。

一般認為促音是平安時代後期左右才出現的音，在那以前的書中並未出現。直到戰前，促音都非小寫，例如「い<u>つ</u>た（行った）」、「や<u>つ</u>と（終於）」等等，是寫成大寫的「つ」。「テ形」的「言<u>っ</u>て」、「立<u>っ</u>て」、「乘<u>っ</u>て」、「行<u>っ</u>て」等促音便（為了方便發音的連音變化）到江戶時代以前，都是直接在「マス形」語幹加上「て」，如「言<u>ひ</u>て」、「立<u>ち</u>て」、「乘<u>り</u>て」、「行<u>き</u>て」等等。

而長音，在過去是將延長 1 拍的母音，以「はひふへほ」來表示。例如「あ<u>わ</u>れ（憐れ）」是以「あ<u>は</u>れ」、「言<u>い</u>ます」是以「い<u>ひ</u>ます」、「くう（食う）」是以「く<u>ふ</u>」、「大きな」是以「お<u>ほ</u>きな」來表示。因此，讀古文時，語首的「はひふへほ」是唸「はひふへほ」沒錯，但第二音節以後的「はひふへほ」是唸成「わいうえお」。明治以後，「こう」、「そう」、「とう」等 '-oo' 的長音變成 '-au'，書寫成「かう」、「さう」、「たう」等等。因此「行こう」是寫成「行かう」、「そうです」寫成「さうです」、「<u>とう</u>とう（終於）」是寫成「<u>たう</u>たう」。如此一來，要是用從前的寫法，「源氏物語」的「げんじ（源氏）」就變成了「けむし（毛虫）」了呢。這是因為當時沒有濁音表示法，撥音又寫成「む」的緣故。

日本語

1. 音声の誤用―歴史的仮名遣い（2）

　拗音に至っては、戦前まで表記がありませんでした。ウ段の「拗音＋長音」の「きゅう」「しゅう」「ちゅう」などは「きう」「しう」「ちう」などと表記されました。ですから、「きゅうしゅう（九州）」は「きうしう」と書いていたわけです。また、オ段の「拗音＋長音」の「きょう」「しょう」「ちょう」などは「けう」「せう」「てう」などと書かれていました。ですから、「行きま<u>しょう</u>」を「行きま<u>せう</u>」と書いたわけです。さらに、長音の部分をハヒフヘホで書くという習慣はまだ残っていましたから、「きょう（今日）」を「けふ」、「ちょうちょう（蝶々）」を「てふてふ」と書いていたのです。

　以上の表記法は「歴史的仮名遣い」と言って、一部は戦前まで使われていました。

　「歴史的仮名遣い」は、特殊音の他にもまだあります。「か」「が」を「くわ」「ぐわ」と書いた習慣もそれです。「<u>か</u>んづめ（缶詰：缶頭）」は「<u>くわ</u>んづめ」、「<u>が</u>ん（雁）」は「<u>ぐわ</u>ん」と書いたわけです。そうすると、促音の小さい「っ」は大きい「つ」を書き、「こう」は「かう」と書いたのですから、「がっこう（学校）」は「ぐわつかう」となるわけですね。これでは、現代人は何が何だかわからなくなりますが、私の父母が小学校の時は、このように教えられたそうです。しかし、助詞の「が」は「が」と書かれました。実は、「ぐわ」と「が」は発音が違うのです。

　東京地方では、「ぐわ」は通常の 'ga' と同じ発音ですが、助詞の「が」は 'nga'、つまり鼻音（ガ行鼻濁音）で発音しなければならなかったのです。ガだけでなく、つまり、「<u>が</u>っこう<u>が</u>すき（学校が好き）」と言う場合、最初の「が」と2番目の「が」は違う音だったのです。現在ではこのように区別して話す人はいなくなりました。

台灣日語 12

1. 發音的誤用—歷史上的假名使用法（2）

　　至於拗音的部分，至戰前為止並沒有特別標示。ウ段的「拗音＋長音」的「きゅう」、「しゅう」、「ちゅう」等就寫成「きう」、「しう」、「ちう」。因此，那時「きゅうしゅう（九州）」寫為「きうしう」。另外，オ段的「拗音＋長音」的「きょう」、「しょう」、「ちょう」等，過去則是寫作「けう」、「せう」、「てう」等。也因此，「行きましょう」是寫成「行きませう」。再者，長音的部分寫成「はひふへほ」的習慣也還存在，所以將「きょう（今日）」寫成「けふ」、「ちょうちょう（蝶々）」寫成「てふてふ」。

　　以上的標記方式就稱為「歴史的仮名遣い」（歷史上的假名使用法），有一部分使用到戰前。

　　「歷史上的假名使用法」亦有除了特殊音之外的。例如將「か」、「が」寫成「くわ」、「ぐわ」的習慣即是。因此，「かんづめ（缶詰；缶頭）」寫成「くわんづめ」，「がん（雁）」寫成「ぐわん」。如此一來，因為促音的小寫「っ」寫成大寫的「つ」、「こう」寫成「かう」，所以「がっこう（学校）」就變成「ぐわつかう」了呢。這會讓現代人一頭霧水，但在我的父母唸小學時就是這麼學的。不過，助詞「が」就仍寫成「が」。實際上「ぐわ」和「が」發音不同。

　　在東京地區，「ぐわ」的發音雖然通常與 'ga' 相同，但助詞「が」是唸 'nga'，亦即必須以鼻音（ガ行鼻濁音）來唸。不光是唸が而已，也就是說，在唸「がっこうがすき（学校が好き）」（我喜歡學校）時，第 1 個「が」和第 2 個「が」發音不同。但現在，已經沒有人如此區分兩者的發音。

1. 音声の誤用―歴史的仮名遣い（3）

　さらに、平仮名そのものも戦前までは今と違いました。現在の「わいうえお」は、戦前は「わゐうゑを」（カタカナは「ワヰウヱヲ」）と書かれていました。戦前に書かれた本などを見ると、「いど（水井）」を「ゐど」と書いてあったり、「こえ（声）」を「こゑ」と書いてあったりします。ゐは「為」の草書体、ゑは「恵」の草書体です。本来は「ゐ」は「うぃ（wi）」、「ゑ」は「うぇ（we）」、「を」は「うぉ（wo）」と発音され、「い」と「ゐ」、「え」と「ゑ」は使われる語も違っていたようです。例えば、平安時代は「射る」は「いる」、「居る（在）」は「ゐる」、「榎」は「えのき」、「恵比寿」は「ゑびす」と表記されていました。ですから、皆さんが日頃よく使っている 'window' 'web' も、「ヰンドウ」「ヱブ」と表記すればいいことになりますね。

　しかし、平安以後、だんだん意味も音も同じになってきました。戦前まで「ゐ」と「ゑ」の文字は使われてはいましたが、意味も音も同じでは「ゐ」と「ゑ」を用いる意味がないので、戦後はこの文字は使わないようになりました。但し「を」は助詞として他の語と意味が違うので現代でも用いられていますが、今でも「お」は 'o'、「を」は 'wo' と、区別して発音する人もいます。

　なお、「え」の音は 'e' 'we' の他にもう一つ、'ye' があって、例えば「江戸」は 'yedo' と発音されていたようです。現代では若い人が英語の影響で「イェイ！」などという掛け声を上げる時の音です。若い人は新しい音だと思っているようですが、これ、実は1000年も前に日本にあった音なんですよ。

台灣日語 13

1. 發音的誤用─歷史上的假名使用法（3）

　　而且，到戰前為止的平假名本身，也與今天的有別。現在的「わいうえお」在戰前是書寫成「わゐうゑを」（片假名則是「ワヰウヱヲ」）。看看戰前寫的書，就會發現「いど（水井）」是寫成「ゐど」、「こえ（声）」是寫成「こゑ」。ゐ是「為」的草書體，ゑ是「恵」的草書體。本來「ゐ」是唸「うぃ（wi）」、「ゑ」是唸「うぇ（we）」、「を」是唸「うぉ（wo）」，在過去「い」和「ゐ」、「え」和「ゑ」用於不同語詞。例如，在平安時代「射る」是寫成「<u>い</u>る」、「居る（在）」則是「<u>ゐ</u>る」、「榎」是寫成「<u>え</u>のき」（朴樹）、「恵比寿」則是「<u>ゑ</u>びす」。因此，平常我們經常使用的 'window'、'web' 也可寫成「ヰンドウ」、「ヱブ」。

　　但是，平安時代以後，意思和發音都漸漸相同。雖然至戰前為止，還會使用「ゐ」和「ゑ」的文字，不過如果音同義亦同，就沒有使用「ゐ」和「ゑ」的意義了，因此戰後就不再使用這 2 個文字了。不過，「を」因用作助詞，與其他的語詞意思不同，所以現代仍在使用，但是即使是現在，還是有人區分「お」和「を」的發音，把「お」唸 'o'、「を」唸 'wo'。

　　此外，「え」的發音除了 'e'、'we' 之外，還有發 'ye' 音的，例如「江戸」從前似乎就唸 'yedo'。就像現代年輕人受英文影響發出的吆喝聲「<u>イェイ</u>！」。年輕人可能會認為那是新的發音，但是，其實早在 1000 年前日本就有這個音了喔。

日本語

1. 音声の誤用―拗音

今回は、拗音のお話をしましょう。

皆さん、五十音表をご覧になってください。拗音は「きゃ、きゅ、きょ」「しゃ、しゅ、しょ」「ちゃ、ちゅ、ちょ」など、'-ya' '-yu' '-yo' 系の音だけですね。これは、日本の文部科学省（台湾の教育部に該当）が決めたものですから、文部科学省の許可がない限り、教科書の五十音表にはこれ以外の拗音は載せてはいけないことになっています。

しかし、皆さん、私たちが日頃聞いたり話したりする音で、五十音表に載っていない拗音は、この2倍以上もあるのです。クァ、グァ、ツァ、ファ、ヴァ、ウィ、クィ、グィ、スィ、ズィ、ティ、ディ、ツィ、フィ、ヴィ、トゥ、ドゥ、ヴ、テュ、デュ、イェ、ウェ、クェ、グェ、ツェ、フェ、ヴェ、キェ、ギェ、シェ、ジェ、チェ、ニェ、ヒェ、ビェ、ピェ、ミェ、リェ、ウォ、クォ、グォ、ツォ、フォ、ヴォ、等、ざっと数えただけでも44もあります。（これに対して、教科書に載っている '-ya' '-yu' '-yo' 系の音は、30個だけです。）実際に使っているのに、表記してはいけないというのはおかしな話です。現に、最もよく使われている「みんなの日本語」の旧版では、巻頭の五十音表には '-ya' '-yu' '-yo' 系の拗音しか出ていないのに、第一課では「ファクス（fax）」という言葉が出ていました。また、私が台湾に来る前（30年前）までは、新聞やテレビの字幕などの公的文章で「シェパード（狼狗）」という、五十音表にない「シェ」という表記を使うことは禁止されていました。ですから、新聞などでは「セパード」と直音で書いていたのです。

このように、音と表記が一致しない例はたくさんあるのです。

台灣日語 14

1. 發音的誤用—拗音

這一回就來談談拗音吧。

請各位看看五十音表。拗音僅有「きゃ、きゅ、きょ」、「しゃ、しゅ、しょ」、「ちゃ、ちゅ、ちょ」等，屬於 '-ya' '-yu' '-yo' 系列的音。因為這是日本文部科學省（相當於台灣的教育部）所制定的，沒有經過文部科學省認可，不得將其他的拗音登載入教科書的五十音表內。

然而，我們平常聽聞、說出的音中，未登載於五十音表的拗音，是有登載的 2 倍以上。如クァ、グァ、ツァ、ファ、ヴァ、ウィ、クィ、グィ、スィ、ズィ、ティ、ディ、ツィ、フィ、ヴィ、トゥ、ドゥ、ヴ、テュ、デュ、イェ、ウェ、クェ、グェ、ツェ、フェ、ヴェ、キェ、ギェ、シェ、ジェ、チェ、ニェ、ヒェ、ビェ、ピェ、ミェ、リェ、ウォ、クォ、グォ、ツォ、フォ、ヴォ等等，粗算就有 44 個之多。（相對地，教科書登載的 '-ya' '-yu' '-yo' 系列拗音卻只有 30 個。）明明實際在使用，卻不可書寫，確實是很奇怪的事。目前，最普遍使用的《みんなの日本語》（大家的日本語）舊版中，卷頭的五十音表僅出現 '-ya' '-yu' '-yo' 系列的拗音，但卻在第一課就出現了「ファクス」（fax）這樣的語詞。此外，在我來台灣之前（30 年前），在報紙及電視的字幕等正式、公開的文章裡，禁止使用「シェパード」（狼狗）這種五十音表中沒有的「シェ」等。因此，在報紙等就寫成直音「セパード」。

如上述，發音與書寫不一致的例子不在少數。

日本語

1. 音声の誤用―音と表記

　前回お話しした、音と表記が一致しない例で最もひどいのが、次の話です。

　私が大学を卒業したばかりの1973年、日本でハイジャック事件が起こりました。左翼過激派「日本赤軍」等のメンバーが起こした事件で、犯人は日本航空404便を乗っ取り、レバノンのベイルート、あるいはシリアのダマスカスに飛行することを要求しましたが、当国のレバノン、シリアが犯人の受け入れを拒否したため、飛行機はやむなく Dubai に着陸することになりました。その時の飛行機のスチュワーデス（空姐）の一人が私の高校の時の同窓だったので、私は一晩中テレビにかじりついて成り行きを見守っていました。その時、NHK のアナウンサーによって「日航機はドゥバイ―D・U・B・A・I（わざわざ綴りを言った）―に行くよう、求めています。」との放送がありました。当時の私はこの Dubai なる国がどこか、世界地図を引っ張り出して調べたものです。

　その翌朝、また NHK を見ると、アナウンサーが「Dubai は、日本語では『デュバイ』ということにします。」と言うのです。飛行機が乗っ取られて150人の乗客の命がどうなるかという時に、NHK はこんなことを議論していたんですね。しかし、「デュ」という音も五十音表にはありませんね。そこで、現在は Dubai は「ドバイ」と言っています。最初、NHK は「ドゥバイ」と正しく発音していたのに、次の日は「デュバイ」になって、最後は「ドバイ」。ああ、ますます原音とかけ離れていく！

　戦前は確かに「きゃ、きゅ、きょ」などの '-ya' '-yu' '-yo' 系の音だけですみました。しかし、戦後はアメリカから新しい音がどんどん入って来て、外来語の表記は従来の拗音だけではすまなくなりました。文部科学省の諮問機関で、日本の国語政策を審議する「国語審議会」という言語関係の有識者のグループがありました。（私の大好きな歌手・中島みゆきも国語審議会委員を務めたことがあります♪）同審議会は、1991年、「外来語の表記」を文部大臣に答申し、この答申に基づいて同年6月28日に「外来語の表記」が内閣告示されました。その結果、現在は前回の44の拗音も慣例的に使うことが認められました。しかし、なぜか教科書の五十音表は依然として旧態のままなのです。

　なお、国語審議会は2001年に廃止され、以後は、文化審議会国語分科会が継承しています。

台灣日語 15

1. 發音的誤用─音和書寫

上一回中提到音和書寫不一致的事，其中最糟的莫過於以下例子。

1973 年我剛大學畢業不久，在日本發生了劫機事件。是由左派激進份子「日本赤軍」等成員發動的事件，犯人搭乘日本航空的 404 班機，要求飛機開往黎巴嫩的貝魯特，或是敘利亞的大馬士革，但由於當事的黎巴嫩、敘利亞都拒絕接受犯人，飛機不得已降落在杜拜（Dubai）。當時飛機上有一位空姐是我的高中同學，因此我一整晚都緊盯著電視機關心這件事的發展。根據當時的 NHK 播報員說「日本飛機要求前往ドゥバイ──D・U・B・A・I（特別加註了英文拼音）」。當下我馬上拿出世界地圖，查 Dubai 這個國家在哪。

隔天早上又看了 NHK，播報員說：「『Dubai』的日文改用『デュバイ』」。攸關被劫持的飛機中那 150 人的性命之際，NHK 竟然在討論這種事啊。但是，「デュ」這個音也不在五十音表內。因此，現在 Dubai 唸成「ドバイ」。剛開始 NHK 的發音「ドゥバイ」明明是正確的，隔天卻變成「デュバイ」，最後還變成了「ドバイ」。唉，離原音越來越遠了！

在戰前的確只使用 '-ya'、'-yu'、'-yo' 系列的音，例如「きゃ、きゅ、きょ」即可。但是，戰後不斷從美國傳入新的發音，書寫外來語就不能單靠過去的拗音了。在文部科學省的諮詢機關，有一個和語言相關的專家組成的團隊，稱作「国語審議会」（國語審議會），負責審議日本的國語政策。（我最喜歡的歌手中島みゆき（中島美雪）也曾經擔任過國語審議會委員♪）該審議會在 1991 年將「外来語の表記」（外來語的標記）上呈給文部大臣（相當於教育部長），同年 6 月 28 日以此報告為基礎，由內閣公告了「外来語の表記」（外來語的標記）。其結果，現在前一回列舉的 44 個拗音亦可於平常使用。但是，不知道為什麼，教科書的五十音表卻仍維持原樣。

順帶一提，國語審議會於 2001 年廢除，之後由文化審議會國語分科會承接其工作。

日本語

1. 音声の誤用─無声子音

　前にもお話ししましたが、日本語には、中国語にはない濁音、促音、母音無声化という現象があります。また、数字と数量詞がくっつくと、「いっぽん（1本）」「にほん（2本）」「さんぼん（3本）」のような音便という現象が現れます。台湾人を悩ませているこれらの現象の犯人は、実はk、s、t、pの「無声子音」なのです。この無声子音があるから、上記のような現象が起こるわけです。皆さん、日本人は有声音と無声音と、どちらが好きだと思いますか？　有声子音のg、z、j、d、b、の入った音、「がぎぐげご」「ざじずぜぞ」「だぢづでど」「ばびぶべぼ」のことを「濁音」、つまり「濁った音」と言いますから、日本人は濁音を「汚い音」と認識し、「かきくけこ」「さしすせそ」「たちつてと」「はひふへほ」などの無声子音の入った音を「清音」つまり「清らかな音」と認識している、つまり無声子音の方が好きだ、と考えてしまいますね。しかし、日本人の女性の名前を見てください。「まゆみ（mayumi）」「ななこ（nanako）」「あゆみ（ayumi）」「ゆうか（yuuka）」「まな（mana）」など、有声音が多く入っています。逆に「かつこ（katsuko）」「たきこ（takiko）」など、無声音の多く入った名前はあまり好まれません。濁音こそは女性の名前にあまり見られないけれど、日本人は実は有声音の方が好きなのです。

　現在は「子」のついた名前はほとんど見かけません。伝統的には「子」のついた名前は、皇室か貴族の女性につけられる名前でした。ですから、江戸時代の庶民の名前は皆「はな」「みつ」「ゆき」など、平仮名2文字の名前が多く、前に「お」を付けて「おしん」「おはな」などと呼ばれていました。この習慣は明治になるまで続き、大正時代に民主主義が叫ばれるようになると、庶民の女子にも「子」のつく名前がつけられるようになり、それは戦後も続きました。私の若い頃は、「とめ」「ゆき」など平仮名2文字で「子」のつかない名前の人はお婆さんだと思われていたのですが、今では「子」のつく名前の人がお婆さんのようです。但し、天皇家の女性は伝統を守って、名前に必ず「子」がつけられています。

台灣日語 16

1. 發音的誤用—無聲子音

　　之前曾提過，在日文有，但在中文沒有的濁音、促音、母音無聲化的現象。此外，數字和數量詞接在一起時，會出現「いっぽん（1本）」、「にほん（2本）」、「さんぼん（3本）」的音便現象。事實上，造成這些令台灣人困擾的現象的犯人，就是k、s、t、p這些「無聲子音」。因為有這些「無聲子音」才造成以上那些現象。各位覺得，日本人比較喜歡「有聲音」還是「無聲音」呢？包含有聲子音g、z、j、d、b的音，即「がぎぐげご」、「ざじずぜぞ」、「だぢづでど」、「ばびぶべぼ」稱為「濁音」，也就因為是「混濁的音」，所以日本人認為濁音是「不乾淨的音」，而包含無聲子音「かきくけこ」、「さしすせそ」、「たちつてと」、「はひふへほ」等音稱為「清音」，亦即認為是「清淨的音」，也就是說，可能會因此以為日本人較喜歡「無聲子音」。但是，仔細地瞧瞧日本女性的名字。「まゆみ（mayumi）」、「ななこ（nanako）」、「あゆみ（ayumi）」、「ゆう（yuu）」、「まな（mana）」等等，都用了許多有聲音。反而「かつこ（katsuko）」、「たきこ（takiko）」等，使用許多無聲音的名字不太受日本人喜愛。雖說更是不常在女性的名字中看到濁音，但可見事實上日本人較喜歡「有聲」音。

　　現在幾乎都看不到加上「子」的名字。傳統上，帶有「子」的名字，用於皇室或是貴族的女性。因此，江戶時代平民的名字多為「たま」、「みつ」、「ゆき」等兩個平假名的名字，在名字前加上「お」，以「おしん」（阿信）、「おはな」等方式稱呼。這個習慣沿續到明治時代，大正時代高呼民主主義後，平民女性亦開始可用「子」取名，並延續到戰後。在我年輕的時候，一般認為「とめ」、「ゆき」等兩個平假名沒有加「子」的，多半是老婆婆的名字，而現在似乎名字有「子」的人才是老婆婆。但是，天皇家族的女性仍持守傳統，名字一定會加「子」。

日本語

1. 音声の誤用―有声音と無声音の戦い

　日本人が実は有声音の方が好きだということは、前回お話ししましたね。ですから、嫌われ者の無声子音は、暴れ回っていろいろ面倒な音声現象を引き起こしてくれるのです。

　まず、無声子音の行「かきくけこ」「さしすせそ」「たちつてと」「はひふへほ」には必ず有声子音の行「がぎぐげご」「ざじずぜぞ」「だぢづでど」「ばびぶべぼ」が対応しているのに気が付きましたか？　カ行、サ行、タ行、ハ行、パ行以外は有声子音でできている行ですから、これらの音に有声音が伴えば、五十音の全行を有声音が支配することになりますね。

　しかし、無声音はそれで黙ってはいません。いろいろと抵抗を試みます。まず、無声子音の前で促音を生み出すという現象を引き起こすことは、以前お話ししましたね。で、この無声子音は皆、破裂音または破擦音です。'ka' 'ga' は喉の奥の方（軟口蓋）を破裂させて出す音（軟口蓋破裂音）で、'ta' 'da' は舌を歯茎にぶつけて出す音（歯茎破裂音）で、'pa' 'ba' は唇を結んで思い切り空気を出す音（両唇破裂音）で、'sa' 'za' は上顎に舌を擦り付けて出す音（硬口蓋摩擦音）です。また、「ち（chi）」と「つ（tsu）」の音は、上顎に一回ぶつけて破裂させてからさらに摩擦させるという、高度な発音法（硬口蓋破擦音）です。（ですから、子供は「ち」と「つ」の習得が最も遅いと言われます。）このように、破裂音、摩擦音または破擦音であることが、無声子音の特徴です。

　促音は、破裂音、摩擦音、破擦音の前に来るものです。破裂音、摩擦音、破擦音の前では、どうしても音が跳ねてしまいますからね。

　無声子音は、自分が破裂音であるため、いろいろな風爆を起こし、それを有声子音が食い止めようとする、まさに日本語音声は無声音と有声音の戦場なのです。

台灣日語 17

1. 發音的誤用—有聲音和無聲音的戰鬥

上回提過，日本人實際上較喜歡有聲音。因此，被討厭的無聲子音大肆作亂，引起了很多麻煩的發音現象。

首先，各位是否注意到，無聲子音行的「かきくけこ」、「さしすせそ」、「たちつてと」、「はひふへほ」必定有其對應的有聲子音行的「がぎぐげご」、「ざじずぜぞ」、「だぢづでど」、「ばびぶべぼ」？由於「か行」、「さ行」、「た行」、「は行」、「ぱ行」之外皆為有聲子音組成的行，所以讓有聲子音伴隨這些無聲子音行的話，有聲音就可以支配五十音所有行的發音了。

但是，無聲子音不會就此沉默。它們會嘗試各種抵抗。首先，無聲子音會在前面產生促音，這個現象以前說明過了。這些無聲子音都是塞音（塞音又可稱爆破音）或是塞擦音。'ka'、'ga' 是讓喉嚨深處（軟口蓋，軟顎）爆破噴發出的音（軟顎塞音），'ta'、'da' 是讓舌頭碰撞牙齦發出的聲音（齒齦塞音），'pa'、'ba' 是嘴唇閉合後用勁噴發空氣的聲音（兩唇塞音），而 'sa'、'za' 則是舌頭摩擦上顎發出的聲音（硬顎擦音）。此外，「ち（chi）」和「つ（tsu）」的發音是舌頭先碰撞上顎一次產生爆音再加上摩擦，是較難的發音法（硬顎塞擦音）。（因此，據說「ち」和「つ」是小孩子最晚學會的發音。）如上述，無聲子音的特徵就是屬於塞音、擦音或塞擦音。

促音會出現在塞音、擦音、塞擦音之前。因為塞音、擦音、塞擦音之前，無論如何都會有跳躍感。

由於無聲子音本身是塞音，會引起各種風暴，而有聲子音則想阻止這樣的風暴，因此日文發音可說是無聲音和有聲音的戰場。

日本語

1. 音声の誤用—同化現象

　日本語音声の中で、いかに無声音と有声音が仲が悪いか。実は、日本語の音声は無声組と有声組という、ヤクザの組の抗争の歴史なのです。以下、その例を示します。

　以前、「無声子音に挟まれたiとuの母音で、アクセント核のない音が無声化する」と書きました。では、なぜiとuの母音が無声化しやすいのでしょうか。皆さん、アイウエオと言いながら、自分の口の中を観察してみてください。アを発音する時は舌が下顎にくっついていますね。エとオもそうです。ア、オ、を「低舌母音」、エを「中舌母音」と言います。しかし、イとウを発音する時は、舌は上顎に近づきますね。イとウは「高舌母音」です。イとウを発音する時は舌が上顎に近づくから、肺から流れ出る空気の量が少なくなり、イとウの音は小さく聞こえます。つまり、iとuは「母音性の弱い母音」と言うことができます。「聞こえ」が小さいから、無視されて「無き者」とされてしまいます。「がくせい（学生）」の「く」や、「あした（明日）」の「し」を無声化せずに言うことは、東京地方の人にとってはかなりの肺活量が要ることです。（東京の人は「大きな声で話すのは下品だ」という美意識があるようです。）有声組のiとuは無声子音に挟まれて「俺たちは無声組の者だ。お前も無声になれ。」と脅かされ、泣く泣く無声になるのです。弱い者は苛めやすいですからね。かくして、母音無声化は「無声子音に挟まれたiとuの母音」に限って発生します。

　しかし、無声組のこの暴挙に負けていないのが有声組です。無声化されたiとuは、泣きながら家に帰り、「無声組に苛められた！」と有声組のボスに告げ口します。有声一家は「何だと、無声一家、許せない！」と、報復に出ます。その報復手段が「連濁」という現象です。

　「連濁」とは、「恋（こい）」と「人（ひと）」がくっついて「恋人」となる時に、後の語の最初の音が濁音になって「こいびと」となる現象です。'koi ＋ hito' のhの音は母音（有声音）のiとiとに挟まれていますね。そこで、有声組のiとiは間の無声音hに向かって「俺たちは有声組の者だ。お前も有声になれ！」と脅しをかけてhを濁音のbにして 'koibito' となるわけです。

　ヤクザの抗争は、互いの縄張り争いです。有声音の無声化、無声音の有声化、これらは同じ現象の2つの面です。これを「同化現象」と言います。

台灣日語 18

1. 發音的誤用—同化現象

　　在日文發音當中，無聲音和有聲音的感情有多差？實際上，日文的發音可稱作是無聲組和有聲組這兩個黑道幫派間的對抗史。以下，就來舉例吧！

　　以前寫到「母音 i 和 u 被無聲子音包夾，且屬非重音核的音會無聲化」。那麼，為什麼母音 i 和 u 容易無聲化呢？請各位說「あいうえお」的同時，觀察一下自己的口中。說「あ」的時候，舌頭會緊緊地貼著下顎吧。「え」和「お」也是如此。「あ」和「お」稱為「低舌母音」，「え」稱為「中舌母音」。但是，發「い」和「う」音時，舌頭會靠近上顎。稱為「高舌母音」。因為發「い」和「う」時，舌頭靠近上顎，從肺部流出的空氣量變少，「い」和「う」的音量聽起來就較小。也就是說，i 和 u 可以稱為「母音性弱的母音」。由於「音量」小，而容易被忽視，當作「不存在」。要清楚發出「がくせい（学生）」的「く」、「あした（明日）」的「し」，不讓它們無聲化，對東京地區的人而言需要相當的肺活量。（東京人似乎有「大聲說話很沒水準」的美學。）有聲組的 i 和 u 被無聲子音包夾，並遭威脅：「我們是無聲組，你們也變成無聲吧！」於是啜泣著變成了無聲。因為弱者好欺負嘛！如此，母音無聲化現象僅會發生在「母音 i 和 u 被無聲子音包夾」的狀況。

　　但是，有聲組並沒有屈服於無聲組的這種暴行下。被無聲化的 i 和 u 哭著回家，告訴有聲組的老大說「我們被無聲組霸凌了。」有聲一家說「你說什麼！絕不放過無聲一家！」，於是前往報復。其報復手段就是「連濁」。

　　所謂的「連濁」，就是「恋（こい）」和「人（ひと）」連在一起形成「　人」時，後面那個詞的第一個發音會變成濁音，形成「こいびと」。'koi＋hito' 的 h 音被兩個母音（有聲音）i 夾在中間對吧。此時，有聲組的兩個 i 就對著其間的無聲音 h 威嚇說：「我們是有聲組！你這小子也變成有聲吧！」便把 h 變成濁音 b，形成 'koibito'。

　　黑社會的對抗就是彼此爭地盤。有聲音的無聲化、無聲音的有聲化，是同現象的一體兩面，這就稱為「同化現象」。

日本語

1. 音声の誤用―数字の読み方

日本の数字は本当に厄介だ、と嘆いている方も多いと思います。

まず、4は「よん」と読むのか、「よ」と読むのか、「し」と読むのか。7は「なな」と読むのか、「しち」と読むのか。9は「きゅう」と読むのか、「く」と読むのか。0は「ぜろ」と読むのか、「れい」と読むのか。4、7、9、0には2つ以上の読み方があるのですから。しかし、これは簡単です。数字の後に付く数量詞によって、4、7、9、0の読み方は決まっています。

まず、数量一般、例えば電話番号とか学生番号などの番号や、「kg」「m」「冊」「階」「点」「分」「匹」などの数量詞に付く数字は「よん」「なな」「きゅう」「ゼロ」と読みます。例えば、私の属する政治大学の電話番号、2939‐3091は、「にきゅう さん きゅう の さん ぜろ きゅう いち」と読み、私の生年の「1948年」は「せんきゅうひゃくよんじゅうはちねん」と読みます。しかし、試験の点数の「零点」は「れいてん」と読み、小数点を伴った数字、0.5などは「れいてんご」と読みます。

次に、人数、年数、年級、時間は「よ」「しち」「く」と読みます。「4人」「4年」「4年生」「4時」は、それぞれ「よにん」「よねん」「よねんせい」「よじ」と読みます。（「×よんにん」「×よんねん」「×よんねんせい」「×よんじ」などと読んだら、先生の壁ドンが待っています。）

また、月の名前は、「4月（しがつ）」「7月（しちがつ）」「9月（くがつ）」のように、「し」「しち」「く」と読みます。4を「し」と読むのは、月の名前の他に、「四角形（しかくけい）」「四面体（しめんたい）」など、数学や学術関係の語に多いようです。しかし、この場合の7は「しち」と読んだり「なな」と読んだり、9は「く」と読んだり「きゅう」と読んだり、人によってまちまちなようです。

いずれにしろ、これは、無声子音のせいではありません。

台灣日語 19

1. 發音的誤用—數字的讀法

我想有不少人感嘆日本的數字真的很麻煩。

首先，4 要唸「よん」、「よ」還是「し」呢？7 要唸成「なな」還是「しち」呢？9 要唸成「きゅう」還是「く」呢？0 要唸成「ぜろ」還是「れい」呢？這是因為 4、7、9、0 有 2 個以上的唸法。不過，這個很簡單。4、7、9、0 的唸法，是依據數字後面的數量詞決定。

首先，數量一般來說，例如電話號碼、學號等號碼，以及接在數量詞「kg」、「m」、「冊」、「階」、「点」、「分」、「匹」等後面的數字，就讀成「よん」、「なな」、「きゅう」、「ゼロ」。例如我之前任教的政治大學的電話是 2939-3091，要讀成「に きゅう さん きゅう の さん ぜろ きゅう いち」，我的出生年「1948 年」要讀成「せんきゅうひゃくよんじゅうはちねん」。但是，考試的分數「零点」（零分）要讀成「れいてん」，帶有小數點的數字，如 0.5 要讀成「れいてんご」。

其次，人數、年數、年級、時間要讀成「よ」、「しち」、「く」。「4 人」、「4 年」、「4 年生」（4 年級生）、「4 時」分別讀成「よにん」、「よねん」、「よねんせい」、「よじ」。（若是唸成「×よんにん」、「×よんねん」、「×よんねんせい」、「×よんじ」的話，就等著吃「吉田老師式壁咚」吧。）

另外，月份的名稱，如「4 月（しがつ）」、「7 月（しちがつ）」、「9 月（くがつ）」，要讀成「し」、「しち」、「く」。除了月份的名稱之外，還有「四角形（しかくけい）」、「四面体（しめんたい）」等的 4 要讀成「し」，似乎多半是數學及學術相關用語。但是，這種情況要將 7 讀成「しち」還是「なな」，將 9 讀成「く」還是「きゅう」則因人而異。

不過無論如何，這些變化不是無聲子音的錯。

日本語

1. 音声の誤用―音便（1）

　前回は、数量詞によって読み方が変わる数字、4、7、9をご紹介しました。しかし、数量詞によって読み方が変わらない数字、3、6、8、10にも、「音便」という厄介な現象があるのです。

　数字と数量詞がくっつくと、「いっぽん（1本）」「にほん（2本）」「さんぼん（3本）」のように、数量詞によって数字の読み方自体も変化しますね。こちらの方こそ、無声子音の悪業なのです。

　まず、sで始まる数量詞、例えば本や雑誌などの書籍を数える「冊（さつ：satsu）」の場合は、前に付く数字、1、8、10は、語尾が促音化し、「1冊」「8冊」「10冊」は「×いちさつ」「×はちさつ」「×じゅうさつ」ではなくて、「いっさつ」「はっさつ」「じゅっさつ」と読みます。

　tで始まる数量詞、例えば試験などの点数を数える「点（てん）：ten」の場合も同じく、前に付く数字、1、8、10の語尾が促音化し、「1点」「8点」「10点」は「いってん」「はってん」「じゅってん」になります。

　また、kで始まる数量詞、例えば建物の階数を数える「階（かい：kai）」の場合は、1、8、10だけでなく、6まで語尾が促音化し、「1階」「6階」「8階」「10階」は「いっかい」「ろっかい」「はっかい」「じゅっかい」と読みます。

　hで始まる数量詞、例えば動物を数える「匹」の場合は、さらに面倒です。前に付く数字が1、6、8、10が促音化するだけでなく、さらに数量詞そのものも冒頭のhがpに変化します。つまり、「1匹」「6匹」「8匹」「10匹」を「×いちひき」「×ろくひき」「×はちひき」「×じゅうひき」と読んだら先生に叱られること請け合いです。これらは、「いっぴき」「ろっぴき」「はっぴき」「じゅっぴき」と読まなければなりません。また、前に付く数字が3の場合は、促音化はしませんが、数量詞の冒頭のhがbに変化して、「3匹」を「さんびき」と読むことがあります。

　これも無声子音のしわざだって？　あ〜、もう、やだ！　無声子音、死ね！

台灣日語 20

1. 發音的誤用—音便（1）

　　前一回介紹了唸法因數量詞而異的數字 4、7、9。但是，唸法不會隨著數量詞而異的數字 3、6、8、10 也有「音便」（為了方便發音的連音變化）這種麻煩的現象。

　　數字緊連數量詞時，數字的讀法本身也會隨著數量詞變化，如「いっぽん（1本）」、「にほん（2本）」、「さんぼん（3本）」。這才正是無聲子音造的孽。

　　首先，s 開頭的數量詞，例如計算書籍、雜誌單位的「冊（さつ；satsu）」，它前面的數字是 1、8、10 時，語尾會促音化，「1 冊」、「8 冊」、「10 冊」不會是「×いちさつ」、「×はちさつ」、「×じゅうさつ」，而是讀成「いっさつ」、「はっさつ」、「じゅっさつ」。

　　t 開頭的數量詞，例如計算考試分數的「点（てん）；ten」也是相同的情況，前面的數字是 1、8、10 時，語尾會促音化，「1 点」、「8 点」、「10 点」會讀成「いってん」、「はってん」、「じゅってん」。

　　接著，以 k 開頭的數量詞，例如計算建築物樓層的「階（かい；kai）」，不僅 1、8、10，甚至 6 的語尾也會促音化，「1 階」、「6 階」、「8 階」、「10 階」要讀成「いっかい」、「ろっかい」、「はっかい」、「じゅっかい」。

　　h 開頭的數量詞，例如計算動物時的「匹」，更是麻煩。不僅前面數是 1、6、8、10 時要促音化，連數量詞本身的起頭音 h 也要變成 p。也就是若把「1 匹」、「6 匹」、「8 匹」、「10 匹」讀成「×いちひき」、「×ろくひき」、「×はちひき」、「×じゅうひき」的話，保證你一定會被老師罵。這些必須讀成「いっぴき」、「ろっぴき」、「はっぴき」、「じゅっぴき」。此外，數量詞前面若是 3 的話，雖然不會促音化，但是數量詞開頭發音是 h 時，有可能會變成 b，例如「3 匹」要讀成「さんびき」。

　　據說這些竟然也是無聲子音幹的好事？唉～真討厭！無聲子音，去死吧！

日本語

1. 音声の誤用—音便（2）

そうです。何もかも、無声子音のなせる業なのです。

音便を齎す数量詞の初めの音は、すべて s、k、t、h、無声子音です。また、音便化される数字の「1（い<u>ち</u>：ichi）」「6（ろ<u>く</u>：roku）」「8（は<u>ち</u>：hachi）」は、「無声子音＋i または u」ですね。そうすると、「無声子音に挟まれた母音の I と u は無声化する」という法則により、i と u はまず無声化するわけです。さらに、無声である故に聞こえがなくなり、促音化するわけです。例えば「学校」という言葉も、最初は「がくこう（gakɯkou）」と、2 つの k の間の u が無声化されて「がくこう」と読まれていましたが、u の音が聞こえなくなると 'gakkou' にいなりますね。そうすると、これは立派に促音の綴りになってしまって、「がっこう」と表記されるわけです。「徹底」という語も 'tetsɯtei（て<u>つ</u>てい）' から 'tettei' となり、「てってい」と書くようになったわけです。

h だけは特別で、「1 匹」を「×いっひき」とやることはできません。h は無声子音ですが、破裂音や摩擦音ではないので、促音の後に来ることはできないからです。そこで、h の代わりに無声破裂子音の p が代用されることになるのです。また、「3 匹」は特別に「さん<u>び</u>き」と、逆に有声化して読まれます。鼻音の n に同化されて有声化したものでしょう。「3000」という数字も「さん<u>ぜ</u>ん」と有声化されて読みますね。では、「4 匹」「4000」はどうして「×よん<u>び</u>き」「×よん<u>ぜ</u>ん」と読まないのか。実は、それは私にもわかりません。古代人は 3 という数字に特別な意味を見出していたのかもしれません。

あれ？　「10（じゅう：juu）」はどうなの？　「じゅう」にはどこにも無声子音がないじゃないの、とお思いの方も多いでしょう。実は戦前までは「じゅう」は「じ<u>ふ</u>」と書かれており（昔は拗音の表記がなかったことを思い出してください）、それを 1000 年も昔には「ジプ」と読んでいたようです。「じふ」や「ジプ」なら、数字の最後は立派な「無声子音＋i または u」になりますよね。

台灣日語 21

1. 發音的誤用—音便（2）

　　是的，一切都是無聲子音造成的。

　　造成音便的數量詞，都是無聲子音 s、k、t、h 開頭的。而受音便影響的數字「1（いち：ichi）」、「6（ろく：roku）」、「8（はち：hachi）」，都是「無聲子音＋i 或 u」吧。這麼一來，因為「母音 i 和 u 被無聲子音包夾時會無聲化」的原則，i 和 u 先無聲化了。並且，由於無聲化而聽不見，就變成了促音。例如「学校」（學校）這個詞，起初發音是「がくこう（gakɯkou）」，在 2 個 k 中間的 u 無聲化的唸法，之後聽不見 u 的音，就變成了 'gakkou'。這麼一來，就完全變成了促音的拼法，寫成「がっこう」。「徹底」這個詞也是從「tetsɯtei（てつてい）」變成「tettei（てってい）」。

　　只有 h 較特殊，「1 匹」不能說「×いっひき」。h 是無聲子音，但不是塞音、擦音，因此後面不能接促音。於是，就用無聲塞音子音的 p 代替 h。此外，「3 匹」則很特別地反而有聲化，唸作「さんびき」。這是因為受鼻音 n 同化為有聲了吧。「3000」這個數字也是有聲化讀成「さんぜん」。但是為什麼「4 匹」、「4000」不讀成「×よんびき」、「×よんぜん」呢？事實上我也不瞭解。大概是古時候的人認為「3」這個數字有特別的意義吧。

　　咦？「10（じゅう：juu）」又怎麼說呢？應該有很多人疑問「じゅう」不是完全沒有無聲子音嗎？其實直到戰前，「じゅう」都寫成「じふ」（請回憶先前提過以前沒有拗音的標記），聽說在 1000 年前是讀成「ジプ」。若是「じふ」、「ジプ」的話，數字的最後都毫無疑問地是「無聲子音＋i 或 u」呢。

日本語

1. 音声の誤用—ハ行の歴史

　ここで少しハヒフヘホについて説明いたしましょう。皆さん、ハ行だけにどうしてパピプペポという半濁音なるものがあるのか、不思議に思ったことはありませんか？　また、カ行‐ガ行（k-g）、サ行‐ザ行（s-z）、タ行‐ダ行（t-d）、の対立はそれぞれ調音点（口の中で音を作る場所）が同じで（k-g は軟口蓋破裂音、s-z は硬口蓋摩擦音、t-d は歯茎破裂音）無声か有声かの違いがあるだけなのに、ハ行‐バ行（h-b）の対立は、調音点が同じではありません。h は声門摩擦音（ハ、ヘ、ホ）または硬口蓋摩擦音（ヒ）または両唇摩擦音（フ）、b は両唇破裂音です。有声子音 b に対立する無声子音は、実は p なのです。実は、昔はハヒフヘホの音は「パピプペポ」と発音されていました。その後、平安ごろから「ファ、フィ、フ、フェ、フォ」と発音されるようになり、さらに「ハヒフヘホ」になりました。で、パピプペポの音はいったん日本の歴史から消えましたが、擬声語・擬態語・外来語・囃し言葉・間投詞・音便化した語などに残されています。皆さん、辞書を引いてみてください。パピプペポで始まる言葉は大変少ない上に、ほとんどが「パン」「ペン」などの外来語か、「ぱちぱち」「ぴりぴり」などの擬声語・擬態語の類いであることに気が付くでしょう。つまり、パピプペポで始まる和語はほとんど擬声語・擬態語か間投詞なのです。

　それ故、「10」という数字は、「ジプ」→「ジフ」→「ジウ」→「ジュウ」と変遷してきたわけです。どうしてこのような変遷があったかというと、それはひとえに発音の負担軽減のためでしょう。‘jip’ より ‘jif’ の方が発音の労力が少ない、つまり、‘p’ より ‘f’ の方が言いやすい。そして、語中の「ハヒフヘホ」は「ワイウエオ」と読んでいたことを思い出してください。「ジフ」はだんだん「ジウ」と読まれるようになりました。しかし人間の欲望は尽きないもので、今度は「ジウ」は ‘jiu’ となり、‘i’ と ‘u’ の音を連続して発音するのが億劫になる、つまり、平唇母音である ‘i’ と円唇母音である ‘u’ を続けて言うのが面倒、短時間に違った口の形をするのは負担が多い。そこで、‘i’ と ‘u’ の中間である ‘-yu’ という拗音が生まれ、‘juu’ という発音になったわけです。「きゅうり（小黄瓜）」も昔は「きうり」と書いていたのですよ。

台灣日語 22

1. 發音的誤用—「は行」的歷史

在此稍微說明一下「はひふへほ」吧。各位是否曾好奇，為何只有「は行」有半濁音「ぱぴぷぺぽ」呢？此外，「か行」「が行」（k-g）、「さ行」「ざ行」（s-z）、「た行」「だ行」（t-d）等組合各自的調音部位（於口中製造聲音的部位）相同（k-g是軟顎塞音、s-z是硬顎擦音、t-d是齒齦塞音），只是無聲與有聲的差別而已，偏偏「は行」「ば行」（h-b）這組的發音部位不同。h是聲門擦音（は、へ、ほ）或是硬顎擦音（ひ）或是雙唇擦音（ふ），b則是雙唇塞音。與有聲子音b相對音的音其實是p。事實上，以前「はひふへほ」的發音是「ぱぴぷぺぽ（pa、pi、pu、pe、po）」。之後，大約從平安時代開始，變成發「ファ、フィ、フ、フェ、フォ（fa、fi、fu、fe、fo）」，再變成「はひふへほ（ha、hi、hu、he、ho）」。如此，「ぱぴぷぺぽ」的音一度從日本的歷史上消失，但是仍殘留著擬聲語、擬態語、外來語、伴奏語（歌謠等中，為諧韻而加的虛詞）、間投詞（感嘆詞）、音便後的語詞。請各位查看辭典。有沒有發現以「ぱぴぷぺぽ」開頭的詞非常少，且大多是「パン」（麵包）、「ペン」（筆）等等的外來語，或「ぱちぱち」（鼓掌聲）、「ぴりぴり」（皮膚等感受到刺激的樣子，或神經緊張的樣子）之類的擬聲、擬態語。也就是說，「ぱぴぷぺぽ」開頭的和語大部分是擬聲、擬態語或間投詞。

因此，「10」這個數字就是「ジプ（jip）」→「ジフ（jif）」→「ジウ（jiu）」→「ジュウ（juu）」變遷而來的。至於為什麼會有這樣的變遷，就是為了減輕發音的負擔吧！比起 'jip'，'jif' 的發音較省力，也就是比起 'p'，'f' 更容易說。並且，請各位回想起過去「はひふへほ」讀成「わいうえお」一事。「ジフ」就因此漸漸地唸成「ジウ」了。但是由於人的慾望無窮無盡，把「ジウ」變成 'jiu' 後，又覺得連續發 'i' 與 'u' 太過麻煩，也就是顧慮到平唇母音的 'i' 後接著發圓唇母音的 'u' 太過麻煩，短時間使用不同嘴形的負擔太重。於是，就產生了 'i' 與 'u' 中間的拗音 '-yu'，唸成 'juu'。同理，「きゅうり」（小黃瓜）以前是寫成「きうり」呢。

日本語

1. 音声の誤用—アクセント（1）

日本語のアクセントは頭高型、中高型、尾高型、平板型の4つがあります。例えば「ごはん（御飯）」は「ご・は・ん」と3音節の言葉ですが、最初の音節「ご」にアクセントがあり（最初の音節が高く、後は低い）「高低低」となるので「頭高型」と言います。1番目の「ご」から後が低くなるので、アクセント記号を1と書きます。「ご」のようにアクセントが落ちる箇所を「アクセント核」または「アクセントの滝」と言います。

「こうこうせい（高校生）」は「こ・う・こ・う・せ・い」と6音節の言葉ですが、2番目の音節「う」と3番目の音節「こ」にアクセントがあり、「低高高低低低」となるので「中高型」と言い、3番目の「こ」がアクセント核になるので、アクセント記号は3と書きます。しかし、同じ中高型6音節の語でも「どうぶつえん（動物園）」は「う」「ぶ」「つ」の音節が高く、「低高高高低低」となって、4番目の「つ」がアクセント核になるので、アクセント記号は4と書きます。同じ中高型でも、アクセントが落ちる個所によって記号が違うわけです。

「おとこ（男）」は3音節の語ですが、1番目の「お」の音節だけが低くて2番目以後の音節は皆高く、「低高高」となって下がるところがありません。しかし、この言葉の後に助詞を付けて「男は」等とすると、「おとこは」（低高高低）となって、助詞の「は」は低くなります。言葉の最後の音節がアクセント核になるようなパターンを「尾高型」と言い、アクセント記号は3と書きます。しかし、同じ尾高型の語でも「みみ（耳）」は2拍語ですから、アクセント記号は2と書きます。同じ尾高型の語でも、拍数によって記号が違うわけです。

「がっこう（学校）」は、1番目の「が」の音節だけが低くて2番目以後の音節は皆高く、「低高高高」となって、アクセント核がありません。また、後に助詞を付けて「がっこうは」としても、助詞の「は」も高いままで「がっこうは」（低高高高高）となります。このようにアクセント核がないパターンは「平板型」と言い、アクセント記号は0と書きます。

台灣日語 23

1. 發音的誤用—重音（1）

　　日文的重音有頭高型、中高型、尾高型、平板型四種。例如「ごはん（御飯）」是「ご・は・ん」三個音節的詞，重音在第一個音節「ご」（開始的音節高，後面的低），形成「高低低」的情況，所以稱為「頭高型」。由於第一個音「ご」之後是低音，重音記號寫成①。像「ご」這樣重音下降處稱為「重音核」，或是「重音瀑」（因為如瀑布般由高音變至低音）。

　　「こうこうせい（高校生）」是「こ・う・こ・う・せ・い」6個音節的詞，第2個音節「う」和第3個音節的「こ」是重音，形成「低高高低低低」，所以稱為「中高型」，第3個音「こ」是重音核，音調記號寫成③。可是，「どうぶつえん（動物園）」同樣是中高型6個音節的詞，但較高的音節是「う」、「ぶ」、「つ」，形成「低高高高低低」，重音核是第4個音「つ」，所以重音記號寫成④。即便同樣是中高型，重音記號也會隨重音下降在哪個部分而改變。

　　「おとこ（男）」雖然是3個音節的詞，但只有第一個音節的「お」是低音，第2個音以後的音節都是高音，形成「低高高」的情況，沒有音下降的部分。不過，若這個詞的後面接著助詞，變成「男は」等時，會變成「おとこは」（低高高低），助詞的「は」會變低音。像這類語詞最後一個音節是重音核的類型稱作「尾高型」，音調記號要寫成③。但是，即使同樣是尾高型的詞「みみ（耳）」因為是2拍，所以音調記號要寫成②。即使同樣是尾高型的詞，記號也會隨拍數改變。

　　「がっこう（学校）」只有第一個音節的「が」是低音，第2個音節之後都是高音，形成「低高高高」，沒有重音核。而且，即使後面接著助詞，變成「がっこうは」，助詞「は」也維持在高音形成「低高高高高」。像這樣沒有重音核的類型稱為「平板型」，重音記號寫成⓪。

日本語

1. 音声の誤用―アクセント（2）

　日本語のアクセントには、2つの原則があります。一つは「日本語のアクセントは、一度下がったら二度と上がらない。山はあるけど、谷はない。」ということ（但し、第2音節が特殊音の長音・撥音・促音の場合は例外）、もう一つは「言葉の第1音節と第2音節は必ず高さが違う」ということです。この原則は、複合語のアクセントを考える時に役に立ちます。例えば「東京（とうきょう、低高高高高）」と「大学（だいがく、低高高高）」を併せて「東京大学（とうきょうだいがく）」とすると、アクセントは「低高高高高＋低高高高」となる、とお思いでしょう。しかし、これでは「だいがく」の「だ」が低くなって谷型になってしまい、「いったん下がったら二度と上がらない」という原則に反してしまいます。こういう場合は「だいがく」のアクセントを裏返しにして「高低低低」とすれば、「とうきょうだいがく」「低高高高高低低低」と山型になるのです。また、「なまえ（名前）」は「低高高」という平板型ですが、これに丁寧語の「お」を付けてみます。接頭語の「お」は独立して用いることはできないので、必ず低く発音されます。しかし、「おなまえ」「低低高高」とすると、「言葉の第1音節と第2音節は必ず高さが違う」という原則に反してしまいます。そこで、「なまえ」の「な」を高くして「おなまえ」「低高高高」にするわけです。

　一拍語のアクセントはどうでしょうか。「ひ（火）」という語は、後に助詞を付けて「ひは（高低）」とすると「ひ」が高く「は」が低いのでアクセント記号は①になりますから、頭高型ということになります。また、「ひ（日）」は助詞を付けると「ひは（低高）」と、助詞の方が高くなりますから、アクセント記号は⓪になり、平板型ということになります。

台灣日語 24

1. 發音的誤用—重音（2）

　　日文的重音有兩個原則。第一個是「日文的音調一旦下降就不會再上升。會有山型，卻不會有谷型。」（然而，第 2 音節是特殊音的長音、撥音、促音時例外），另一個是「語詞的第 1 音節和第 2 音節的音高必定不同」。這個原則在考慮複合語的重音時非常有用。例如「東京（とうきょう；低高高高高）」和「大学（だいがく；低高高高）」合併，變成「東京大学（とうきょうだいがく）」時，大家會以為重音是「低高高高高＋低高高高」吧。但是這麼一來，「だいがく」的「だ」就會下降，變成谷型，違反了第一個「一旦下降就不會再上升」的原則。這種情況只要將「だいがく」的重音反過來，變成「高低低低」，合在一起就會是山型「とうきょうだいがく」「低高高高高低低低」。此外，「なまえ」（名字）是「低高高」的平板型，試著加上禮貌型的「お」會如何呢？接頭語的「お」不能獨立使用，因此必定發成低音。但是，這樣就變成「おなまえ」「低低高高」，違反「語詞的第 1 音節和第 2 音節的音高必定不同」的原則。因此，要把「なまえ」的「な」改發高音，形成「おなまえ」「低高高高」。

　　一拍詞的重音又如何呢？「ひ（火）」這個詞若後面接助詞「ひは（高低）」的話，就是「ひ」是高音「は」是低音，因此聲調符號要寫成 [1]，算是頭高型。而「ひ（日）」若加上助詞，變成「ひは（低高）」時，助詞是高音，所以重音符號是 [0]，為平板型。

日本語

1. 音声の誤用―アクセント（3）

　さて、最新の研究結果による、耳よりな情報を差し上げましょう。外来語の5拍以上の単語は必ず中高型で、最後から3番目の音節がアクセント核になります。例えば「エルサレム」は「低高高低低」となります。「インドネシア（Indonesia）低高高高低低」「オーストラリア（Australia）低高高高高低低」、みんなそうですね。しかし、「スウェーデン（Sweden）低高低低低」「ワシントン（Washington）低高低低低」のように最後から3番目の音節が特殊音節の長音や撥音の場合は、アクセント核が一つ前にずれて最後から4番目の音節がアクセント核になります。しかし、これはまだ仮説の段階ですから、例外もたくさんあることを申し添えておきます。

　もう一つ、「にほん（日本）低高低」は中高型ですが、この語の後に助詞の「の」が付くと、「にほんの（低高高高）」と、平板型に変わってしまいます。「の」はどうやら特殊な助詞のようです。

台灣日語 25

1. 發音的誤用—重音（3）

　　那麼，告訴各位一個值得一聽的最新研究結果吧！ 5 拍以上的外來語詞必定是中高型，且重音核會是倒數第 3 個音節。例如「エルサレム」（Jerusalem；耶路撒冷）會是「低高高低低」，而「インドネシア」（Indonesia；印尼）是「低高高高低低」、「オーストラリア」（Australia；澳洲）是「低高高高高低低」皆是如此。可是當倒數第 3 個音節是特殊音節的長音或撥音，如「スウェーデン」（Sweden；瑞典）的「低高低低低」、「ワシントン」（Washington；華盛頓）的「低高低低低」的情況時，重音核要往前一個變成倒數第 4 個音節是重音核。不過，這還在假設的階段，在此聲明仍有不少例外。

　　還有一點，「にほん」（日本）的「低高低」雖然是中高型，但若後面接了助詞「の」就變成「にほんの」（低高高高）的平板型。顯然「の」似乎是個特殊的助詞。

第11部

台湾日本語

057

日本語

1. 音声の誤用—リズム

　発音に関して台湾人が誤りやすいものに、もう一つ、「リズム」があります。濁音もアクセントもすべて正しく発音しているのに、何か日本語らしくない、下手糞な日本語だと感じさせてしまう話し方を時々耳にしますが、これはリズムの崩れによるものです。リズムは大学の発音の授業でもあまり取り上げられないのですが、日本語を話す時にリズムが狂うと何をしゃべっているのかわからないことになります。リズムとは、例えば「土曜日は（どようびは）」という言葉を「どーよーびは」とやってしまい、聞いた人は「童謡日？　同様日？」と混乱してしまうわけです。

　日本語のリズムとは次のようなものです。直音（あ、ゆ、せ、等）と拗音（きゃ、きゅ、しょ、等）の1拍音を短音節として、S（short）で表します。また、長音（けい、しゅう、など）、撥音（ろん、ちゃん、等）、促音（しっ、ぎょっ、等）の2拍音を長音節として、L（long）で表します。

　そうすると、「日曜日は（にちようびは）」は「に・ち・よう・び・は」で、「SSLSS」という塊になります。SSの長さはLと同じ長さになるので、「SSLSS」は「LLL」と認識されます。ここでSを「タ」というリズムで表し、Lを「タン」というリズムで表すと、「タタ・タン・タタ」と2拍ずつの安定したリズムになります。しかし、「どようびは」は「ど・よう・び・は」で、「SLSS」という塊になり、「SLL」というリズムと認識されます。すると、「ど・よう・び・は」は「タ・タン・タタ」というリズムになり、SとLが交互に現れる不安定なリズムになります。中国語のリズムは1つの漢字が1拍と決まっていて、「星期六是」のリズムは「LLLL」「タン・タン・タン・タン」と安定していますから、台湾人は「ど・よう・び・は（SLL）」のような不安定なリズムに慣れないのです。そこで、「どーよーびは」などと狂ったリズムで話してしまうわけです。

台灣日語 26

1. 發音的誤用—節奏

在發音上還有一項台灣人容易犯錯的，就是「節奏」。有時候明明濁音和重音全部都正確，卻總覺得不像日文，聽起來日文程度不好，這就是由於節奏亂了的緣故。雖然在大學的發音課也很少提及，不過一旦說日文的時候節奏亂了，就可能不知所云。說到節奏，例如將「土曜日は（どようびは）」說成「どーよーびは」，聽到的人就會混淆是「童謠日？同樣日？」。

日文的節奏如下：首先，將直音（あ、ゆ、せ等）及拗音（きゃ、きゅ、しょ等）這些一拍音當成短音節，以 S（short）表示。然後長音（けい、しゅう等）、撥音（ろん、ちゃん等）、促音（しっ、ぎょっ等）這些兩拍音當作長音節，以 L（long）表示。

這麼一來，「日曜日は（にちようびは）」是「に・ち・よう・び・は」會形成「SSLSS」。由於 SS 的長度和 L 的長度相同，「SSLSS」可以當成是「LLL」。再以「タ」表示 S 的韻律，以「タン」表示 L 的韻律，就會是「タタ・タン・タタ」各 2 拍的穩定節奏。然而，「どようびは」是「ど・よう・び・は」會形成「SLSS」，能當作是「SLL」的節奏。如此一來，「ど・よう・び・は」變成「タ・タン・タタ」，產生 S 和 L 交互出現的不穩定節奏。中文的節奏固定是一個漢字一拍，「星期六是」的節奏為「LLLL（タン・タン・タン・タン）」的穩定節奏，所以台灣人不習慣「ど・よう・び・は（SLL）」這種不穩定的節奏。因此，才會說成「どーよーびは」這種亂掉的節奏。

日本語

さて、ここで音声の誤用の総合問題にまいりましょう。クイズを出します。まず、5題。

① 学生「私は冬休みに京都へ行きました。おてあらい（お手洗い：洗手間）をたくさん見ました。きんかくし（金隠し：馬桶）がとてもきれいでした。」

教師「ずいぶん変わった趣味を持っているんですね。」

② 学生「先生、せいかい（政界）は神様が動かしているんですよね。」

教師「とんでもない。政界を動かしているのは、お金と人脈ですよ。」

③ 学生「私たちは、ふりん（不倫）大学の学生です。」

教師「台湾の教育部は、そんなけしからん大学を認可しているんですか。」

④ 学生「よめさん（嫁さん：新娘 or 太太）のふけ（頭垢）はきれいです。」

教師「誰のふけでも、汚いものは汚いですよ。」

⑤ 学生「先生、この和服、きって（切って）いいですか？」

教師「切っちゃダメですよ。長い裾は、おはしょりをするんですよ。」

学生「え？　先生は『どれでも好きな着物をきってください』と言ったのに。」

さて、学生は本当は何を言いたかったのでしょうか？　また、なぜこのように間違えたのでしょうか？　答はまた次回。

台灣日語 27

　　那麼，現在進入發音的誤用的綜合練習吧！以下先出 5 道題：

① 學生：「私は冬休みに京都へ行きました。おてあらい（お手洗い：洗手間）をた
　　　　　くさん見ました。きんかくし（金隠し：馬桶）がとてもきれいでした。」
　　　　　（寒假時我去了京都。看了很多洗手間。馬桶都非常漂亮。）

　　老師：「ずいぶん変わった趣味を持っているんですね。」（你的嗜好真特別啊！）

② 學生：「先生、せいかい（政界）は神様が動かしているんですよね。」
　　　　　（老師，政治界是上帝在運作的對吧！）

　　老師：「とんでもない。政界を動かしているのは、お金と人脈ですよ。」
　　　　　（沒有這種事。政治的運作是靠金錢和人脈喔！）

③ 學生：「私たちは、ふりん（不倫）大学の学生です。」（我們是外遇大學的學生。）

　　老師：「台湾の教育部は、そんなけしからん大学を認可しているんですか。」
　　　　　（台灣的教育部，有認可這麼不像樣的大學嗎？）

④ 學生：「よめさん（嫁さん：新娘 or 太太）のふけ（頭垢）はきれいです。」
　　　　　（新娘子／太太的頭垢很漂亮／乾淨。）

　　老師：「誰のふけでも、汚いものは汚いですよ。」
　　　　　（不論是誰的頭垢，都還是很髒啊。）

⑤ 學生：「先生、この和服、きって（切って）いいですか？」
　　　　　（老師，這件和服可以剪掉嗎？）

　　老師：「切っちゃダメですよ。長い裾は、おはしょりをするんですよ。」
　　　　　（不可以剪掉啦！長襬要反摺繫在腰上啦。）

　　學生：「え？　先生は『どれでも好きな着物をきってください』と言ったのに。」
　　　　　（咦？老師明明說過『你們喜歡哪件和服就儘管剪吧』。）

　　學生究竟想要說什麼呢？又為什麼會這樣弄錯？答案下回揭曉。

日本語

　前回の答。

①×おてあらい→おてら（お寺）、×きんかくし→〇きんかくじ（金閣寺）

　「おてら」と「おてあらい」の発音が似ているため、「おてら」の「て」と「ら」の間に余計な母音 'a' と 'i' が入ってしまった。また、「金閣寺」の「寺」は台湾語で「shi」と読むので、つい混同してしまった。

②×せいかい→〇せかい（世界）

　「せかい」の「せ」は短音節（1拍）、「かい」は長音節なので、「短音節（S）＋長音節（L）のリズムがうまく取れず、「せ」を長音にして「せい」と言ってしまった。

③×ふりん→〇ほじん（輔仁）

　「輔仁」の「輔」は「ほ」と読むのだが、中国語の読み方に引きずられて、つい「ふ」になってしまった。さらに、「仁」は日本語で「じん」と読むのだが、台湾人の中には「だ・ぢ（じ）・づ（ず）・で・ど」がうまく言えず、「らりるれろ」になってしまう人がいる。それで「じ」を「り」と発音して、「ふりん」になってしまった。

④×よめさん→〇ようめいさん（陽明山）、×ふけ→〇ふうけい（風景）

　長音の「ようめい」「ふうけい」がすべて短音になってしまった。

⑤×きって→〇きて（着て）

　「きて」の「き」は無声母音になる。無声母音は聞こえがないので、よく促音と間違えられる。それで、「き」の後につい促音を入れてしまった。

台灣日語 28

　　上回的答案。

① ×おてあらい（洗手間）→おてら（寺廟）

　　×きんかくし（馬桶）→〇きんかくじ（金閣寺）

　　由於「おてら」和「おてあらい」的發音很相似，所以「おてら」的「て」和「ら」之間加入了多餘的母音 'a' 和 'i'。此外，由於「金閣寺」的「寺」用台語唸為「shi」，便不小心搞混了。

② ×せいかい（政治界）→〇せかい（世界）

　　「世界」的「せ」是短音節（1拍），「かい」是長音節，所以沒有掌握好「短音節（S）＋長音節（L）」的節奏，便會將「せ」發成長音「せい」。

③ ×ふりん（不倫、外遇）→〇ほじん（輔仁）

　　「輔仁」的「輔」發音是「ほ」，但是被中文讀法影響，就會不小心變成「ふ」的音。此外，「仁」的日文發音是「じん」，但有些台灣人不大會發「だ・ぢ（じ）・づ（ず）・で・ど」，就唸成「らりるれろ」。所以將「じ」發音成「り」，就變成「ふりん」了。

④ ×よめさん（新娘或太太）→〇ようめいさん（陽明山）

　　×ふけ（頭垢）→〇ふうけい（風景）

　　都是將長音的「ようめい」、「ふうけい」發成短音了。

⑤ ×きって（剪、切）→〇きて（穿）

　　「きて」中「き」的母音部分（i）是無聲母音，由於聽不到無聲母音容易誤發成促音，因此錯將「き」後面加了促音。

日本語

　続いて、後半の5題。

⑥ 学生「先生、私はきのう初めてパーティで、ピル（pill、避孕薬）を飲みました。」

　　教師「ずいぶんヤバいパーティだったんですね。」

⑦ 学生「先生、あしたはせっぷん（接吻：kiss）の日ですね。」

　　教師「日本にはそんな結構な日はありませんが。」

⑧ （ロシア人の学生の誤用）

　　学生「私は先生の誕生日に、にくたい（肉体）を差し上げます。」

　　教師「それはうれしい。じゃ、誕生日にはホテルを予約しておきますね。」

⑨ （アメリカ人の学生の誤用）

　　学生「私は今朝、母におかされました（犯されました：被強姦）。」

　　教師「それって、近親相姦じゃないですか！」

⑩ （アメリカ人と台湾人共通の誤用）

　　教師「皆さん、日本語を間違えてはダメですよ。」

　　学生「大丈夫です。私たちは吉田先生におそわれましたから（襲われました：被襲撃）。」

　複合誤用が入っているので、前回よりやや難しいかも。

台灣日語 29

接著是後半五題。

⑥ 學生：「先生、私はきのう初めてパーティで、ピル（pill、避孕薬）を飲みました。」

（老師，昨天我第一次在派對吃了避孕藥了。）

老師：「ずいぶんヤバいパーティだったんですね。」（真是糟糕的派對呀！）

⑦ 學生：「先生、あしたはせっぷん（接吻：kiss）の日ですね。」

（老師，明天是接吻日喔！）

老師：「日本にはそんな結構な日はありませんが。」

（日本可沒有這麼好的日子。）

⑧（俄羅斯學生的誤用）

學生：「私は先生の誕生日に、にくたい（肉体）を差し上げます。」

（老師生日那天，我會獻上肉體。）

老師：「それはうれしい。じゃ、誕生日にはホテルを予約しておきますね。」

（真是令我開心。那麼，生日當天我會先訂好飯店喔。）

⑨（美國學生的誤用）

學生：「私は今朝、母におかされました（犯されました：被強姦）。」

（老師，我今天上午被母親侵犯了。）

老師：「それって、近親相姦じゃないですか！」（這不是亂倫嗎！）

⑩（美國人和台灣人共同的誤用）

老師：「皆さん、日本語を間違えてはダメですよ。」

（各位，不可以用錯的日文喔！）

學生：「大丈夫です。私たちは吉田先生におそわれましたから（襲われました：被襲擊）。」（沒問題，因為我們都是被吉田老師襲擊的學生。）

因為這些例子包含複合性的誤用，可能較前一回的難一點。

日本語

⑥〜⑩の答。

⑥ ×ピル→〇ビール（beer）

「ビール」の「ビ」が無声音になり、さらに長音ができずに短音になってしまった結果。

⑦ ×せっぷん→〇せつぶん（節分）

「せつぶん」の「ぶ」の濁音が発音できないで無声音の「ぷ」になった。さらに、破裂音「ぷ」の前では「つ」は促音になるので、「せっぷん」になってしまった。

⑧ ×にくたい→〇ネクタイ（領帯）

「ネクタイ（nekutai）」の 'e' を 'i' と発音してしまった。

⑨ ×「おかされました」→〇「おこされました（被叫起来）」

「おこされ（okosare）」の「こ（ko）」の 'o' を 'a' と発音してしまった。

⑩ ×おそわれました→〇おそわりました（教わりました：被教）

アメリカ人の場合は、「おそわり（osowari）」の「り（ri）」の母音 'i' を 'e' と発音してしまった。台湾人の場合は、「おしえる（教える）」の文法的受け身の「おしえられる（教えられる）」と語彙的受け身の「おそわる（教わる）」が混乱して「おそわれる」になった。（「れ」の文字が入れば受け身になると思っているフシがある。）

一般に、西洋人は母音の間違い、特にイとエ、アとオの取り違えが多く（⑧⑨⑩）、台湾人は子音の間違い、特に無声子音と有声子音の取り違えが多いようです（⑥⑦⑩）。アメリカ人による⑧の誤用は、イとエを間違えた例で、⑨の誤用はアとオを間違えた例です。⑩の誤用を分析すると、同じ「おそわれました」という誤用でもアメリカ人と台湾人では誤用の原因が違いますね。

これらは皆、実際にあった誤用なんですよ。皆さん、何題正解できましたか？

台灣日語 30

　⑥～⑩的解答。

⑥ ×ピル（避孕藥）→○ビール（beer；啤酒）

　「ビール」的「ビ」無法發成有聲的濁音而變成無聲的「ピ」，再加上沒發長音，而發成短音的結果。

⑦ ×せっぷん（接吻）→○せつぶん（節分）

　無法發出「せつぶん」的濁音「ぶ」而變成無聲音的「ぷ」。再加上塞音「ぷ」的前面「つ」變成促音，便形成了「せっぷん」。

⑧ ×にくたい（肉體）→○ネクタイ（領帶）

　將「ネクタイ（nekutai）」的 'e' 發音成 'i' 的結果。

⑨ ×おかされました（被強姦）→○おこされました（被叫起來）

　「おこされ（okosare）」中「こ（ko）」的母音 'o' 發成 'a' 的結果。

⑩ ×おそわれました（被攻擊）→○おそわりました（被教）

　美國人會把「おそわり（osowari）」中「り（ri）」的母音 'i' 發成 'e'。而台灣人則是搞混「おしえる（教える）」文法上的被動形「おしえられる（教えられる）」和詞彙上的被動「おそわる（教わる）」，而變成「おそわれる」。（我想是因為常有人以為加了「れ」這個字就是被動。）

　一般而言，西方人會弄錯母音，特別是「い」和「え」、「あ」和「お」較常弄錯（⑧⑨⑩），台灣人則會弄錯子音，尤其容易弄錯無聲子音和有聲子音（⑥⑦⑩）。美國人在第⑧題中的誤用就是弄錯「い」和「え」的例子，第⑨題則是弄錯「あ」和「お」的例子。而分析第⑩題的誤用，就會發現即便都是誤用了「おそわれました」，美國人和台灣人誤用的原因也不同。

　這些都是實際上發生過的誤用例子喔。各位，答對了多少題呢？

日本語

　今回からは、語彙の問題に入ります。以下は、拙著『たのしい日本語作文教室Ⅰ』（大新書局）に書かれていることを基にしています。

2. 語彙の誤用―①日本漢字と台湾漢字（1）

　漢字はもともと中国から渡って来たもの。日本人の漢字識字率を知っていますか？　漢字は中国で20万字、日本で5万字あると言われています。日本の文部科学省で決められた常用漢字は2136字ですが、そのうち小学校で1006字が、中学校で1130字が教えられます。高校になると、それぞれの学校の判断で常用漢字以外の字も教えられます。すると、高校を卒業した人は3000字前後を知っていることになりますね。「日本語の教師なら5000字くらい知っていて当然だ」と私は研修時代の先生に言われましたが、それでも台湾人の皆さんに敵うものではありません。台湾人の年配の方なら、1万字くらいは知っていらっしゃるのではないでしょうか。

　ですから、台湾人の漢字に対する誇りは相当なものです。以前、政治大学の一般教養（通識課）で初級日本語を教えていた時、日本語の語尾変化の面倒さに学生が辟易して「日本語は、名詞、イ形容詞、ナ形容詞、動詞にいちいち現在形、現在否定形、過去形、過去否定形がある。どうして日本語はこんなに複雑なんですか？」と文句を言いました。私が「日本人の頭は複雑だからだ。」と答えたら「じゃ、中国人の頭は単純だって言うんですか？」と突っ込まれた。これはまずいと思って「あー、中国語は漢字が難しいね。」と言ったら彼らはご機嫌を直してニコニコし始めました。かわいいな、と思うと同時に、台湾人学生が自国の文字を大切にしていることに好感を持ちました。中国のように簡体字しか習わないのでは、中国の古典が読めませんからね。

台灣日語 31

　　從這一回開始，要探討詞彙的問題。以下內容是以個人拙作《たのしい日本語作文教室I》（大新書局）寫的作為基礎。

2. 詞彙的誤用—①日本漢字和台灣漢字（1）

　　漢字原本是由中國傳到日本的。大家知道日本人漢字識字率有多少嗎？據說中國的漢字有 20 萬字，而日本有 5 萬字。日本文部科學省（相當於教育部）認定的常用漢字有 2136 個字，其中國小教 1006 個字，國中教 1130 個字。到了高中之後，則由各校自行判斷是否教授常用漢字以外的漢字。這麼一來，高中畢業的人可以學會 3000 個左右的漢字。我在研習時的老師說過：「日文老師的話，認識 5000 個左右的漢字是理所當然的。」，即使如此，仍無法與各位台灣人匹敵。在台灣的年長者，應該都認識 1 萬個以上的漢字吧！

　　因此，台灣人對於漢字相當自豪。之前，我在政治大學的通識課程教初級日語時，有學生因為日文語尾變化的麻煩而不安，抱怨道：「日文的名詞、イ形容詞、ナ形容詞、動詞每一個都有現在形、現在否定形、過去形、過去否定形，為什麼日文這麼複雜呢？」。我就回答他們：「因為日本人的頭腦複雜呀！」之後被學生反詰：「意思是中國人的頭腦單純嗎？」我心想，這下子麻煩了，便回答他們：「啊～，中文難在漢字啊。」，他們才心情轉好，面帶微笑。當我想著學生真可愛的同時，對台灣學生重視自己國家的文字一事產生好感。畢竟若像中國只學簡體字的話，就無法閱讀中國的古典文學了啊。

日本語

2. 語彙の誤用―①日本漢字と台湾漢字（**2**）

　同じ漢字と言っても、日本では使われない中国漢字はたくさんあります。「跟」「很」「什」「麼」「怎」「嗎」「站」などは初級中国語で習う漢字ですが、日本では見たことがありません。

　反対に、日本人が勝手に作ってしまった「国字」という漢字もあります。「働」「梶」「辻」「旧」「駄」などは、本来の中国語にはないはずです。

　また、「機」の簡体字は「机」ですが、日本語では「機」と「机」は別の意味を持っています。「葉」の簡体字は「叶」ですが、日本語では「葉」と「叶」は別の意味です。

　さらに、字には「異体字」というものがあります。例えば、私の姓の「よしだ」の「よし」は「吉」という字を書きます。「吉」（上の方が「士」になっている）と「𠮷」（上の方が「土」になっている）は「異体字」です。

　さて、またまたクイズです。次の 100 個の台湾漢字を日本漢字にしてください。答は次回に。

1. 對　2. 會　3. 乘　4. 殘　5. 譽　6. 當　7. 辯　8. 讀　9. 惡　10. 縣　11. 實　12. 號
13. 拜　14. 贊　15. 關　16. 黨　17. 儉　18. 雜　19. 應　20. 鄰　21. 壞　22. 燒　23. 齋
24. 圖　25. 學　26. 册　27. 藏　28. 每　29. 將　30. 區　31. 傳　32. 點　33. 證　34. 纖
35. 寫　36. 澤　37. 晉　38. 攝　39. 轉　40. 爭　41. 鐵　42. 歸　43. 樂　44. 兩　45. 單
46. 體　47. 總　48. 戲　49. 團　50. 窗　51. 國　52. 處　53. 廣　54. 豐　55. 數　56. 氣
57. 覺　58. 經　59. 繼　60. 惠　61. 巢　62. 挾　63. 兔　64. 專　65. 帶　66. 從　67. 步
68. 歡　69. 戀　70. 黑　71. 發　72. 聽　73. 聲　74. 彌　75. 豫　76. 飲　77. 櫻　78. 榮
79. 譽　80. 臺　81. 灣　82. 參　83. 遲　84. 龜　85. 來　86. 辭　87. 擔　88. 齒　89. 藝
90. 戰　91. 鬥　92. 悅　93. 奧　94. 爐　95. 禱　96. 聯　97. 與　98. 餘　99. 糧　100. 后

台灣日語 32

2. 詞彙的誤用─①日本漢字和台灣漢字（2）

即使同樣是漢字，有不少中國漢字日本不使用。「跟」、「很」、「什」、「麼」、「怎」、「嗎」、「站」等是初級中文就會學的漢字，但在日本卻沒有看過。

相反地，也有日本人任意創造的漢字稱作「國字」，如「働」、「梶」、「辻」、「旧」、「駄」等原本中文裡沒有的漢字。

再者，「機」的簡體字是「机」，但是在日文中「機」和「机」的意思各不相同。「葉」的簡體字是「叶」，但是日文中「葉」和「叶」是不同意思。

此外，文字還有「異體字」。例如我的姓氏「よしだ」的「よし」寫成「吉」。「吉」（上面是「士」）和「吉」（上面是「土」）彼此是「異體字」。

接著，又是測驗。請把以下 100 個台灣漢字寫成日本的漢字。答案下回揭曉。

1. 對 2. 會 3. 乘 4. 殘 5. 譽 6. 當 7. 辯 8. 讀 9. 惡 10. 縣 11. 實 12. 號

13. 拜 14. 贊 15. 關 16. 黨 17. 儉 18. 雜 19. 應 20. 鄰 21. 壞 22. 燒 23. 齋

24. 圖 25. 學 26. 冊 27. 藏 28. 每 29. 將 30. 區 31. 傳 32. 點 33. 證 34. 纖

35. 寫 36. 澤 37. 晉 38. 攝 39. 轉 40. 爭 41. 鐵 42. 歸 43. 樂 44. 兩 45. 單

46. 體 47. 總 48. 戲 49. 團 50. 窗 51. 國 52. 處 53. 廣 54. 豐 55. 數 56. 氣

57. 覺 58. 經 59. 繼 60. 惠 61. 巢 62. 挾 63. 兔 64. 專 65. 帶 66. 從 67. 步

68. 歡 69. 戀 70. 黑 71. 發 72. 聽 73. 聲 74. 彌 75. 豫 76. 飲 77. 櫻 78. 榮

79. 譽 80. 臺 81. 灣 82. 參 83. 遲 84. 龜 85. 來 86. 辭 87. 擔 88. 齒 89. 藝

90. 戰 91. 鬪 92. 悅 93. 奧 94. 爐 95. 禱 96. 聯 97. 與 98. 餘 99. 糧 100. 后

日本語

---

2. 語彙の誤用─①日本漢字と台湾漢字 (3)

前回の答です。あなたはいくつできましたか？

1. 対 2. 会 3. 乗 4. 残 5. 誉 6. 当 7. 弁 8. 読 9. 悪 10. 県 11. 実 12. 号

13. 拝 14. 賛 15. 関 16. 党 17. 倹 18. 雑 19. 応 20. 隣 21. 壊 22. 焼 23. 斉

24. 図 25. 学 26. 冊 27. 蔵 28. 毎 29. 将 30. 区 31. 伝 32. 点 33. 証 34. 繊

35. 写 36. 沢 37. 晋 38. 撮 39. 転 40. 争 41. 鉄 42. 帰 43. 楽 44. 両 45. 単

46. 体 47. 総 48. 戯 49. 団 50. 窓 51. 国 52. 処 53. 広 54. 豊 55. 数 56. 気

57. 覚 58. 経 59. 継 60. 恵 61. 巣 62. 挟 63. 兎 64. 専 65. 帯 66. 従 67. 歩

68. 歓 69. 恋 70. 黒 71. 発 72. 聴 73. 声 74. 弥 75. 予 76. 飲 77. 桜 78. 栄

79. 誉 80. 台 81. 湾 82. 参 83. 遅 84. 亀 85. 来 86. 辞 87. 担 88. 歯 89. 芸

90. 戦 91. 闘 92. 悦 93. 奥 94. 炉 95. 祷 96. 連 97. 与 98. 余 99. 料 100. 後*

この中で、89 の「芸」という字について、中国語では「藝」と「芸」とは別の字ですね。でも、日本語では「藝」は「芸」の古体とされて、どちらも「ゲイ」と読みます。また、23 の「齋」という字は、現代では「齋藤」という人名にしか用いられません。さらに、100 の「后」という字は現代では「皇后」という特別な語彙にしか用いられず、'after' や 'back' の意味では「後」という字を使います。前回挙げた台湾漢字は戦前まで学校で教えられ、日本人は皆これを書いていました。私が小学校 1 年の時、習ったばかりの「学」という字を書いたら、私の母は「こんな字は見たことがない。」と言いました。現代日本漢字は日本式の簡体字ですね。日本の漢字は異体字を含めて 5 万字あると言われますから、これらの台湾漢字はワープロを打っても出てくるし、特殊な場合、例えば「人名漢字」、それも主に姓の漢字に使われることがあるわけです。日本の人名は 42,711 字が登録されていると言われますから、常用漢字以外の漢字はほとんど人名にしか使われていないことになりますね。

台灣日語 33

2. 詞彙的誤用─①日本漢字和台灣漢字（3）

以下是上回的答案。你答對幾個呢？

1. 対 2. 会 3. 乗 4. 残 5. 誉 6. 当 7. 弁 8. 読 9. 悪 10. 県 11. 実 12. 号

13. 拝 14. 賛 15. 関 16. 党 17. 倹 18. 雑 19. 応 20. 隣 21. 壊 22. 焼 23. 斉

24. 図 25. 学 26. 冊 27. 蔵 28. 毎 29. 将 30. 区 31. 伝 32. 点 33. 証 34. 繊

35. 写 36. 沢 37. 晋 38. 撮 39. 転 40. 争 41. 鉄 42. 帰 43. 楽 44. 両 45. 単

46. 体 47. 総 48. 戯 49. 団 50. 窓 51. 国 52. 処 53. 広 54. 豊 55. 数 56. 気

57. 覚 58. 経 59. 継 60. 恵 61. 巣 62. 挟 63. 兎 64. 専 65. 帯 66. 従 67. 歩

68. 歓 69. 恋 70. 黒 71. 発 72. 聴 73. 声 74. 弥 75. 予 76. 飲 77. 桜 78. 栄

79. 誉 80. 台 81. 湾 82. 参 83. 遅 84. 亀 85. 来 86. 辞 87. 担 88. 歯 89. 芸

90. 戦 91. 闘 92. 悦 93. 奥 94. 炉 95. 祷 96. 連 97. 与 98. 余 99. 料 100. 後*

其中第 89 的「芸」，在中文與「藝」是不同字吧！但是，日文的「藝」是「芸」的古體，兩者都唸成「げい」。另外，第 23 的「齋」，現代只用於人名「齋藤」。另外，關於第 100 的「后」，現代只用於「皇后」這個特別的詞彙，要表達 'after' 或 'back' 的意思只會使用「後」這個字。戰前學校會教導上一回列舉的台灣漢字，過去日本人都寫這些字。我在小學一年級寫了剛學到的字「学」時，我的母親說：「我從沒看過這種字。」現代日本漢字算是日本式的簡體字吧！據說日本的漢字包括異體字有 5 萬個，因此這些台灣漢字可以用文書處理器打出，而特殊漢字，例如「人名漢字」主要會用於姓氏。據說登記作日本人名使用的字有 42,711 個字，也就是說常用漢字以外的漢字大部分都只用在人名吧！

日本語

2. 語彙の誤用―②漢語語彙と品詞（1）

　中国語と日本語に共通の語彙として、「漢語語彙」があります。あ、中国語と同じ形をしている、と大喜びで飛びついて中国語と同じ使い方をすると、これが間違いの元。本来は中国語だったのが、日本に来て「本土化」されて、まったく違った意味や品詞になることがあるのです。台湾人の最も苦手とするのは、漢語語彙の品詞を見分けることです。

① ×「山本さんと結婚したら、生活は安定です。」→○「安定します」

② ×「美容整形は、合格の医者に頼めば大丈夫です。」→○「合格した」

　「安定」「合格」は「動作名詞」または「スル名詞」と言って、「生活の安定が大事だ」「合格の通知をもらった」などのように、単独では名詞として使われますが、スルを伴って「彼の容態は安定している」「私は試験に合格した」などのように動詞として使われることもあります。しかし、「×彼の容態は安定だ」「×私は試験に合格だ」のように述語として使ったり、「×安定の生活」「×合格の医者」のように所有格として用いたりすることはできません。さらにおもしろいことには、これらの否定語「不安定」「不合格」は名詞用法またはナ形容詞用法だけが可能で、「彼の容態は不安定だ」「彼は不合格だ」「不安定な容態」「不合格の医者」とは言えますが、「×彼の容態は不安定している」「×彼は不合格した」と、動詞としては使えないのです。

　じゃあ「安心／心配」はどうなんだ。「私は安心した／心配した」とも言えるし、「私は安心だ／心配だ」とも言えるじゃないか、と抗議する向きもあるでしょう。しかし「安心／心配」は「安定」「合格」とは違います。まず「安心／心配」は人の心理を表す語です。「安心だ／心配だ」と言う時の主語は一人称だけ、つまり「私は安心だ／心配だ」はいいけれど、「×彼は安心だ／心配だ」はダメで、三人称の時は「彼は安心している／心配している」と言わなければなりません。また、「安定」「合格」には「不安定」「不合格」という否定語がありますが、「安心／心配」には「×不安心／×不心配」という否定語はありません。

台灣日語 34

2. 詞彙的誤用─②漢語詞彙和詞類（1）

　　中文和日文有共通的詞彙「漢語詞彙」。啊！若您以為和中文形態相同，使用方法也會相同而大大歡喜的話，就正是錯誤的來源。原本是中文，但是傳到日本被「本土化」後，也有演變成意思或詞類完全不同的狀況。最讓台灣人感到棘手的事，就是辨別漢語詞彙的詞類。

① ×「山本さんと結婚したら、生活は安定です。」（和山本先生結婚的話，生活會穩定。）→〇「安定します」

② ×「美容整形は、合格の医者に頼めば大丈夫です。」（做美容整型時，找合法的醫生的話比較沒有問題。）→〇「合格した」

　　「安定」、「合格」可稱為「動作名詞」或是「スル名詞」，「生活の安定が大事だ」（生活的穩定很重要）、「合格の通知をもらった」（取得合格的通知）等等雖然單獨作為名詞使用，也有另一種方式是像「彼の容態は安定している」（他的狀況很穩定）、「私は試験に合格した」（我的考試及格了）一般，後面跟著「する」作為動詞使用。但是，「×彼の容態は安定だ」（他的樣態很穩定）、「×私は試験に合格だ」（我的考試及格了）當述語使用，或是「×安定の生活」（穩定的生活）、「×合格の医者」（合法的醫生）當所有格使用的話是不可以的。此外，有趣的事是，這類的否定詞「不安定」、「不合格」卻只能當成名詞使用或是以ナ形容詞使用，可以用「彼の容態は不安定だ」（他的樣態不穩）、「彼は不合格だ」（他不及格）、「不安定な容態」（不穩定的狀況）、「不合格の医者」（不合法的醫生）的說法，但是不可以「×彼の容態は不安定している」（他的樣態不穩定）、「×彼は不合格した」（他不及格了）當成動詞使用。

　　那麼，「安心／心配」會是如何呢？有人會如此抗議吧：可以說「私は安心した／心配した」（我放心了／我很擔心），但不也可以說「私は安心だ／心配だ」（我放心／我擔心）嗎？但是「安心／心配」與「安定」、「合格」不同。首先，「安心／心配」是表達人的心理的用語。在說「安心だ／心配だ」的時候，主語是第一人稱，也就是可以說「私は安心だ／心配だ」，但是不可以說「×彼は安心だ／心配だ」，而第三人稱時一定要說成「彼は安心している／心配している」。此外，「安定」、「合格」有否定詞「不安定」、「不合格」，但是「安心／心配」則沒有「×不安心／×不心配」這類的否定詞。

日本語

2. 語彙の誤用—②漢語語彙と品詞（2）

③ ×「一生懸命勉強すれば、成績が<u>向上になる</u>。」→○「向上する」

④ ×「少年は、一人の<u>失明の</u>老人を見ました。」→○「失明した」

⑤ ×「台中がどんなに<u>進歩になって</u>も、私は昔の台中が好きです。」→○「進歩しても」

⑥ ×「そうしたら、台湾の教育は<u>成功になる</u>と思う。」→○「成功する」

⑦ ×「日本の学生は台湾の学生よりもっと<u>独立だ</u>と思う。」→○「独立している」

⑧ ×「『重厚長大産業』は<u>没落になり</u>ました。」→○「没落しました」

⑨ ×「彼は<u>変心だ</u>ろう。」→○「変心した」

⑩ ×「この 10 年間で、台北は<u>繁栄になり</u>ました。」→○「繁栄しました」

⑪ ×「彼らは<u>興奮になり</u>ました。」→○「興奮しました」

　これらの動詞には共通点があることにお気づきでしょうか？　これらはすべて「変化動詞」と呼ばれているものです。つまり、動作の結果、状態が変化する動詞です。③「向上する」は「下」から「上」へ、④「失明する」は「明」から「暗」へ、⑤「進歩する」は「後」から「前」へ、⑥「成功する」は「無」から「有」へ、⑦「独立する」は「依頼」から「自立」へ、⑧「不足する」は「プラス」から「マイナス」へ、⑨「変心する」は「白」から「黒」へ、⑩「繁栄する」は「マイナス」から「プラス」へ、⑪「興奮する」は「静」から「動」へ、それぞれ変化するのです。このような漢語語彙は動作名詞と考えられ、スルを付けて動詞として扱います。（動詞というのはもともと変化を表す品詞ですからね。）また、「独立」「繁栄」などの結果状態を表す場合は、「独立している」「繁栄している」などと、「～ている」を用います。しかし、おもしろいことに、「大成功」など「大」が付くと「計画は<u>大成功だ</u>。」などと、たちまちナ形容詞になってしまうのです。これは「不安定」「不合格」などと同じで、「不」「大」などの接頭語が付くと品詞転換が起こるようです。

　動作名詞として使われる漢語は、他に「重視する」「辛抱する」「専心する」などがあります。

台灣日語 35

2. 詞彙的誤用─②漢語詞彙和詞類（2）

③ ×「一生懸命勉強すれば、成績が<u>向上になる</u>。」（努力讀書的話，成績就會有起色。）→○「向上する」

④ ×「少年は、一人の<u>失明</u>の老人を見ました。」（少年看到了一位失明的老人。）→○「失明した」

⑤ ×「台中がどんなに<u>進歩になって</u>も、私は昔の台中が好きです。」（不論台中再怎麼進步，我還是喜歡以前的台中。）→○「進歩しても」

⑥ ×「そうしたら、台湾の教育は<u>成功になる</u>と思う。」（這麼做的話，我認為台灣的教育會成功。）→○「成功する」

⑦ ×「日本の学生は台湾の学生よりもっと<u>独立</u>だと思う。」（我認為日本的學生比台灣的學生獨立。）→○「独立している」

⑧ ×「『重厚長大産業』は<u>没落になりました</u>。」（「重工業」沒落了。）→○「没落しました」

⑨ ×「彼は<u>変心</u>だろう。」（他改變心意了。）→○「変心した」

⑩ ×「この10年間で、台北は<u>繁栄になりました</u>。」（這十年來，台北變得繁榮了。）→○「繁栄しました」

⑪ ×「彼らは<u>興奮になりました</u>。」（他們變得激動起來了。）→○「興奮しました」

　　請問有注意到以上這些動詞的共通點了嗎？這些動詞全部被稱為「變化動詞」。也就是動作的結果、狀態會變化的動詞。③「向上する」（起色）是由「下」往「上」、④「失明する」（失明）是由「明」到「暗」、⑤「進歩する」（進步）是從「後」到「前」、⑥「成功する」（成功）是從「無」到「有」、⑦「独立する」（獨立）是從「依賴」到「獨立」、⑧「不足する」（不足）是從「加」到「減」、⑨「変心する」（改變心意）是從「白」到「黑」、⑩「繁栄する」（繁榮）是從「減」到「加」、⑪「興奮する」（激動）是從「靜」到「動」，各自有它的變化。這樣的漢語詞彙被認為是動作名詞，便加上する處理而將它動詞化（這是因為所謂的動詞原本是表達變化的詞類吧！）此外，「獨立」、「繁榮」等等表達結果狀態的場合時，要以「独立している」、「繁栄している」等「～ている」的型態使用。但是，有趣的是，「大成功」等等有加上「大」時，例如「計画は<u>大成功</u>だ。」等等時，則變成ナ形容詞。這是和「不安定」、「不合格」一樣，以「不」、「大」作接頭語時詞類會產生轉變。其他以動作名詞使用的漢語還有「重視する」（重視）、「辛抱する」（忍耐）、「専心する」（專心）等等。

日本語

2. 語彙の誤用─②漢語語彙と品詞（3）

　しかし、「きれいになる」「医者になる」など、「～になる」の形も変化を表しますね。

⑫ ×「恋愛に夢中している人は、是非この映画を見てください。」→○「夢中になっている」

　では、「～する」と「～になる」は、どう区別したらよいのでしょうか。「きれい」はナ形容詞、「医者」は名詞です。ですから、これらの終止形は「きれいだ」「医者だ」ですね。終止形が「～だ」になる言葉が「～になる」の形を取るのです。「夢中」も「夢中だ」と言うことができますから、「×夢中する」でなく「○夢中になる」となります。一方、③～⑪の動詞は「×彼は向上だ」「×彼は失明だ」「×彼は進歩だ」などと言うことができませんから、「～になる」の形を取れないのです。従って、「夢中」はナ形容詞か名詞ということになります。

　ナ形容詞として用いる漢語語彙の誤用について、少しお話ししましょう。『問題な日本語』（北原保雄編・大修館書店）というおもしろい本があります。実は、作者はこのタイトル自体にわざと間違った日本語を使って読者に注意を喚起しているのです（本来は「問題の日本語」と言うべき）。「問題」は本来は名詞で形容詞的に「問題な」と使うべきではないのに、今の日本人は名詞と形容詞を混乱させて使っていることを皮肉っているのです。では、名詞と形容詞の境界はどこにあるのでしょう。

　例えば「自由」という言葉は名詞としてもナ形容詞としても使えます。「自由の女神」と「自由な女神」はどう違うのでしょうか。ニューヨークのリバティ島で右手にトーチを掲げているのは「自由の女神」ですね。しかし、この女神様、なんせ銅で造られているもので、1886年に建てられて以来全然動くことができません。全く不自由ですね。この女神は「自由な女神」ではありません。つまり、ニューヨークの「自由の女神」は「不自由な女神」なのです。「自由の女神」と名詞で用いる時は女神の本質・象徴性を表しますが、「自由な女神」と言った場合は一時的な様態を表します。「自由な討論」と言えば誰もが好きなように発言できる討論の様式を表しますが、「自由の討論」と言えば「自由」という討論のテーマを表すことからもおわかりでしょう。

　あ、「同じ」という語に注意。これは名詞でもナ形容詞でもありません。「×同じの人」でも「×同じな人」でもなく、「○同じ人」。例外的な品詞です。

台灣日語 36

2. 詞彙的誤用—②漢語詞彙和詞類（3）

　　但是，「きれいになる」（變漂亮了）、「医者になる」（成為醫生）等「～になる」型態，也用於表達變化呢。

⑫ ×「恋愛に夢中している人は、是非この映画を見てください。」（對愛情痴迷的人，請務必看這部電影。）→○「夢中になっている」

　　那麼要如何區別「～する」與「～になる」呢？「きれい」（漂亮）是ナ形容詞，「医者」（醫生）是名詞。因此，這些詞的終止形是「きれいだ」、「医者だ」。終止形是「～だ」的詞要用「～になる」。因為「夢中」亦可用「夢中だ」的型態，因此不能用「×夢中する」，而要用「○夢中になる」。相反地，因為③～⑪的動詞不能說成「×彼は向上だ」、「×彼は失明だ」、「×彼は進歩だ」，所以不能用「～になる」的形式。因此，「夢中」是ナ形容詞或是名詞。

　　稍微談談ナ形容詞的漢語詞彙的誤用吧。有一本有趣的書叫《問題な日本語》（有問題的日文）（北原保雄編・大修館書店出版），事實上作者在書名本身就刻意用了錯誤的日文，用來引起讀者的注意（原本應該說成「問題の日本語」）。「問題」原本是名詞，不該像形容詞般使用「問題な」，偏偏作者把它用來諷刺現今的日本人將名詞和形容詞混亂使用的現象。那麼，名詞和形容詞的分界在哪裡呢？

　　例如，「自由」這個詞可以作名詞使用，也可以作為ナ形容詞使用。「自由の女神」和「自由な女神」哪裡不一樣呢？在紐約自由島右手持著火炬的是「自由の女神」吧。但是，這位女神畢竟是銅造的，自1886年建好之後完全無法動彈。十足地不自由啊。因此這位女神不是「自由な女神」。換言之，紐約的「自由の女神」實在是「不自由な女神」。使用名詞「自由の女神」時，是用來表示女神的本質和象徵性，而說「自由な女神」則表達一時的狀態。這點從以下例子應可見一斑：「自由な討論」（自由的辯論）」是表示任何人都可以隨自己意發言的辯論形式，而「自由の討論」（[關於]自由的辯論）」則表示辯論「自由」這樣的主題。

　　啊！請注意「同じ」這個詞！它不是名詞也不是ナ形容詞。既非「×同じの人」也不是「×同じな人」，而是「○同じ人」，是例外的詞類。

日本語

2. 語彙の誤用—②漢語語彙と品詞（4）

　漢語語彙について、台湾人の陥りやすい誤用を挙げておきましょう。

⑬ ×「新竹は今、科学工業が盛んでいます。」→○「盛んです」

⑭ ×「そのニュースを聞いたけど、あまり関心しなかった。」→○「関心がなかった」

　⑬の誤用は漢語名詞ではないけど誤用が多いので取り上げます。「盛んだ」というナ形容詞を動詞と勘違いしたものです。恐らく「盛んで」という形を見て、テ形が「んで」だと思い込んだのでしょう。逆のケース、つまり動詞を形容詞と勘違いしやすい単語に「違う」（不一様、不對）があります。「違う」という語は中国語でも「不一様」「不對」、英語でも 'different' 'wrong' で、いずれも形容詞です。「違う」のマス形は「違います」ですから、語幹の部分だけ見てイ形容詞と勘違いし、「×違いです」とか「×違い分野」とかやってしまう人が多いので、注意しましょう。

　⑭の「関心」は中国語では「我関心你」と、動詞として使うことが多いので、日本語もつい動詞の変化をさせて「関心する」とやってしまうのですが、日本語の「関心」は名詞で、「関心を持つ」「関心がある」というふうにしか使いません。このような現象を「母語干渉」と言います。

　また、キリスト教の教会では時々「感謝です」と、「感謝」を名詞のように使うことがあります。「感謝」はもともと動作名詞ですから「感謝します」が正しいのですが、「感謝です」は「感謝します」とは別のニュアンスで使われます。動詞表現は一回一回の事態に対して用いられますが、名詞表現は恒常的な事態に対して用いられます。つまり、「感謝します」はたまたま発生したこと、例えば誰かが自分の落とし物を拾ってくれた時などに「感謝します」と言います。しかし、神様の恵みは恒常的・日常的な事態ですから、「お天気に恵まれて、感謝です。」のように言えるのです。「感謝です」は、神からのすべての恵みが感謝の対象であるというスタンスで使われるのでしょう。動作名詞として使われる漢語は、他に「重視する」「辛抱する」「専心する」などがあります。

台灣日語 37

2. 詞彙的誤用─②漢語詞彙及詞類（**4**）

　　以下列舉台灣人容易誤用的漢語詞彙：

⑬ ×「新竹は今、科学工業が<u>盛んでいます</u>。」（現在新竹的科學工業很興盛。）

　　→○「盛んです」

⑭ ×「そのニュースを聞いたけど、あまり<u>関心しなかった</u>。」（我雖然聽過那則新
　　聞，不過不太關心。）→○「関心がなかった」

　　⑬的誤用並不是漢語名詞，但因為太常誤用，故在此說明。這個誤用是因為誤將
「盛んだ」這個ナ形容詞當成動詞。大概看到「盛んで」的這個形態，誤以為其テ形
是「んで」吧。亦有相反的例子，亦即易誤判為形容詞的動詞，如「違う」。「違う」
的中文為「不一樣」、「不對」，英語為 'different'、'wrong'，在這兩種語文中皆是
形容詞。因「違う」的マス形為「<u>違います</u>」，因此有許多人僅看語幹的部分，就誤
以為它是イ形容詞，而誤用「×<u>違いです</u>」或「×<u>違い分野</u>」，故請多加留意。

　　⑭的「関心」在中文大都作動詞使用，如「我關心你」，因此說日文時也不小心
把它變成動詞，用「関心する」。然而日文的「関心」是名詞，僅能如「関心を持つ」、
「関心がある」使用。這種現象稱為「母語干涉」。

　　此外，在基督教的教會中，有時會把「感謝」當名詞般使用，如「感謝です」。
「感謝」原本是動作名詞，因此「感謝します」才正確，但是使用「感謝です」和「感
謝します」時的語意有微妙的不同。動詞用法適用於一次一次的狀況，而名詞用法則
用於恒常的事態。也就是說，「感謝します」適用於偶發事件，例如有人幫忙拾獲自
己的失物時，會說「感謝します」。然而，因為神的恩惠是恒常、日常的狀況，因此
可以說「お天気に恵まれて、<u>感謝です</u>。」（承蒙天氣良好，感謝主。）應該是隱含
著感謝神所賜的一切恩典的意思，才使用「感謝です」吧。其他當動作名詞使用的漢
語還有「重視する」（重視）、「辛抱する」（忍耐）、「専心する」（專心）等等。

日本語

2. 語彙の誤用―③コロケーション（1）

⑮ ×「姉はお見合いの<u>経験を持っています</u>。」→○「経験があります」

⑯ ×「日本と台湾を比べると、大きな<u>差を持っていない</u>。」→○「差がない」

⑰ ×「台湾人は、外国人を手伝うことに<u>熱心を持っている</u>。」→○「熱心だ」

⑱ ×「若い人は『何をしても個人の自由だ』という<u>態度を持ちます</u>。」→○「態度を取ります」

⑲ ×「あの歌手は、あまり<u>人気を持っていません</u>。」→○「人気がありません」

　⑮～⑲の誤用は、皆同質のものです。中国語の「有経験」「有差別」「有熱情」「有人気」の直訳でしょう。中国語の「有」は、「持つ」と「ある」の両方の訳ができますが、「持つ」というのは意志的動作ですから、「傘を持つ」「興味を持つ」のように自由意志の対象に対して使います。また「熱心」はナ形容詞で「熱意」は名詞なので、「熱意を持つ」なら OK です。「態度」は中国語でも「採取態度」と言うようですから、「態度を取る」です。「経験―ある」「差―ある」「熱意―持つ」「態度―取る」のように、ある名詞とある動詞が相性がよくて習慣的に結びつくことを、コロケーション（collocation）と言います。

台灣日語 38

2. 詞彙的誤用─③搭配字詞（**1**）

⑮ ×「姉はお見合いの<u>経験を持っています。</u>」（姊姊有相親的經驗。）→○「経験があります」

⑯ ×「日本と台湾を比べると、大きな<u>差を持っていない。</u>」（日本跟台灣差不多。）→○「差がない」

⑰ ×「台湾人は、外国人を手伝うことに<u>熱心を持っている。</u>」（台灣人很熱心幫助外國人。）→○「熱心だ」

⑱ ×「若い人は『何をしても個人の自由だ』という<u>態度を持ちます。</u>」（年輕人採取「做什麼事都是個人自由」的態度。）→○「態度を取ります」

⑲ ×「あの歌手は、あまり<u>人気を持っていません。</u>」（那位歌手沒什麼人氣。）→○「人気がありません」

　　⑮～⑲的誤用性質皆相同。全部都是把中文的「有經驗」、「有差別」、「有熱情」、「有人氣」直接翻譯成日文造成的吧。中文的「有」，能夠翻成「持つ」（持有）和「ある」（有、在）兩種，「持つ」是主觀意志的動作，因此適用於自由意志下的動作對象，如「傘を持つ」（拿傘）、「興味を持つ」（有興趣）。而「熱心」是ナ形容詞，「熱意」是名詞，故若使用「熱意を持つ」就沒問題。「態度」的話，中文也是使用「採取態度」的說法，故為「態度を取る」。如「経験─ある」、「差─ある」、「熱意─持つ」、「態度─取る」這些例子，某個名詞和某個動詞配合性高，習慣一起使用就稱搭配詞（collocation）。

日本語

　例えば「打電話」は「×電話を<u>打つ</u>」でなく「○電話を<u>掛ける</u>」。'wear glasses' は「×眼鏡を<u>着る</u>」でなく「○眼鏡を<u>掛ける</u>」。'take a bath' は「×風呂を<u>持つ</u>」でなく「○風呂に<u>入る</u>」。'make tea' は「×お茶を<u>作る</u>」でなく「○お茶を<u>淹れる</u>」。「洗牌」は「×トランプを<u>洗う</u>」でなく「トランプを<u>切る</u>」。'open an umbrella' は「×傘を<u>開く</u>」でなく「傘を<u>さす</u>」。「下将棋」は「×将棋を<u>遊ぶ</u>」でなく「○将棋を<u>指す</u>」。「下囲碁」は「×碁を<u>遊ぶ</u>」でなく「○碁を<u>打つ</u>」。「打麻将」は「×マージャンを<u>遊ぶ</u>」でなく「○マージャンを<u>する</u>」。

　このように、外国人から見てなぜこのような名詞にこのような動詞を使うのかわからないけど、日本人にとっては当たり前に結びついている動詞と名詞の組のことをコロケーションと言います。ですから「電話を買う」「眼鏡をなくす」「風呂を掃除する」「お茶を飲む」「トランプを汚す」「傘を持つ」「将棋を教える」「碁を始める」「マージャンをやめる」などはコロケーションではありません。では、コロケーションとは如何なるものを言うのでしょうか？

　「電話を掛ける」「風呂に入る」「眼鏡を掛ける」「お茶を淹れる」「トランプを切る」「傘をさす」「将棋を指す」「碁を打つ」「マージャンをする」は、「電話」「風呂」「眼鏡」「お茶」「トランプ」「傘」「将棋」「碁」「マージャン」の「基本的な機能」を表現する言葉です。しかし、「電話を買う」「眼鏡をなくす」「風呂を掃除する」「お茶を飲む」「トランプを汚す」「傘を持つ」「将棋を教える」「碁を始める」「マージャンをやめる」は、「電話」「風呂」「眼鏡」「お茶」「トランプ」「傘」「将棋」「碁」「マージャン」の「物質」或いは「事柄」としての面を表現する言葉です。「買う」ものは電話の他にもいろいろあるし、「教える」「始める」「やめる」ことは「将棋」「碁」「マージャン」の他にもいろいろありますから。

台灣日語 39

　　例如「打電話」的日文並不是「×電話を打つ」，而是「○電話を掛ける」。'wear glasse' 不是「×眼鏡を着る」，而是「○眼鏡を掛ける」（戴眼鏡）。'take a bath' 不是「×風呂を持つ」，而是「○風呂に入る」（洗澡）。'make tea' 不是「×お茶を作る」，而是「○お茶を淹れる」（泡茶）。「洗牌」不是「×トランプを洗う」，而是「トランプを切る」。'open an umbrella' 不是「×傘を開く」，而是「傘をさす」（撐傘）。「下將棋」不是「×将棋を遊ぶ」，而是「○将棋を指す」。「下圍棋」不是「×碁を遊ぶ」，而是「○碁を打つ」。「打麻將」不是「×マージャンを遊ぶ」，而是「○マージャンをする」。

　　諸如此類，雖然外國人難以理解為什麼這個名詞需配用這個動詞，但對日本人來說，卻是理所當然的動詞及名詞組合，這些組合就稱作搭配詞。因此，「電話を買う」（買電話）、「眼鏡をなくす」（弄丟眼鏡）、「風呂を掃除する」（打掃浴室）、「お茶を飲む」（喝茶）、「トランプを汚す」（把牌弄髒）、「傘を持つ」（拿著雨傘）、「将棋を教える」（教將棋）、「碁を始める」（開始下圍棋）、「マージャンをやめる」（戒掉麻將）等並不是搭配詞。那麼，搭配詞指的是什麼樣的東西呢？

　　「電話を掛ける」、「風呂に入る」、「眼鏡を掛ける」、「お茶を淹れる」、「トランプを切る」、「傘をさす」、「将棋を指す」、「碁を打つ」、「マージャンをする」，是用於表達「電話」、「風呂」、「眼鏡」、「お茶」、「トランプ」、「傘」、「将棋」、「碁」、「マージャン」這些名詞的「基本功能」。但是「電話を買う」、「眼鏡をなくす」、「風呂を掃除する」、「お茶を飲む」、「トランプを汚す」、「傘を持つ」、「将棋を教える」、「碁を始める」、「マージャンをやめる」，則是表達「電話」、「風呂」、「眼鏡」、「お茶」、「トランプ」、「傘」、「将棋」、「碁」、「マージャン」這些名詞的「物質」或「情況」一面的語彙。因為「買う」這個動詞除電話外，尚可用於許多其他詞彙，而「教える」、「始める」、「やめる」等除「将棋」、「碁」、「マージャン」外亦用於許多其他地方。

第11部　台灣日本語

085

日本語

2. 語彙の誤用―③コロケーション（2）

このコロケーションの取り違えによる誤用は、たくさんあります。

⑳ ×「山本さんは田中さんと比べて、<u>経済力が強い</u>。」→○「経済力がある」

㉑ ×「ダイエット食品は、あまり<u>効果がよくない</u>だろう。」→○「効果がない」

㉒ ×「女性労働者は<u>辛抱がよい</u>し、細心だし、社会の貴重な資源だ。」→○「辛抱強い」

⑳について、日本語には個人の資質を表す「〜力」という言葉は、「〜力が強い」という言い方はしません。「<u>能力</u>がある」「<u>経済力</u>がある」「<u>政治力</u>がある」「<u>統率力</u>がある」「<u>体力</u>がある」「<u>学力</u>がある」「<u>理解力</u>がある」「<u>魅力</u>がある」など、「〜力がある」としか言いません。「ある」か「ない」か、どちらかなのです。何故ならば、「能力」「経済力」「政治力」「統率力」「体力」「学力」「理解力」「魅力」などは実際の筋肉の力ではなく、もっと抽象的な社会的な「力」だからです。その証拠に、「力（ちから）」「腕力」「膂力（りょりょく）」「脚力」「握力」「背筋力」「精神力」など、スポーツセンターで計測するような実際の筋肉の力を示す言葉は、「力が強い」「腕力が強い」「膂力が強い」「脚力が強い」「握力が強い」「背筋力が強い」「精神力が強い」と言うことができます。まず、「〜力」のコロケーションは「〜がある」だと覚えてください。

㉑の「効果」も同じです。「効果」は「ある」か「ない」かのどちらかです。確かに効果には程度というものがありますから「効果がいい」「効果が悪い」と言いたくなるのもわかりますが、その場合には「すごく効果がある」とか「あまり効果がない」とか言ってください。

㉒は、通常は「辛抱強い（しんぼうづよい）」と言います。「辛抱」と名詞で使う場合は、「辛抱が足りない」とか「辛抱がない」と、否定的な意味で使うようです。

台灣日語 40

2. 詞彙的誤用—③搭配字詞（2）

　　誤用搭配字詞例子很多，如下例：

⑳ ×「山本さんは田中さんと比べて、<u>経済力が強い</u>。」（山本先生／小姐的經濟能
　　力比田中先生／小姐好。）→○「経済力がある」

㉑ ×「ダイエット食品は、あまり<u>効果がよくない</u>だろう。」（減肥食品不太有效
　　吧。）→○「効果がない」

㉒ ×「女性労働者は<u>辛抱がよい</u>し、細心だし、社会の貴重な資源だ。」（女性勞工
　　很堅忍又細心，是社會寶貴的資源。）→○「辛抱強い」

　　關於⑳如例句所示，在日文中用以表達個人資質的「～力」，並沒有「～力が強
い」的說法。僅有「～力がある」的說法，如「<u>能力がある</u>」、「<u>経済力がある</u>」、
「<u>政治力がある</u>」、「<u>統率力がある</u>」、「<u>体力がある</u>」、「<u>学力がある</u>」、「<u>理解
力がある</u>」、「<u>魅力がある</u>」等，是以「ある」（有）或「ない」（沒有）表示。要
說原因的話，是因為「能力」、「経済力」、「政治力」、「統率力」、「体力」、「学
力」、「理解力」、「魅力」等並不是實際筋骨肌肉的力量，而是抽象、社會上的「力」
（力量）。其証據是「力（ちから）」、「腕力」、「膂力（りょりょく；肌力、腕
力）」、「脚力」、「握力」、「背筋力」、「精神力」等，這些詞彙標示能於運動
中心測量的實際肌肉力量，就可以說「力が強い」、「腕力が強い」、「膂力が強い」、
「脚力が強い」、「握力が強い」、「背筋力が強い」、「精神力が強い」等。總之，
請先記住表達個人資質的「～力」的搭配字詞為「～がある」。

　　㉑的「効果」也相同。「効果」的說法也是「ある」（有）或「ない」（沒有）。
確實效果有程度的區別，無怪乎大家會想說成「効果がいい」或「効果が悪い」，但
這時候請說成「すごく効果がある」（非常有效）或「あまり効果がない」（沒什麼
效）。

　　㉒的話通常會說成「辛抱強い（しんぼうづよい）」。而「辛抱」當作名詞使用時，
通常會用於「辛抱が足りない」（耐性不足）或「辛抱がない」（沒耐性）等否定的
意思。

日本語

2. 語彙の誤用—③コロケーション（**3**）

㉓ ×「お金持ちと結婚したら、いい<u>生活を暮らす</u>ことができます。」→○「生活をする」「暮らしをする」

㉔ ×「子供たちは<u>列に並んで</u>、かたい顔をしていました。」→○「列を作って」「並んで」

㉕ ×「派手な<u>服装を着ている</u>女の人が来ました。」→○「服を着ている」「服装の」

㉖ ×「母が<u>言った話</u>は、時々私の心に浮かびます。」→○「言ったこと」「母の話」

㉗ ×「神は男と女、二つの<u>性別</u>に分けました。」→○「性」

㉘ ×「<u>点呼を取る</u>のは時間の無駄である。」→○「点呼をする」「出席を取る」

　アハハハ。これらは、「×日本に来日した」「×馬から落馬した」「×頭痛が痛い」「×車を駐車した」などの二重形容と同質のものです。「○日本に来た」または「○来日した」、「○馬から落ちた」または「○落馬した」、「○頭が痛い」または「○頭痛がする」、「○車を停めた」または「○駐車した」、と言わなければいけませんね。

　㉓は、「生活する」と「暮らす」は同じ意味です。「生活を暮らす」では、「生活を生活する」になってしまいます。㉔は、「列」という意味の中には既に「並ぶ」という概念が含まれています。つまり、「列を作る」と「並ぶ」は同じ意味です。「列を並ぶ」では、「列を列を作る」になってしまいます。㉕は、「服装」とは「服を着た状態」、つまり「装い」のことです。「服装を着る」では「装いを着る」になってしまいます。㉖は、「話」という意味には既に「言う」という概念が含まれています。つまり「話」とは「言われた内容」のことです。「母が言った話」では、「母が言った内容の話」になってしまいます。㉗は、「性別」という意味の中には既に「性を分ける」という概念が含まれています。「性別を分ける」では「性を分けることを分ける」になってしまいますね。㉘は、「点呼をする」と「出席を取る」は同じ意味です。両者を混同してしまった誤用ですね。

台灣日語 41

中文

2. 詞彙的誤用—③搭配字詞（3）

㉓ ×「お金持ちと結婚したら、いい生活を暮らすことができます。」（跟有錢人結婚的話，就能夠過上好日子。）→○「生活をする」、「暮らしをする」

㉔ ×「子供たちは列に並んで、かたい顔をしていました。」（孩子們排著隊，表情嚴肅。）→○「列を作って」、「並んで」

㉕ ×「派手な服装を着ている女の人が来ました。」（穿著浮誇衣服的女人來了。）→○「服を着ている」、「服装の」

㉖ ×「母が言った話は、時々私の心に浮かびます。」（媽媽說過的話，不時會浮現我心中。）→○「言ったこと」、「母の話」

㉗ ×「神は男と女、二つの性別に分けました。」（神將性別分為男、女兩種。）→○「性」

㉘ ×「点呼を取るのは時間の無駄である。」（點名是浪費時間。）→○「点呼をする」、「出席を取る」

　　哈哈哈，這些就像「×日本に来日した」（到日本來日）、「×馬から落馬した」（從馬上墜馬）、「×頭痛が痛い」（頭痛很痛）、「×車を駐車した」（把車停車）等犯了雙重形容的毛病。必須說成「○日本に来た」或「○来日した」（來日本）、「○馬から落ちた」或「○落馬した」（墜馬）、「○頭が痛い」或「○頭痛がする」（頭痛）、「○車を停めた」或「○駐車した」（停車）。

　　第㉓中「生活する」和「暮らす」意思相同。「生活を暮らす」就變成是「生活を生活する」（×過生活生活）。第㉔中「列」已經隱含「並ぶ」的概念。意即「列を作る」和「並ぶ」意思相同。「列を並ぶ」就會形成「列を列を作る」（×排隊排成隊）。第㉕「服装」即為「服を着た状態」（穿著衣服的狀態），意即「装い」（整理、著裝完的狀態）。「服装を着る」的話就變成「装いを着る」（×穿穿好的衣服）。㉖中「話」已含有「言う」的概念。也就是說「話」即「言われた内容」（他人說過的內容）。「母が言った話」就變成「母が言った内容の話」（×媽媽所說的內容的內容）。第㉗中「性別」已含有「性を分ける」（區分性）的概念。「性別を分ける」就形成「性を分けることを分ける」（×區分「區分性」）。第㉘的「点呼をする」和「出席を取る」意思相同。這是將兩者弄混的誤用。

第11部　台湾日本語

089

日本語

2. 語彙の誤用─④中国語と同形異議の語（1）

　もともと漢字は中国から輸入されたものですから、中国語と同じ形の言葉もたくさんあります。しかし、これらの言葉は日本に入って来ると大部分は「本土化」されて、意味が違ったりずれたりしていることの方が多いのです。（以下、アイウエオ順に詞彙を並べていきます。）

① 「圧力」

× 「<u>圧力が重くて</u>、病気になる人もいます。」→〇「ストレスが溜まって」

× 「受験の時、親や先生からの<u>圧力が重い</u>です。」→〇「プレッシャーがかかります」

　「圧力」とは「圧迫する力」のことですが、日本語で「圧力」と言う場合は「政治的圧力」に限って使われ、「政府が警察に圧力をかけた」のように使います。

　中国語の「圧力」は、日本語では「ストレス」と「プレッシャー」の２つの意味があります。「ストレス」とは「過度の緊張が続いて心理が抑圧されている状態」のことで、「プレッシャー」とはストレスを与える第三者が存在します。例えば、学生に対して「いい大学に入れ」と親や教師が締め付けるのは「プレッシャーをかける」という事態で、その結果学生が勉強ばかりして好きなことができない不満足な状態は「ストレスが大きい」という事態です。それ故、犬を檻に閉じ込めておけば犬はストレスを感じてワンワン吠えますが、「お前は名犬なんだから、隣りの犬に負けるな。」なんてプレッシャーをかけても犬には通じませんよね。犬はストレスは感じますが、プレッシャーは感じません。

　それ故、「ストレス」は個人レベルで発生するもの、「プレッシャー」は社会的な人間関係の中で発生するもの、と言うことができるでしょう。中国語の「調剤緊張」は「ストレスを緩和する」「ストレスを解消する」に当たるでしょう。また、「壓力很重」は「×ストレスが重い」ではなく、「ストレスが溜まる」「ストレスが大きい」などという形で用いられます。

台灣日語 42

2. 詞彙的誤用─④跟中文同形異義的詞彙（1）

　　日文漢字原本就是從中國輸入的，所以有許多跟中文外形略同的字詞。但是，這些詞傳入日本後大多都已被「本土化」，意義已經和中文不同或偏離中文原意。（以下詞彙依「あいうえお」順序列舉。）

①「圧力」

× 「圧力が重くて、病気になる人もいます。」（有些人因為壓力過重而生病。）

　→○「ストレスが溜まって」

× 「受験の時、親や先生からの圧力が重いです。」（考試的時候，來自父母和老師的壓力很沉重。）→○「プレッシャーがかかります」

　　「圧力」是指「壓迫的力量」，但是在日文中說到「圧力」時，僅限於「政治的圧力」（政治性的壓力），例如「政府が警察に圧力をかけた」（政府對警察施壓）。

　　中文的「壓力」，在日文裡有「ストレス」（stress）及「プレッシャー」（pressure）兩種意義。「ストレス」是「持續過度緊張導致心理受壓抑的狀態」，而「プレッシャー」則是存在著給與ストレス（緊張壓力）的第三者。例如，對學生來說，父母及老師緊逼「給我考上好大學」就是「プレッシャーをかける」（施壓），結果學生僅能用功讀書，無法做喜歡的事，因而出現不滿足的狀態即是「ストレスが大きい」（壓力大）的狀況。因此，若將狗關入籠子裏，狗會感受到ストレス而汪汪叫，但縱然說些「因為你是名種犬，不准輸給隔壁的狗。」施加プレッシャー，對狗也不管用吧。狗雖然能感受到ストレス，卻感受不到プレッシャー。

　　因此，應當可說「ストレス」是發生在個人層級，而「プレッシャー」則是發生於社會上的人際關係間吧。中文的「調劑緊張」相當於「ストレスを緩和する」、「ストレスを解消する」。此外，「壓力很重」不是「×ストレスが重い」，而應該使用「ストレスが溜まる」（累積壓力）、「ストレスが大きい」（壓力很大）等形式。

日本語

② 「感情」

× 「私の両親は感情がいいです。」→○ 「仲がいいです」

× 「結婚した後、感情が必ずたまります。」→○ 「愛情が育ちます」

× 「彼女は、友達に対して全然感情がありません。」→○ 「とても冷たいです」

× 「犬も人間と同じ、感情的な動物だと思います。」→○ 「感情を持った」

　日本語の「感情」が、うれしい、悲しい、寂しい、憎い、などのすべての情の動きを示すのに対し、中国語の「感情」は専ら他人に対するプラスの感情、つまり「好意」とか「愛情」を意味するようですね。また、日本語で「感情」という場合は、「理性」に対置するものと捉えられています。理性が「冷たい—叡智」の二方向に意味拡張するとすれば、感情は「暖かい—荒唐無稽」の二方向に意味拡張すると捉えられているので、「感情」は必ずしもプラスの情とは限りません。また、日本語で「感情的」というのは「人間が理性を失って興奮している状態」を指すので、②のような場合は「感情を持った」と言わなければいけません。確かに犬は喜んだり悲しんだり、自分の感情を持った動物ですから。

③ 「気質」

× 「昨日、とても気質を持った人に会いました。」→○ 「気品のある」

　中国語の「有気質」は、日本語では「気品がある」「上品だ」という意味になりますが、日本語の「気質」は性格の類型を示します。例えば、ある心理学の研究によると、人間は「ヒステリー症」「分裂症」「躁鬱症」という3つの傾向に分類されると言います。また、「下町気質」「職人気質」など、職業や階層などによる個性を言うこともあります。この場合、「気質」は「かたぎ」と読むことが多いです。

④ 「吸引」

× 「私にとって、映画は特別な吸引力がありません。」→○ 「魅力」

× 「私はあなたに吸引されます。」→○ 「引き付けられます」

　日本語で「吸引力」というのは、掃除機などで物を吸い込む物理的な力のことです。ちょっと想像してみてください。「私はあなたに吸引されます。」と言ったら、まるで「私」が「あなた」の鼻息に吸い込まれるようで、滑稽じゃありませんか！

② 「感情」

× 「私の両親は<u>感情がいいです</u>。」（我父母感情很好。）→○「仲がいいです」

× 「結婚した後、<u>感情が必ずたまります</u>。」（結婚後，一定能培養感情。）→○「愛情が育ちます」

× 「彼女は、友達に対して<u>全然感情がありません</u>。」（她對朋友完全沒感情。）→○「とても冷たいです」

× 「犬も人間と同じ、<u>感情的な</u>動物だと思います。」（我認為狗也和人類一樣有感情。）→○「感情を持った」

　　日文的「感情」用於表達所有情感波動，包含喜、悲、寂寞、憎恨，相對地，中文的「感情」則專用於對他人的正向情感，意即「好感」或「愛情」等。此外，在日文中「感情」被視為與「理性」相反。故若「理性」的意義朝「冷たい（冷淡）―叡智（睿智）」兩方向延伸，那麼「感情」則會朝「暖かい（溫暖）―荒唐無稽」兩方向延伸，因此日文的「感情」不限於正向的情感。而且日文說到「感情的」時，是指「人喪失理智處於激動狀態」，因此像②的情況必須說成「感情を持った」。狗確實是會歡喜也會悲傷，是擁有自己感情的動物。

③ 「気質」

× 「昨日、とても<u>気質を持った</u>人に会いました。」（我昨天遇到了很有氣質的人。）→○「気品のある」

　　中文的「有氣質」在日文是「気品がある」、「上品だ」。日文的「気質」則表示性格的類型。例如根據心理學的研究，人類可分類為具有「歇斯底里症」、「分裂症」、「躁鬱症」等3種傾向。另外，亦可用於指稱職業、階級產生的性格，例如「下町気質」（市井小民的性格、特質）、「職人気質」（工匠的性格、特質）等。此時，「気質」大多讀作「かたぎ」。

④ 「吸引」

× 「私にとって、映画は特別な<u>吸引力</u>がありません。」（電影對我來說沒有特別的吸引力。）→○「魅力」

× 「私はあなたに<u>吸引されます</u>。」（我被你吸引。）→○「引き付けられます」

　　在日文中提到「吸引力」時，是指以吸塵器等將物體吸入時的物理力量。請想像一下，當說出「私はあなたに吸引されます。」（我被你吸。）時，就好像說「我」被「你」的鼻息吸入似的，不是很好笑嗎！

日本語

2. 語彙の誤用─④中国語と同形異議の語（2）

⑤ 「原因」と「理由」

× 「それも、私が映画を好きな<u>原因</u>です。」→○「理由」

　中国語には「原因」と「理由」の意味の区別がないようですね。しかし、「原因」とは、例えば「火事の原因はタバコの火の不始末だった。」とか「火事の原因は放火だった。」など、科学的な分析の結果、客観的に認定されたものです。これに対して「理由」とは、「母が病気なので休みます。」とか「彼が工場に放火した理由は、工場をクビになって工場長を恨んでいたことだ。」など、人間が作り出す主観的なものです。（この「理由」が極度に主観的・恣意的になると、「言い訳」や「口実」になります。）つまり、「原因」は誰もが認める普遍的な根拠を持っていますが、「理由」は人によって違うのです。⑤のように、何故映画が好きであるかは人によって違うので、このような場合は「理由」と言うべきでしょう。

⑥ 「研究所」

× 「兄は今、<u>研究所</u>の入学試験を準備しています。」→○「大学院」

　日本で「研究所」というのは学校などの教育機関でなく、台湾の「中央研究院」のように、国家や会社がある目的のために設立し、スタッフに給料を与えて研究させる機関です。研究所のスタッフは「研究員」と言います。中国語の「研究生」は、日本語では「大学院生」に当たります。日本語で「研究生」と言うのは、正式に大学院に入れなかったので大学院の授業を傍聴する「傍聴生」のことなので、日本の大学の研究生になれたからと言って喜ぶのはまだ早いですよ。

台灣日語 44

2. 詞彙的誤用—④跟中文同形異義的詞彙（2）

⑤「原因」和「理由」

×「それも、私が映画を好きな原因です。」（這也是我喜歡電影的原因。）→○「理由」

在中文，「原因」和「理由」的意思好像沒有分別。但是在日文中，「原因」是例如「火事の原因はタバコの火の不始末だった。」（火災的原因是菸蒂沒熄滅。）或「火事の原因は放火だった。」（火災的原因是縱火。）等，是經科學分析的結果，是受客觀認定者。相對地，「理由」是「母が病気なので休みます。」（因為我媽媽生病了，所以我要請假。）或「彼が工場に放火した理由は、工場をクビになって工場長を恨んでいたことだ。」（他在工廠縱火的理由，是被解僱而懷恨廠長。）等，人們作出的主觀見解。（這種「理由」若極度主觀、任意的話，就會成為「辯解」或「藉口」。）總之，「原因」是誰都能認同，具有普遍性根據，而「理由」則因人而異。如⑤的例子，為何會喜歡電影因人而異，故此處應說「理由」吧。

⑥「研究所」

×「兄は今、研究所の入学試験を準備しています。」（我哥哥現在，正在準備研究所入學考試。）→○「大学院」

在日本「研究所」並不是學校一類的教育機構，而是像台灣的「中央研究院」，由國家或企業依某特定目的而設立，並支付工作人員薪水進行研究的機構。這種研究機構的工作人員稱為「研究員」。中文的「研究生」在日文是「大学院生」。日文中的「研究生」是指未正式進入研究所，故僅在研究所旁聽授課的「旁聽生」，因此成為日本大學的「研究生」就高興，還言之過早喔。

日本語

⑦ 「厳重」と「深刻」

× 「人口構成の変化に伴って、厳重な社会問題が起こっている。」→○「深刻な」

× 「この映画は、私に深刻な印象を与えました。」→○「鮮明な」

　　日本語の「厳重」は、「厳重な警戒網が敷かれる」など、「少しの漏れもなく徹底的に」という意味で、しかも何かを防衛する時に使われます。また、中国語の「深刻」は文字通り「心に深く刻まれる」という意味ですが、日本語では「問題が重大で、困難の度合いが大きいこと」を表し、まさに中国語の「厳重」と同義になりますね。

⑧ 「近代」と「現代」

× 「台湾は現代化が進んで、交通量も増えました。」→○「近代化」

　　日本語には「現代化」という言葉はありません。（「現代的」という言葉はありますが。）「科学技術が進み、交通手段も開発され、電化製品も普及し、通信手段が発達し、迷信を排除し、人々の考え方も合理的になること」は、「近代化」と言います。そして、「近代」とは資本主義が勃興し、民主主義思想が興った時代を指します。かつて鎖国をしていた日本においては、西洋文化を受容し始めた明治時代から第二次世界大戦までを「近代」とし、第二次世界大戦以後を「現代」としていますから、日本における「近代化」とは「西洋化」と言ってもいいでしょう。（IS－イスラム国－は西洋による近代化を否定し、歴史をイスラム文化に塗り替えようとしていますよね。）「近代的」の反対語は「前近代的」、つまり封建的・非合理的なことを指します。前近代的な習慣と言えば、中国だったら纏足、日本だったら武士の刀やちょんまげ、といったところでしょうか。「男尊女卑」の思想も前近代的なものの代表だと、私は思うのですが……

⑨ 「声」

× 「女の人がドアを閉めて、バタンという声が出ました。」→○「音」

　　中国語では、「音」も「聲」も「聲音」と言いますが、動物の声帯を通過して出た音声が「声（こえ）」で、物体の接触や衝突などによって出た音声は「音（おと）」と言います。但し、鈴虫やマツムシ、それから蝉などの虫の出す音声は声帯を通っていませんが、日本人の耳には美しいと感じられるので、「声」と言います。西洋人は虫の音を機械音や雑音と同様に音楽脳で処理するのに対し、日本人は言語脳で受けとめるので虫の声を美しいと感じるようです。なお、「声」はまた、「国民の声を聞け」など、比喩的にも用いられます。

台灣日語 45

⑦「嚴重」及「深刻」

×「人口構成の変化に伴って、厳重な社会問題が起こっている。」（隨著人口結構變化，引發了嚴重的社會問題。）→○「深刻な」

×「この映画は、私に深刻な印象を与えました。」（這部電影讓我印象深刻。）→○「鮮明な」

　　日文的「嚴重」，乃用於「厳重な警戒網が敷かれる」（部署了森嚴的警戒網）等，意思是「徹底得沒有絲毫漏洞」，並且用於防衛某種事物時。此外，中文之「深刻」如字面所示，具有「深深地刻劃在心坎上」之意，在日文中則表示「問題重大，困難度高」，正好和中文的「嚴重」意義相同呢。

⑧「近代」及「現代」

×「台湾は現代化が進んで、交通量も増えました。」（台灣現代化發展，交通量也大增。）→○「近代化」

　　在日文中，並沒有「現代化」這個詞。（但有「現代的」這個詞。）「科學技術進步、開發交通工具、電器製品普及、通訊工具發達、破除迷信、人們的思考方式合理化」稱「近代化」。而「近代」是指資本主義蓬勃發展，民主主義思想興起之時代。在曾鎖國的日本，從開始接受西方文化的明治時代至第二次世界大戰是為「近代」，而第二次世界大戰以後則稱「現代」，因此在日本的「近代化」亦可稱為「西洋化」吧。（IS－伊斯蘭國否定由西方而來的近代化，主張以伊斯蘭文化改寫歷史。）「近代的」的相反詞是「前近代的」（近代以前），即指封建的、非理性的時代。若說到「前近代的」的習俗，中國就是纏足，而日本則是武士的刀及髮髻吧。「男尊女卑」的思想也是近代以前的代表之一，我是這麼想的啦……

⑨「声」

×「女の人がドアを閉めて、バタンという声が出ました。」（女人關上門，發出「碰」的一聲。）→○「音」

　　中文「音」及「聲」都說成「聲音」，但日文將通過動物聲帶所發出的聲音稱為「声（こえ）」，而由物體接觸或碰撞等產生的聲音稱為「音（おと）」。不過，雖然鈴蟲、雲斑金蟋，還有蟬等昆蟲所發出的聲音並沒有通過聲帶，但因聽在日本人耳裡可以感受到其美妙，所以稱之為「声」。西洋人將昆蟲聲當作機械聲、雜音，相反地，日本人則以語言腦，所以覺得蟲鳴美妙。此外，「声」也用於「国民の声を聞け」（傾聽國民的聲音吧）等比喻。

日本語

2. 語彙の誤用―④中国語と同形異議の語（3）

⑩ 「工具」

× 「台湾にはいろいろな<u>交通工具</u>があります。」→〇「交通手段」

　日本人は「工具」と聞くと、DIY に使う金槌や鋸などの道具を思い浮かべちゃうんですよ～。

⑪ 「出演」と「演出」

× 「その映画は自然な<u>出演</u>で、ジャズを組み合わせていました。」→〇「演出」

× 「私の好きな俳優が主役を<u>出演</u>しました。」→〇「演じました」

　日本語では「出演」は単に映画やテレビに登場することで、「～の役になる」ことは「～を演じる」と言います。そして、役者の演技や効果を指導する「導演」の仕事は「演出」と言います。

　余談ですが、私は台湾の映画に「出演」したことがあるんですよ！　「在一個死亡之後」という題名の映画で、2017 年 2 月に嘉義に撮影に行ってきました。でも、私自身はその映画をまだ見ていないんですが……

⑫ 「出産」と「生産」

× 「鶯歌では、有名な<u>出産品</u>は陶器です。」→〇「生産品」

× 「後に、彼女は六人の子供を<u>生産</u>しました。」→〇「出産しました」

　皆さーん、日本語と中国語では、「出産」と「生産」の意味が逆なんですよ～。つまり、「出産」が子供を産むことで、「生産」が工場などで物を作ることなんですよ～。あ、でも、子供を「出産」するのは女だけど、子供を「生産」するのは男かな？

台灣日語 46

2. 詞彙的誤用─④跟中文同形異義的詞彙（3）

⑩「工具」

× 「台湾にはいろいろな<u>交通工具</u>があります。」（在台灣有各種交通工具。）→○「交通手段」

日本人聽到「工具」時，會想起 DIY 所用的鐵槌及鋸子等道具喔。

⑪「出演」及「演出」

× 「その映画は自然な<u>出演</u>で、ジャズを組み合わせていました。」（那部電影以自然的編導與爵士樂做結合。）→○「演出」

× 「私の好きな俳優が主役を<u>出演しました</u>。」（我喜歡的演員演主角。）→○「演じました」

在日文中「出演」是單指在電影或電視劇中登場，「飾某個角色」要說「～を演じる」。而中文裡指導演員的演技及效果的「導演」工作，日文才稱為「演出」。

題外話，我曾經參演台灣電影的喔！片名叫做《在一個死亡之後》，於 2017 年 2 月份去嘉義拍攝，但是我自己還沒看過那部電影……

⑫「出產」及「生產」

× 「鶯歌では、有名な<u>出産品</u>は陶器です。」（鶯歌出產陶器聞名。）→○「生産品」

× 「後に、彼女は六人の子供を<u>生産しました</u>。」（之後，她生了六個孩子。）→○「出産しました」

各位，日文與中文的「出產」和「生產」意思正好相反喔。意即「出產」是生小孩，「生產」是於工廠等製造物品喔。啊，不過「出產」小孩雖然只靠女人，但「生產」小孩的應該是男人吧？

日本語

⑬ 「親切」と「親近感」

×「日本語には漢字があるから、英語やフランス語よりもっと<u>親切だ</u>。」→○「親近感がある」

　日本語の「親切」とは「心が暖かくて、いつも他人を助ける態度でいること」ですから、「あの人は親切だ。」とか「あの病院は親切だ。」など、人や機関に関してのみ使われ、人間でない「英語」が親切だ、というのはおかしいのです。例えば、バスの中で老人に席を譲るのは「親切」な人ですが、老人にも気さくに話しかける人は「親しみやすい」人なのです。これに似た言葉に「やさしい」がありますが、「やさしい人」は人に同情することができる人で、「親切な人」は同情を行動に表す人です。例えば、かわいそうな孤児の話を聞いて泣くのはやさしい人ですが、孤児を助けようと募金を始めるのは親切な人です。私は、日本人は「やさしい」、台湾人は「親切だ」と言えるのではないかと思うのですが、いかがでしょうか。

⑭ 「新聞」と「ニュース」

×「私は毎朝7時の<u>新聞</u>を見ます。」→○「ニュース」

　ごく基本的な間違いですが、日本語で「新聞」というのは「報紙」のことです。中国語の「新聞」は、外来語の「ニュース」です。外来語と言っても、もう日本語になっていますが。

⑮ 「長者」

×「<u>長者</u>を尊敬するのは、台湾のよい習慣です。」→○「年長者」

　日本語で「長者」と言ったら、「富豪」「金持ち」の意味ですよ！「百万長者（millionaire）」「億万長者（billionaire）」などという使い方をします。あ、でも、やっぱりお金持ちは尊敬されるか……

⑯ 「認識」

×「私は合唱団で、たくさん<u>友達を認識</u>しました。」→○「友達と知り合いました」

　日本語の「認識する」は、「深く理解し判断する」ということで、認識対象は人間とは限りません。「女性に対する認識を改めた」「学問に対する認識が甘い」などと、ちょっと難しい使い方をします。中国語では物事を知る場合は「知道」、人と面識がある場合は「認識」と言いますが、日本語ではどちらも「知っている」でよいのです。人と初めて出会うことは「知り合う」です。

台灣日語 47

⑬「親切」及「親近感」

×「日本語には漢字があるから、英語やフランス語よりもっと親切だ。」（日文有漢字，所以比英文、法文更親切／親近。）→○「親近感がある」

　　日文的「親切」因是指「具有一顆溫暖的心，總是幫助別人的態度」，所以僅限使用於「あの人は親切だ。」（那一位很親切。）或「あの病院は親切だ。」（那家醫院很親切。）等與人及機構有關時，說非人類的「英文」很親切是很奇怪的。譬如，在公車中讓位給老人家是「親切」的人，對年長者也能親切搭話的人是「親しみやすい」（易親近的）人。和這個相似的有「やさしい」（溫柔的）這個詞，「やさしい人」是能同情別人的人，「親切な人」是能將同情付諸行動的人。例如，聽到可憐孤兒的事而哭泣的人是「やさしい人」，而著手募款救助孤兒的是「親切な人」。我認為應該可說日本人是「やさしい」，而台灣人是「親切だ」吧，各位覺得呢？

⑭「新聞」及「ニュース」

×「私は毎朝7時の新聞を見ます。」（我都看每天早上7點的新聞。）→○「ニュース」

　　這是很基本、常見的錯誤，日文的「新聞」是指中文的「報紙」。中文的「新聞」則是日文外來語的「ニュース」（news）。雖說是外來語，但也已經成為日文了。

⑮「長者」

×「長者を尊敬するのは、台湾のよい習慣です。」（尊敬長者是台灣人的好習慣。）→○「年長者」

　　日文中說到「長者」，是「富豪」、「金持ち」（有錢人）的意思喔！使用於「百万長者」（millionaire；百萬富翁）」、「億万長者」（billionaire；億萬富翁）等。啊，不過果然有錢人就是會受尊敬吧……

⑯「認識」

×「私は合唱団で、たくさん友達を認識しました。」（我在合唱團認識了很多朋友。）→○「友達と知り合いました」

　　日文的「認識する」是指「深入理解並判斷」，「認識」的對象不侷限於人類。如「女性に対する認識を改めた」（一改對女性的認知）、「学問に対する認識が甘い」（對學問的認知太淺）等，用法有些難度。中文認知事物稱「知道」，與人見過面就稱「認識」，但在日文中兩者皆可說成「知っている」。和人初次見面稱作「知り合う」。

日本語

2. 語彙の誤用―④中国語と同形異議の語（4）

⑰「培養する」と「保養する」

×「音楽を聞く趣味は、高校時代に培養されました。」→〇「培われました」

×「結婚してから二人で愛情を培養することが大切です。」→〇「育む」

×「母は服を大切に着るので、服の保養がとても上手です。」→〇「服を長持ちさせます」

×「学校のエレベーターは今保養中ですから、6階まで歩きました。」→〇「修理中」

　日本語の「培養する」は、細菌などの菌類を育てることですよ！　愛情や友情などは「育てる」「育む」と言います。「保養」とは病人が体力を養うために体を休めることで、人間以外には使いません。

⑱「表現」

×「彼は、実力を表現する機会がない。」→〇「実力を発揮する」

×「入学試験で、よく不正な表現を見かけます。」→〇「不正な行為」

×「彼女は面接の表現が悪くて、試験に落ちました。」→〇「面接に失敗して」

×「学校ではいい表現だったので、先生にかわいがられました。」→〇「態度がよかったので」

×「先進国の日本は、他の国の模範として表現してほしいです。」→〇「振舞ってほしいです」

　中国語の「表現」ほど日本語に翻訳しにくい言葉はありません。中国語の「表現」とは「能力・思想・感情・意志など内面のものを行為によって示した結果」と言えましょうが、決まった日本語訳がないのです。これに対して日本語の「表現」は、「能力・思想・感情・意志など内面のものを言語・絵画・音楽・舞踊などの芸術手段を通じて示すこと」であり、表現対象も表現手段もかなり限られていると言えます。

　また、「表現がいい」のように「表現」という言葉を単独で使うことは少なく、「言語表現」（言語による表現）や「自己表現」（自分の内面を表現すること）など、「～～表現」という形や、「喜びがよく表現されている」などと動詞としての使い方をします。つまり、日本語の「表現」という言葉は、完成された作品を見てそこに作者の思想を探ったり、或いは作者の思想・感情がどのように作品に表れているかを論ずる際に用いる言葉であって、中国語のように行為そのものの善し悪しを論ずる場面で用いるのではありません。

台灣日語 48

2. 詞彙的誤用—④跟中文同形異義的詞彙（4）

⑰「培養する」及「保養する」

×「音楽を聞く趣味は、高校時代に<u>培養されました</u>。」（我高中時期就培養了聽音樂的興趣。）→○「培われました」

×「結婚してから二人で愛情を<u>培養する</u>ことが大切です。」（結婚後兩個人一起培養感情很重要。）→○「育む」

×「母は服を大切に着るので、<u>服の保養</u>がとても上手です。」（媽媽的衣服都很珍惜著穿，所以很會保養衣服。）→○「服を長持ちさせます」

×「学校のエレベーターは今<u>保養中</u>ですから、6階まで歩きました。」（現在學校的電梯在保養，所以我爬樓梯到6樓。）→○「修理中」

　　日文中的「培養する」，是指培養細菌等菌類喔！愛情及友情等要用「育てる」、「育む」。而「保養」則是指病人為了培養體力而讓身體休息，故不適用人類以外。

⑱「表現」

×「彼は、<u>実力を表現する</u>機会がない。」（他沒有機會表現／發揮實力。）→○「実力を発揮する」

×「入学試験で、よく<u>不正な表現</u>を見かけます。」（在入學考試經常能看到不正當的行為。）→○「不正な行為」

×「彼女は<u>面接の表現</u>が悪くて、試験に落ちました。」（她在面試表現不佳，所以落榜了。）→○「面接に失敗して」

×「学校では<u>いい表現だったので</u>、先生にかわいがられました。」（我在學校表現得很好，所以老師很疼我。）→○「態度がよかったので」

×「先進国の日本は、他の国の模範として<u>表現してほしいです</u>。」（希望先進國日本，能表現出身為其他國家楷模的樣子。）→○「振舞ってほしいです」

　　沒有比中文的「表現」更難翻譯成日文的語詞。中文的「表現」應該可定義為「能力、思想、感情、意志等內在事物透過行為展現的結果」，卻沒有一定的日文翻譯。相對地，日文的「表現」卻是「能力、思想、感情、意志等內在事物透過語言、繪畫、音樂、舞蹈等藝術手段的展現」，表現的對象、手法皆很有限。

　　再者，日文很少如「表現がいい」這樣單獨使用「表現」這個詞，反而是「言語表現」（藉由語言表達）與「自己表現」（表達自己的內在）等「～～表現」的形式，或是以「喜びがよく表現されている」（充分表現出喜悅）等動詞的形式來使用。意即日文的「表現」用於看著完成的作品，探討作者的想法，或者討論作者的思想、感情如何呈現在作品裡時，並不像中文一樣，用於討論某行為本身的好壞。

日本語

⑲ 「標準」

× 「兄は長男ですから、父の<u>標準</u>が厳しくて高いです。」→○「要求水準」

× 「彼女の日本語の発音は、とても<u>標準</u>です。」→○「模範的です」

　中国語の「標準」は「お手本になるような水準」、つまり「模範」のことですね。しかし、日本語の「標準」は「平均のレベル」ということで、「標準的な学生」と言えば最も普通の学生を指します。

⑳ 「品質」

× 「車が多くて、空気の<u>品質</u>が下がっています。」→○「質」

　日本語の「品質」は、店で売られている商品の質のことです。「学生の品質」などという言葉をよく聞きますが、商品以外のものは、具体的なものでも抽象的なものでも「質」という言葉を使います。

㉑ 「訪問する」

× 「日本の<u>学生 50 人を訪問して</u>、話を聞きました。」→○「学生 50 人にインタビューして」

　日本語の「訪問する」は「他人の家を訪れること」です。人に会って話を聞くことは「インタビュー」という外来語を使います。「先生を<u>訪問</u>したいですから、○月○日○時に学生控室に来てください。」などと言われたら、日本人の先生は「訪問したいなら、私の家に来なさい。」と言いますよ。

㉒ 「門」と「ドア」

× 「この時、きれいな女の人が車を降りて、<u>門</u>を閉めました。」→○「ドア」

　「門」とは建物から離れて建っている「大門」のことで、部屋や車などについているのは「ドア」または「戸」と言います。ですから、マンションの入り口は「門」、マンションの個々の部屋の入り口は「ドア」です。日本の庶民的なアパートは「門」がなく、建物に直接入って行くと個々の部屋のドアに通じるような構造になっています。

台灣日語 49

⑲「標準」

×「兄は長男ですから、父の標準が厳しくて高いです。」（因為哥哥是長男，所以爸爸對他的標準很嚴、很高。）→○「要求水準」

×「彼女の日本語の発音は、とても標準です。」（她的日文發音很標準。）→○「模範的です」

中文的「標準」是指「可以當作範本參考的水準」，也就是「模範」。但是日文的「標準」是指「平均程度」，因此說「標準的な学生」就是指最普通的學生。

⑳「品質」

×「車が多くて、空気の品質が下がっています。」（因為車子很多，所以空氣品質變差。）→○「質」

日文的「品質」指市售商品的品質。雖然也常聽到人說「学生の品質」，但是商品以外的東西無論是具體還是抽象都使用「質」。

㉑「訪問する」

×「日本の学生50人を訪問して、話を聞きました。」（我訪問了50位日本學生，聽了他們的意見。）→○「学生50人にインタビューして」

日文的「訪問する」是指「到別人家拜訪」。至於約人碰面，詢問對方意見，則用外來用語「インタビュー」（interview）。如果對日本人老師說：「先生を訪問したいですから、○月○日○時に学生控室に来てください。」（我想訪問老師，請老師在○月○日○點到學生自習室來。），老師就會回答「訪問したいなら、私の家に来なさい。」（想拜訪我就來我家吧。）

㉒「門」和「ドア」

×「この時、きれいな女の人が車を降りて、門を閉めました。」（此時，一個漂亮的女人下車，把門關上。）→○「ドア」

「門」是建於離建築物較遠處的「大門」，房間或車子的門一般稱「ドア」（door）或者「戸」。因此，高級公寓的入口稱作「門」，公寓內各個家的入口叫作「ドア」。日本一般民眾公寓沒有「門」，直接進入建築物後，就是通往各家的「ドア」。

日本語

2. 語彙の誤用—④中国語と同形異議の語（5）

㉓ 「読書」と「勉強」

× 「試験の前には、<u>読書</u>しておきます。」→○「勉強」

　中国語では「読書」イコール「学校の勉強」のことらしいですが、日本語の「勉強する」は「ある目的のために、書物・メディア・教育機関などを利用して系統的な知識や技術などを得る努力全般」を指します。学校の課業や各種試験の準備などはもちろん、テレビの英語講座などで英語の知識を得ることも「勉強」と言えるし、アルバイトなどの実践を通して社会認識を深めることも「社会勉強」などと言います。これに対して「読書する」は、目的の有無に関わらず、単に書物をひもとくことであり、趣味の領域に属します。漫画や雑誌を読むことさえ「読書」と言えるのです。「勉強」は明確な獲得目標がありますが、「読書」はただ本が好きというだけで、目的意識は希薄です。

　だから、「本ばかり読んでいて、ちっとも勉強しない」という人もいます。例えば、数学の試験の前日に趣味の小説ばかり読んでいたら、試験に落ちること請け合いですね。私の友人にも、「読書は好きだが、勉強は嫌いだ」という人がたくさんいますよ。

㉔ 「無理」

× 「仕事は大切だが、だからと言って家族を犠牲にするのは<u>無理</u>だ。」→○「おかしい」

× 「病院の中でタバコを吸うのは<u>無理</u>だ。」→○「よくない」

　日本語の「無理」はもともと「道理に合わない」「筋が通らない」「理不尽だ」の意味で、中国語の「無理」もこの意味です。「無理を言う」は、まさにこの意味ですね。しかし、口語では簡単に「おかしい」とか「よくない」とか言います。

　また、現代語の「無理」は「不可能」の意味でよく使われます。「100メートルを5秒で走るなんて<u>無理</u>だ。」「この部屋に4人住むのは<u>無理</u>だ。」など、「無理をしてもできない」ということですね。会話では、

妻「このドレス、欲しいなあ。」

夫「10万円？　<u>無理無理</u>。」

のように使われることが多いです。

　また、「無理をする」「無理に〜する」は、中国語の「勉強」に当たりますね。おもしろいことに、日本語でも「無理をする」ことを「勉強（べんきょう）」ということがあります。売り手が客のために無理をして値段を下げることを、商売用語で「勉強する」と言うんですよ。

台灣日語 50

2. 詞彙的誤用—④跟中文同形異義的詞彙（5）

㉓「読書」和「勉強」

✕「試験の前には、<u>読書</u>しておきます。」（考試前該先唸書／讀書。）→○「<u>勉強</u>」

　　中文的「唸書／讀書」似乎等於「學習學校的課業」，然而日文的「勉強する」指的是「為某種目的，而利用書籍、媒體、教育機構等等，獲取系統性的知識與技術的所有努力」。因此，除學業或為各種考試準備以外，自己在家看電視上的英語講座等取得英文的知識，也可以算是日文的「勉強」，而透過打工等實踐更了解社會也稱為「社会勉強」（社會學習）。相反地，「読書する」無關乎有無閱讀目的，只是單純的閱讀，屬於興趣的範疇。甚至看漫畫與雜誌也能稱為「読書」。「勉強」有明確地想獲取的目標，而「読書」只是喜歡閱讀書刊讀物而已，沒有明確的閱讀動機。

　　因此，也有人會說「本ばかり読んでいて、ちっとも勉強しない」（只會看書，一點書也不唸）。例如數學考試前一天光顧著讀喜歡的小說的話，一定會考不好吧。我的朋友中也有很多人「読書は好きだが、勉強は嫌いだ」（喜歡看書，但不喜歡唸書）喔。

㉔「無理」

✕「仕事は大切だが、だからと言って家族を犠牲にするのは<u>無理</u>だ。」（工作是很重要，但就算是這樣，犧牲家人也太不合理了。）→○「おかしい」

✕「病院の中でタバコを吸うのは<u>無理</u>だ。」（不該在醫院裡吸菸。）→○「よくない」

　　日文的「無理」本來是「不合情理」、「不合理」、「不講理」，中文的「無理」也是這個意思。「無理を言う」（不講理、難為）正是採用這個意思。但是，口語上就簡單說「おかしい」、「よくない」。

　　此外，現代語的「無理」常用於表示「不可能」。如「100 メートルを 5 秒で走るなんて<u>無理</u>だ。」（在 5 秒內跑完 100 公尺是不可能的）、「この部屋に 4 人住むのは<u>無理</u>だ。」（這個房間沒辦法住 4 個人。）等等，就是「勉為其難也做不到」的意思，請看以下會話：

太太「このドレス、欲しいなあ。」（我好想要這件洋裝。）

先生「10 万円？<u>無理無理</u>。」（10 萬日圓？不可能！不可能！）

在日文中經常用於上述情況。

　　另外，「無理をする」、「無理に～する」就等同中文裡面的「勉強」。有趣的是，日文的「無理をする」有時也稱「勉強（べんきょう）」。商家為了客人勉為其難降低商品價格的商業用語就是「勉強する」。

日本語

㉕ 「迷惑」と「迷う」

×「私の心は今、迷惑しています。」→○「迷っています」

　ご存じのように、「〜に迷惑をかける」は「找〜的麻煩」、「迷惑する」は「被找麻煩」ですが、「選択肢が多すぎて困る」という事態は「迷う」「とまどう」などと言います。

㉖ 「珍しい」と「貴重な」

×「家族で外国旅行に行って、珍しい時間を過ごしました。」→○「貴重な」

　中国語の「珍」という字は「貴重な」というプラスの意味ですが、日本語の「珍しい」は「稀少な」「めったに見られないので好奇心の対象になる」という意味で、必ずしもプラスの意味とは限りません。「彼が授業をサボるのは珍しい」「北欧では和服姿の日本人は珍しいので、みんなに注目される」などのようにも使います。

㉗ 「問題」と「質問」

×「台湾の大学生に結婚についてアンケートを取り、問題の答を統計しました。」
　→○「質問」

　簡単に言えば、「問題」は problem、「質問」は question です。但し「質問」は「質疑応答」という言葉があるように、必ずその場で回答が得られる場面でのみ使われます。例えば授業中の質疑やアンケートなどです。これに対して「問題」は「面倒なこと」「困難」という意味があるので、当事者がそれに対して答えられるかどうかわかりません。ですから、試験の出題は「試験問題」と言います。授業中に学生が「先生、質問があります」と言えば先生は喜んで答えてくれるでしょうが、「先生、問題があります」と言えば、先生は自分の授業に落ち度があったのか、と焦ってしまうでしょう。

台灣日語 51

㉕「迷惑」和「迷う」

×「私の心は今、<u>迷惑</u>しています。」（我的內心現在很迷惑。）→○「迷っています」

　　如大家所知，「〜に迷惑をかける」是「找〜的麻煩」，而「迷惑する」是「被找麻煩」，但是當「有太多選項而困擾」的情況，會說「迷う」或者「とまどう」（猶豫、困惑）。

㉖「珍しい」和「貴重な」

×「家族で外国旅行に行って、<u>珍しい</u>時間を過ごしました。」（我跟家人去國外旅行，度過了珍貴／寶貴的時光。）→○「貴重な」

　　中文「珍」這個字是「珍貴的、寶貴的」，屬正面的意義。日文「珍しい」意味著「很稀少」、「極為少見而引起人好奇的東西」，未必是正面的意思。也會用於「彼が授業をサボるのは<u>珍しい</u>」（他會翹課還真稀奇啊）、「北欧では和服姿の日本人は<u>珍しい</u>ので、みんなに注目される」（在北歐穿著和服的日本人非常少見，所以會引起眾人注目）等情況。

㉗「問題」和「質問」

×「台湾の大学生に結婚についてアンケートを取り、<u>問題</u>の答を統計しました。」（我向台灣的大學生發有關結婚的問卷，統計了問題的答案。）→○「質問」

　　簡單地說，「問題」是problem，「質問」是question。但是「質問」就如「質疑応答」（質詢答辯）這個詞所示，僅能用於當下能得到回答的情況。就像上課時的疑問、問卷調查等。相反地，「問題」是「麻煩的事情」或者「困難」，不知道當事者是否能夠回答。所以，考試題目叫作「試験問題」。上課時學生說「先生、質問があります」（老師我有疑問），老師應該會很樂意的回答吧，但如果說的是「先生、問題があります」（老師，有問題），那老師肯定會慌張地以為自己教課有那裡不當吧。

日本語

2. 語彙の誤用—⑤ちょっと違う漢語表現（1）

　さて、今回から、中国語の意味と日本語の意味がちょっとずれている漢語を述べてみましょう。

① 「解消する」

×「彼のことを理解するようになって、悪い印象が<u>解消しました</u>。」→〇「消えました」

　日本語の「解消する」は、他動詞として使う場合は契約などを取り消すことで、法を論じる場面で使われます。自動詞として使う時は「ストレス解消」など、悩みがなくなることを言います。日常の行為や事態などには、漢語はなるべく使わないで、和語を使う方が日本語らしい表現になりますよ。

② 「加入する」「参加する」

×「小学校から中学校まで、合唱団に<u>加入していました</u>。」→〇「入っていました」

　日本語では、「加入する」は生命保険など、法的拘束を持つ契約を伴うものに使われます。「入る」という動詞は指示範囲が広いので、中国人学生には使いにくいようですが、きわめて日本語らしい動詞の一つだと言えます。例えば、選挙の開票で自分の支持する候補者が当選確実になった時、「あっ、入った！」と喜びます。何かの遊びや活動に参加したい時、「私も入れて！」と言います。

　また、「試験を受ける」を台湾人学生は「試験に参加する」と、動詞部分を漢語で言いますが、意味は通じるものの、何となく試験の緊張感が伝わってこないように感じられます。クーベルタンの「オリンピックは勝敗は問題でなく、参加することに意義がある。」という言葉があまりに定着しているので、日本人にとって「参加する」というのは結果を度外視してただ行為だけをすることなのです。「試験を受ける」と言う方が試験準備を充分にした上での参加というニュアンスが伝わってきます。

台灣日語 52

2. 詞彙的誤用—⑤稍微不同的漢語表達（1）

那麼，這一回開始說明一下中文意思和日文意思有些偏差的漢語吧。

① 「解消する」

× 「彼のことを<u>理解</u>するようになって、悪い印象が<u>解消しました。</u>」（了解他以後，不好的印象就消除了。）→○「消えました」

日文的「解消する」作他動詞時，用於取消契約等論及法律的情況。作自動詞時，用於「ストレス解消」（消除壓力）等煩惱消失時。至於描述日常生活中的行為和情況時，盡量不使用漢語，而用和語比較像是道地的日文表達方式。

② 「加入する」、「参加する」

× 「小学校から中学校まで、合唱団に<u>加入していました。</u>」（我小學到中學，都加入合唱團。）→○「入っていました」

日文的「加入する」常用於生命保險等帶有法令約束等契約時。而「入る」這動詞在日文中使用範圍很廣，因此對中國學生來說反而難用，這可說是非常道地的日文動詞之一。例如選舉開票時，自己支持的候選人確定當選時，就會高興地說「あっ、入った！」（啊，上了！）想參加什麼遊戲或活動時，就可以說「私も入れて！」（也讓我加入吧！）

另外台灣學生常會將「試験を受ける」（參加考試）說成「試験に参加する」，意即用漢語說動詞的部分，雖然還是能懂，但總會令人覺得無法表達出考試的緊張感。因為奧運創始者凱伯坦（Pierre de Frédy）說道：「オリンピックは勝敗は問題でなく、参加することに意義がある。」（奧運的精神不在勝負，而是志在參加。）這句話太固定、習慣，所以對日本人來說，「参加する」意味著不在乎結果，只是個單純地進行某個行為。而「試験を受ける」會有充分準備考試後再參加的意涵。

日本語

③ 「かわいい」

× 「中秋節の月はかわいいです。」→○「きれいです」

× 「誰でも自分の故郷はかわいいです。」→○「思い入れがあります」「思いを寄せます」

　もともと中国語の「可愛」は「愛すべき」「愛する価値がある」と言う意味で、それは日本語の「かわいい」の原義でもあるのですが、日本語の「かわいい」の場合は指示対象が限られています。まず、見た目がよいもの、無邪気で天真爛漫なもの、そして話者にとってコントロール可能なものを「かわいい」と言うようです。女の人はよく、子供、犬、男性、女性、さらには装飾品やケーキなどのことを「かわいい」と言いますね。これは、ただ見た目がよいだけでなく、自分にとってコントロール可能であるものでしょう。「月」や「故郷」などはいくら見た目がよくて愛する価値があってもコントロール不可能なので、「かわいい」とは言えません。なお、自分より上位の人やあまり親しくない人（会社の上司や社会的に地位のある人）に対して「かわいい」と言うのはちょっと失礼なので、面と向かって言ってはいけませんよ。

④ 「観念」

× 「台湾は、西洋的な観念を全般的に取り入れました。」→○「考え方」

　「観念」は「考え方」という意味で、中国語の意味とほぼ等しいと思われますが、日本語で使われる場面はかなり限られています。「あの人は時間の観念がない。」「責任観念を育てる」など「○○についての観念」という用い方が多く、上の例のように思想一般をさすことはほとんどありません。

⑤ 「造成する」

× 「野良犬は社会問題を造成しました。」→○「引き起こしました」

　中国語では「ゴミを出す」を「造成拉圾」と言うようですが、日本語で「造成」と言うのは「宅地造成」など、大きなものを造り上げることです。物を生産するのでない場合、しかもあまり日常的でないものを造るのでない場合には用いられません。

台灣日語 53

③「かわいい」（可愛）

×「中秋節の月はかわいいです。」（中秋節的月亮真可愛。）→○「きれい」

×「誰でも自分の故郷はかわいいです。」（任何人都覺得自己的故鄉可愛。）→○「思い入れがあります」、「思いを寄せます」

　　原本中文的「可愛」是「值得愛」的意思，雖然這也是日文「かわいい」的本意，但日文的「かわいい」所指對象是有限制的。首先，外表好的，天真無邪、爛漫的，並且對說話者而言還要是可控制的對象，才說「かわいい」。女生常說小孩、狗、男性、女性，甚至裝飾品、蛋糕等「かわいい」吧。此對象不僅是外觀好，大概還要對說話者而言是可以控制的。像「月」或「故鄉」等，不論外觀有多麼值得憐愛也無法控制，所以就不能用「かわいい」。另外，對比自己位階高的人或不太親近的人（如公司的主管或有社會地位的人物）用「かわいい」就有點失禮，故不得當著對方的面說喔。

④「観念」

×「台湾は、西洋的な観念を全般的に取り入れました。」（台灣全盤性地接受西方觀念。）→○「考え方」

　　「観念」就是「考え方」（想法、思考方式）的意思，與中文的意思幾乎相同，但是日文使用「観念」的場合有限。「観念」常用於「○○についての観念」（關於○○的觀念），如「あの人は時間の観念がない。」（那個人沒什麼時間觀念。）、「責任観念を育てる」（培養責任觀念）等，不太會像④的例子般用於一般普遍的思想。

⑤「造成する」

×「野良犬は社会問題を造成しました。」（流浪狗造成了社會問題。）→○「引き起こしました」

　　中文似乎把「ゴミを出す」說成「造成／製造垃圾」，但是日文的「造成」只用於「宅地造成」（將農地、山林等作為住宅地使用而整地）等造出大規模東西的情況。若非生產物品，且是製造日常的物品就不適用。

日本語

2. 語彙の誤用─⑤ちょっと違う漢語表現（2）

⑥ 「天気」

× 「天気が寒くて、ストーブが欲しいです。」→○「寒くて」

　「天気が寒い」は、母語干渉により、学生が必ず犯す間違いです。日本語では天気は「いい」か「悪い」かどちらかでしかありません。雨が降ったりして不快な天気の時は「天気が悪い」、晴れて爽快な日は「天気がいい」です。寒暖を表す場合は主語を必要とせず、ただ「暑い」「寒い」と言います。

⑦ 「討論する」

× 「今、同性婚について、激しく討論しています。」→○「議論しています」

× 「私たちはいつも、音楽の感想を討論します。」→○「話し合います」

　日本語で「討論」とは、ディベートのように意見の違う人たちがテーマを決めて秩序立てて話し合う形態です。「議論」は、やや秩序がなく、あちこちから意見が出されるような状態です。「話し合う」というのは感情的な基盤を共有する人たちが意見の一致を求めて穏やかに話すことです。上の2つの例のうち、「同性婚」というのは討論される可能性もありますが、「音楽の感想」のようなことは意見交換こそ可能であっても、「討論する」という内容ではないでしょう。

⑧ 「発現する」

× 「あなたにもう恋人がいることが発現した時、信じられませんでした。」→○「わかった」

　日本語の「発現する」は「物事の本質が自ら現れ出ること」で、「民族精神の発現」など、歴史や社会のスケールで語られる言葉です。中国語のように「事実が明らかになった」という場面で用いる場合は、日本語では「〜がわかった」と言う方がふさわしいでしょう。

台灣日語 54

2. 詞彙的誤用─⑤稍微不同的漢語表達（2）

⑥「天気」

×「<u>天気が寒くて</u>、ストーブが欲しいです。」（天氣好冷，我想要個暖爐。）→○「寒くて」

　「天気が寒い」這是學生受到中文母語影響常犯的錯誤。日文在天氣上只有「いい」或「悪い」兩種說法。下雨天氣不舒適時會說「天気が悪い」（天氣不好），晴天天氣舒爽時會「天気がいい」（天氣好）。至於說氣溫冷暖時不需要主詞，只說「暑い」、「寒い」即可。

⑦「討論する」

×「今、同性婚について、激しく<u>討論しています</u>。」（現在正激烈地討論同性婚姻一事。）→○「議論しています」

×「私たちはいつも、音楽の感想を<u>討論します</u>。」（我們經常討論音樂的感想。）→○「話し合います」

　日文中的「討論」是像辯論一樣的形態，不同意見的人決定主題後，有秩序地互相闡述。而「議論」是較沒秩序，你一言我一語地表達意見的情況。「話し合う」是指有共同情感的基礎人們為求意見一致，平心靜氣地訴說。以上兩個例子，「同性婚」還有辯論的可能性，但「音楽の感想」一類就算可交換意見，也不是可以「討論する」（辯論）的吧。

⑧「発現する」

×「あなたにもう恋人がいることが<u>発現した</u>時、信じられませんでした。」（當我發現你已經有戀人的時候，真是不敢相信。）→○「わかった」

　日文的「発現する」是指「事物的本質自行展露出來」，用於像「民族精神の発現」（民族精神的展現）這種談論歷史或社會層級的情況。中文那種用於表達「發現事情真相」的情況，用日文說「〜がわかった」比較恰當。

日本語

⑨ 「発生する」

×「どんなことが<u>発生しても</u>、あなたを愛し続けます。」→○「起こっても」

　日本語で「発生する」と「起こる」とは同義ですが、「発生する」は、事故・事件・災害など非日常的な事件の場合に限って用いられます。日常的・個人的レベルのできごとなら、「起こる」のような和語を使った方がいいでしょう。

⑩ 「発展する」

×「たくさんの若者が大都市へ出て<u>発展します</u>。」→○「活躍します」「チャンスをつかみます」

　「発展する」は、「国の発展のために」とか「会社の発展は社員にかかっている」などのように、日本語では地域・生業のような事態に関して使う言葉で、個人に関しては使いません。よく「発展を求めてアメリカへ渡った」などという文を見かけますが、個人に関しては「成功のチャンスを求めて」などと言った方が日本語らしい表現になりますよ。

⑪ 「不便」

×「あの人は、耳が<u>不便なのだ</u>と思います。」→○「不自由なのだ」

　中国語の「不方便」は人間の身体部分にも使われるようですが、日本語の「不便」は「カバンが小さくて不便だ」「交通が不便だ」など物や状況に使われるだけで、身体部分には「目が悪い」「手が不自由だ」などと言います。

⑫ 「毎〜」

×「<u>毎県に</u>寺院がたくさん建てられています。」→○「どの県にも」「県ごとに」

　日本語で「毎〜」が付くのは「毎日」「毎朝」「毎月」など、時間を表す語にしか付きません。時間以外のことには「<u>クラスごとに</u>寄付を集める」「<u>どの国にも</u>法律がある。」など、「〜ごとに」「どの〜にも」を使います。

台灣日語 55

⑨「発生する」

×「どんなことが発生しても、あなたを愛し続けます。」（不論發生什麼事，我都會一直愛著你。）→○「起こっても」

　日文中「発生する」和「起こる」同義，但是「発生する」只限用於事故、事件、災害等非日常狀況。而日常、個人程度發生的事情，用和語「起こる」比較恰當。

⑩「発展する」

×「たくさんの若者が大都市へ出て発展します。」（有很多年輕人到大都市發展。）
　→○「活躍します」、「チャンスをつかみます」

　「発展する」在日文中用於地區、賴以維生的事業等，如「国の発展のために」（為了國家的發展）或「会社の発展は社員にかかっている」（公司的發展就靠各位員工了），不會用於個人相關。雖然我們也常聽到「発展を求めてアメリカへ渡った」（赴美發展）的說法，但其實用「成功のチャンスを求めて」（為求成功的機會）是比較道地的表達方式。

⑪「不便」

×「あの人は、耳が不便なのだと思います。」（我想那個人耳朵不方便。）→○「不自由なのだ」

　中文的「不方便」也會用於指人的身體部位方面，但日文的「不便」只能用於物品或狀況，例如「カバンが小さくて不便だ」（包包太小不方便）、「交通が不便だ」（交通不方便），至於身體方面一般會說「目が悪い」（眼睛不好）、「手が不自由だ」（手不方便）。

⑫「毎～」

×「毎県に寺院がたくさん建てられています。」（每個縣都建有很多寺廟。）→○「どの県にも」、「県ごとに」

　日文只有表示時間的詞語前能加「毎～」，例如「毎日」、「毎朝」、「毎月」等。時間以外的會用「～ごとに」、「どの～にも」，例如「クラスごとに寄付を集める」（各／每班收齊捐款）、「どの国にも法律がある。」（每個國家都有法律。）

日本語

2. 語彙の誤用―⑤ちょっと違う漢語表現（3）

⑬ 「評判」

× 「人々は、他人のことをいろいろ<u>評判します</u>。」→○「批判します」

　この言葉の類義語を先に挙げておきましょう。

評論：事物の構成・歴史・由来・善し悪しなどを論理的に論じること

評価：事物や人間のよい所を主に論じること。または、ある作品に対する成績や点
　　　数。

批評：事物や人間のよい所と悪い所を、道理を立てて説くこと。

批判：事物や人間の悪い所を、道理を立てて説くこと。

非難：人を責めること。

　日本語の「評判」は動詞ではないので、「評判する」という形では使いません。「あの人は<u>評判がいい</u>」「この会社の製品は<u>評判が悪い</u>」など、大衆の評価の善し悪しを表す言葉です。「評判」は「いい」か「悪い」かどちらかで、特に評判がいい場合は「評判が高い」と言います。

⑭ 「優勝」「第〜名」

× 「試合で私は<u>第二名で優勝して</u>、うれしかったです。」→○「第二位に入賞して」

　「優勝」はスポーツや文化イベントで一等賞を取ることです。一等賞以外の二等賞、三等賞……など、単に賞を獲得することは「入賞」と言います。

　また、順位を表す場合の中国語の「第二名」は日本語では「第二位」、人数を表す場合の中国語の「三位」は日本語では「三名」と言います。日本語と中国語の意味が反対なのはおもしろいですね。

　もう一つ、「第四個」「第五次」などの「第〜〜」は、日本語では「四番目」「五回目」など、「〜〜目」という表現を使います。よく「×原稿用紙の<u>第二行</u>に名前を書いてください。」等の表現を見かけますが、正確には「二行目」または「第二行目」と言います。

台灣日語 56

2. 詞彙的誤用─⑤稍微不同的漢語表達（**3**）

⑬「評判」

×「人々は、他人のことをいろいろ<u>評判します</u>。」（人們總愛評斷他人。）→○「批判します」

　　以下先舉出這個詞的近義詞。

評論：有條理、邏輯地論述事物的構成、歷史、由來、善惡等。

評價：主要論述事物或人的優點。亦或對作品打成績或分數。

批評：有道理地論述事物或人的好壞優劣。

批判：有道理地論述事物或人的缺點。

非難：責備人。

　　日文的「評判」不是動詞，故不得以「評判する」的形態使用。「評判」是表達大眾評價好壞的語詞，如「あの人は<u>評判がいい</u>」（那個人的評價很好）、「この会社の製品は評判が悪い」（那個公司的製品評價很差）。「評判」要麼「いい」要麼「悪い」，評價特別好的時候會說「評判が高い」。

⑭「優勝」、「第〜名」

×「<u>試合で私は第二名で優勝して</u>、うれしかったです。」（我在比賽獲勝得到第二名，非常高興。）→○「第二位に入賞して」

　　日文的「優勝」是在運動或文化活動等獲得第一等獎時。至於一等獎以外的二等獎、三等獎……等，只是有獲得獎項，就會用「入賞」。

　　而表達排名順位時，中文的「第二名」在日文是「第二位」，而表達人數時，中文說「三位」，日文卻是說「三名」。中文和日文意思相反的情況真有意思啊。

　　還有，中文的「第四個」、「第五次」等「第〜〜」，在日文是用「四番目」、「五回目」等「〜〜目」。常常會看到「×原稿用紙の<u>第二行</u>に名前を書いてください。」（請在稿紙第二行寫下姓名。）等說法，但是正確的應該是「二行目」或「第二行目」才對。

日本語

2. 語彙の誤用—⑥「～的」と「～化」（1）

　中国語では「下雨的時候」などのように、「的」は語と語を結ぶ機能語ですね。しかし、日本語で「○○的」というのは「○○という性格を持った」という、かなり指示範囲の広い接尾語です。また、語法の面では形容詞以外の品詞を形容詞化する機能を持っているのです。（つまり、「形容詞以外の品詞＋的＝形容詞」となります。）

　「○○的」の語はナ形容詞ですから、「○○」の部分がもともとナ形容詞である場合は、「的」の字は付けられません。それではナ形容詞以外の品詞にはすべてつけることができるかと言うと、そうとも限らないのです。以下、「的」をつけてはいけない語を述べます。

a. もともとナ形容詞である語に「的」をつけた誤用

×「兄は<u>正当的</u>な報酬を得ているので、<u>安全的</u>な生活ができます。」→○「正当な」「安全な」

×「これらの<u>遺憾的</u>な事件は、教育に関する問題です。」→○「遺憾な」

×「私は、学校の<u>自由的</u>な討論が大好きです。」→○「自由な」

×「私は試験に合格して、<u>正式的</u>な大学院生になりました。」→○「正式な」

×「男性にも女性にも<u>平等的</u>に接するべきです。」→○「平等に」

×「労働時間の短縮は、<u>不当的</u>な要求ではない。」→○「不当な」

b. ナ形容詞以外の品詞だが習慣的に「的」をつけない語

×「保育園があれば、親は<u>安心的</u>に仕事ができます。」→○「安心して」

×「今回私は、本当に<u>恐怖的</u>な体験をしました。」→○「恐怖の」「怖い」

×「父はそうやって<u>成功的</u>にタバコをやめました。」→○「タバコをやめるのに成功しました」

　特に、英語の 'successful'、中国語の「成功的」に当たる日本語はありませんから、注意してください。但し、「成功裏に」という翻訳はありますが、「オリンピックは成功裏に幕を閉じた」などのように、大きなプロジェクトが成功した場合にだけ使われ、「タバコをやめる」などのような個人的・日常的な事柄には使いません。

台灣日語 57

2. 詞彙的誤用—⑥「～的」與「～化」（1）

　　就如中文說「下雨的時候」，當中「的」是連接語詞和語詞的虛詞。但是，日文中「○○的」意指「具有○○的特性」，是所指示的範圍相當廣泛的接尾詞。另外，在語法上，還能把非形容詞的詞類變成形容詞。（也就是「形容詞以外的詞類＋的＝形容詞」。）

　　「○○的」這類詞是ナ形容詞，所以如果「○○」原本就是ナ形容詞則不能加「的」。但並非所有ナ形容詞以外的詞類都可以加「的」，以下說明不可加「的」之語詞。

a. 原本就是ナ形容詞還加「的」的誤用

×「兄は<u>正当的</u>な報酬を得ているので、<u>安全的</u>な生活ができます。」（哥哥有獲得正當的酬勞，所以能過安全當的生活。）→○「正当な」、「安全な」

×「これらの<u>遺憾的</u>な事件は、教育に関する問題です。」（這些憾事，是跟教育有關的問題。）→○「遺憾な」

×「私は、学校の<u>自由的</u>な討論が大好きです。」（我非常喜歡學校的自由辯論。）→○「自由な」

×「私は試験に合格して、<u>正式的</u>な大学院生になりました。」（我考試合格，正式成為碩士生了。）→○「正式な」

×「男性にも女性にも<u>平等的</u>に接するべきです。」（不論男性、女性都應該平等對待。）→○「平等に」

×「労働時間の短縮は、<u>不当的</u>な要求ではない。」（縮短勞動時間，並非不當的訴求。）→○「不当な」

b. 不是ナ形容詞但習慣上不加「的」

×「保育園があれば、親は<u>安心的</u>に仕事ができます。」（有托兒所，家長就能放心工作。）→○「安心して」

×「今回私は、本当に<u>恐怖的</u>な体験をしました。」（我這次真的經歷了恐怖的體驗。）→○「恐怖の」、「怖い」

×「父はそうやって<u>成功的</u>にタバコをやめました。」（父親就這樣成功地戒了菸。）→○「タバコをやめるのに成功しました」

　　尤其，日文裡面沒有語詞相當於英文 'successful'、中文「成功的」。但有「成功裏に」這種翻譯說法，像「オリンピックは成功裏に幕を閉じた」（奧運在成功下落幕），但只用在大型計劃活動圓滿落幕時，不會用於「タバコをやめる」這種個人性、日常性的事。

日本語

2. 語彙の誤用―⑥「～的」と「～化」（2）

c. 「的」をつけるべき語につけない誤用

× 「日本の女性は<u>開放だ</u>と思われる。」→ ○「開放的だ」

× 「自然な演出でジャズを組み合わせて、<u>感動だ</u>と思います。」→ ○「感動的だ」

× 「アクションの場面がたくさんあったので、とても<u>刺激でした</u>。」→ ○「刺激的でした」

　以上は「開放する」「感動する」「刺激する」など、動詞として使うことが多い「スル名詞」です。

× 「でも、彼女は<u>伝統の女性</u>とずいぶん違います。」→ ○「伝統的な」

× 「日本の女性と比べると、台湾の女性は<u>保守です</u>。」→ ○「保守的です」

　「伝統」「保守」は名詞で、「日本の伝統」「彼は保守派だ」などのように使います。

× 「劇の筋は<u>扇情しません</u>が、自然な演技で感動しました。」→ ○「扇情的ではありません」

× 「選挙の候補者に対する法規制は<u>具体ではなく</u>、厳しさも足りない。」→ ○「具体的ではなく」

× 「日本人は遊びに関することに<u>積極ではない</u>。」→ ○「積極的ではない」

　「扇情」「具体」「抽象」「積極」「消極」などの語は、通常は単独では用いられず、「的」「性」などの接尾語をつけて「扇情的」「具体的」「具体性」「抽象的」「抽象性」「抽象画」「積極的」「積極性」「消極的」「消極性」などの形で用いられます。

× 「問題なのは、<u>合法しない</u>結婚です。」→ ○「合法的でない」「非合法の」

　「合法」も同様に、通常は「合法的」「合法性」などの接尾語をつけて用いられますが、否定語の「非合法」は接尾語をつけずに「それは非合法だ」など、「的」をつけずに用いられます。

台灣日語 58

2. 詞彙的誤用─⑥「～的」和「～化」（**2**）

c. 應該加「的」而沒加的誤用

×「日本の女性は<u>開放だ</u>と思われる。」（一般認為日本女性很開放。）→○「開放
　的だ」

×「自然な演出でジャズを組み合わせて、<u>感動だ</u>と思います。」（以自然的編導與
　爵士樂做結合，我覺得非常感動。）→○「感動的だ」

×「アクションの場面がたくさんあったので、とても<u>刺激でした</u>。」（有很多動作
　場面，所以非常刺激。）→○「刺激的でした」

　　以上「開放する」、「感動する」、「刺激する」這些詞，都是常當動詞用的「ス
ル名詞」。

×「でも、彼女は<u>伝統の女性</u>とずいぶん違います。」（但是，她和傳統的女性很不
　一樣。）→○「伝統的な」

×「日本の女性と比べると、台湾の女性は<u>保守です</u>。」（台灣女性比日本女性保守。）
　→○「保守的です」

　　「伝統」、「保守」是名詞，使用方式如「日本の伝統」（日本的傳統）、「彼
は保守派だ」（他是保守派）。

×「劇の筋は<u>扇情しません</u>が、自然な演技で感動しました。」（這齣劇的主軸不會
　太煽情，不過自然的演技令人感動。）→○「扇情的ではありません」

×「選挙の候補者に対する法規制は<u>具体ではなく</u>、厳しさも足りない。」（對於候
　選人的法律規制不具體，也不夠嚴謹。）→○「具体的ではなく」

×「日本人は遊びに関することに<u>積極ではない</u>。」（日本人對於玩樂相關的事不太
　積極。）→○「積極的ではない」

　　「扇情」、「具体」、「抽象」、「積極」、「消極」等語詞，通常不會單獨使用，
會於語尾加上「的」、「性」等接尾詞，以「扇情的」、「具体的」、「具体性」、「抽
象的」、「抽象性」、「抽象画」、「積極的」、「積極性」、「消極的」、「消極性」
等形式使用。

×「問題なのは、<u>合法しない</u>結婚です。」（問題在於不合法的婚姻。）→○「合法
　的でない」、「非合法の」

　　「合法」這個詞也一樣，一般會加上接尾詞，以「合法的」、「合法性」等形式
使用，但是否定詞的「非合法」不用加像「的」等接尾詞，如「それは非合法だ」（那
是不合法的）即可。

日本語

　最近では「私的（わたしてき）には」（「私としては」の意味）など、通常は「的」をつけられないはずの一人称代名詞に「的」をつけるのがはやっているようですが、これは本来の使い方ではないのでご注意ください。

d.「化」のつく語とつかない語

　前にも述べたように、「化」は名詞・動作名詞（スル名詞）について「〜になる」という変化を表し、「地方の活性化を促進する」「地方を活性化する」などのように、名詞として用いるか「〜化する」という動詞として用いるかのどちらかです。

×「昔、台北は汚くて近代化ではない町でした。」→〇「近代的ではない」

×「番組が多様化になりました。」→〇「多様化しました」「多様になりました」

×「愛がないセックスが自由化になった。」→〇「自由化した」「自由になった」

×「生活化の会話を学びたいです。」→〇「生活会話」「生活性のある会話」

　以上のように、よくある間違いは、「×〜化になる」「×〜化である」という間違いです。中国語の「〇〇化」は日本語では「〇〇性」「〇〇的」に当たり、「変化」の意味がないようですが、日本語では「〇〇化」はもともと「〇〇でない物から〇〇へと変化する」「非〇〇→〇〇」という意味が込められているので、「×多様化になる」では二重形容になってしまって変なのです。「〇〇化」は変化の意味がある以上、動詞として用いられるのが普通ですから、「×近代化だ」「×近代化でない」という言い方もおかしいのです。

　「〜的」は形容詞、「〜性」は名詞、「〜化」は動詞なんですよ！

台灣日語 59

　　最近很流行「私的（わたしてき）には」（意即「私としては（我個人而言）」），在通常不加「的」之第一人稱代名詞後加「的」，但這不是原本的使用方式，所以請大家注意！

d. 要加「化」和不用加「化」的語詞

　　如前面所述，「化」加在名詞、動作名詞（スル名詞）後，表達「～になる」的變化，例如「地方の活性化を促進する」（促進地區活化）、「地方を活性化する」（活化地區），要不就當名詞用，再不然就是以「～化する」的形式當動詞用。

×「昔、台北は汚くて近代化ではない町でした。」（以前，台北很髒亂，並非現代化的城市。）→〇「近代的ではない」

×「番組が多様化になりました。」（節目變得多樣化了。）→〇「多様化しました」、「多様になりました」

×「愛がないセックスが自由化になった。」（沒有愛的性也自由化了。）→〇「自由化した」、「自由になった」

×「生活化の会話を学びたいです。」（我想學生活化的會話。）→〇「生活会話」、「生活性のある会話」

　　如上述例子，常會發生「×～化になる」、「×～化である」這種錯誤說法。中文的「〇〇化」似乎相當於日文的「〇〇性」、「〇〇的」，沒有「變化」的意思，但是日文的「〇〇化」原本就含有「由不〇〇的事物變為〇〇」、「非〇〇→〇〇」的意思，因此「×多様化になる」等就變成雙重形容，很不自然。「〇〇化」除了有變化的意思之外，也常當成動詞使用，所以像「×近代化だ」、「×近代化でない」這種說法就很怪。

　　所以，「～的」是形容詞、「～性」是名詞、「～化」是動詞喔！

日本語

2. 語彙の誤用─⑦類義語（1）

　例えば、「平和」と「和平」はどう違うのでしょうか。知的な意味はどちらも同じなのですが、使われる場面が違うのです。「平和」は日常的に使われる言葉で名詞としてもナ形容詞としても使われ、「争乱」や「戦争」の反対語です。「日本は平和な国だ。」「貧しくとも平和な暮らし」などのように使われるし、トルストイの名作は「戦争と平和」です。一方、「和平」は国同士が争いをやめて仲直りをすることで、「和平協定」「和平の道を探る」など、国際政治を論じる場面でのみ使われます。これは名詞としての用法しかありません。ああ～、北朝鮮と米・日・韓の間に和平の兆しは見えないものか！　太平洋地域には、いつになったら平和が訪れるのか！

　このように、意味は似ているけれども微妙な違いがあるというのが「類義語」です。「お母さん」「おっかさん」「お母ちゃん」「お母さま」「お母ちゃま」「母さん」「母さま」「母ちゃん」「おっかあ」「おかん」「母」「母親」「お袋」「ママ」なども、知的意味は皆同じですが、それぞれ使う場面、使う人の年齢・性別・階層、話し手と聞き手の関係、など、さまざまなファクターによって違ってきます。「お母さん」は最も一般的で、日本語の教科書にも載っている言い方です。「おっかさん」「お母ちゃん」「お母さま」「お母ちゃま」「母さん」「母さま」「母ちゃん」「おっかあ」「おかん」は「お母さん」の異形態です。「お母ちゃん」は子供が母親を呼ぶ時の呼称、「お母さま」「母さま」はわりと上流家庭での上品な呼び方です。「お母ちゃま」は上流家庭での子供が言う呼称でしょう。「おっかさん」「母ちゃん」は地方での呼称、または庶民的な呼称です。「母さん」は、主に少し大人になった男性が言う呼称、「おっかあ」「おかん」は地方で用いられる呼称で、親しみを込めて言われます。「母」は他人に対して自分の母親のことを言う時、「母親」は誰かの母親という関係名詞でなく、世の中の母親一般を指します。「お袋」は成人した男性が、母親と距離を置いているというスタンスで語られる、いわば「照れ」を隠すための言葉です。母親に対する呼称は、こんなにも複雑！

　これから数回、類義語についての誤用をお話しします。

台灣日語 60

2. 詞彙的誤用─⑦近義詞（1）

　　例如「平和」與「和平」有何不同？認知面上意思一樣，但使用場合不同。「平和」是日常使用的詞彙，可以當成名詞，亦可當成ナ形容詞使用，是「争乱」（亂世）和「戦争」（戰爭）的相反詞。用法如「日本は平和な国だ。」（日本是個和平的國家。）、「貧しくとも平和な暮らし」（貧窮卻和平的生活），再如托爾斯泰的名作《戦争と平和》（戰爭與和平）。相反地，「和平」只用於談論國際政治的場合，像是表示國與國停止征戰、重修舊好時所制定的「和平協定」、「和平の道を探る」（探索和平的對策）等。這些只當名詞使用。「ああ～、北朝鮮と米・日・韓の間に和平の兆しは見えないものか！太平洋地域には、いつになったら平和が訪れるのか！」（唉～，看不到北韓與美、日、南韓之間的和平徵兆！太平洋區域的和平何時才會到來呢？）

　　像這樣意思很像，卻有著微妙差異的，就叫「近義詞」。就像「お母さん」、「おっかさん」、「お母ちゃん」、「お母さま」、「お母ちゃま」、「母さん」、「母さま」、「母ちゃん」、「おっかあ」、「おかん」、「母」、「母親」、「お袋」、「ママ」等，在認知上都一樣，但因使用的場合、使用人的年齡、性別、階層、說者與聽者之間的關係等因素不同，而選擇不同的用詞。「お母さん」是最普遍的叫法，日文的教科書上也會教。而「おっかさん」、「お母ちゃん」、「お母さま」、「お母ちゃま」、「母さん」、「母さま」、「母ちゃん」、「おっかあ」、「おかん」，都是「お母さん」的變形。「お母ちゃん」是小孩呼喊媽媽時的叫法，而「お母さま」、「母さま」是偏向上流家庭的優雅稱呼。至於「お母ちゃま」是在上流家庭中小孩對媽媽的稱呼吧。「おっかさん」、「母ちゃん」是地方性或一般平民百姓的叫法。「母さん」主要是長大了點的男性對媽媽用的稱呼。「おっかあ」、「おかん」是地方性且較親密的叫法。「母」是相對於他人稱呼自己的母親時所用，「母親」不是特定人物的母親，並非關係名詞，而是指世界上的所有一般母親。「お袋」是成年男性懷著與母親拉開點距離的心境所用的稱呼，也就是掩飾害羞用的語詞。對母親的稱呼竟然這麼複雜！

　　之後的數回，就來說明近義詞。

日本語

2. 語彙の誤用─⑦類義語（2）

a. 名詞の類義語

① 「男／女」と「男性／女性」と「男子／女子」と「男の子／女の子」

× 「先生がいない間に、一人の<u>女</u>が訪ねてきました。」→○「女の人」「女性」

× 「あの小池という<u>女の子</u>が、都知事選で当選すると思います。」→○「女の人、女性」

× 「先生は、<u>女性</u>大学を卒業しましたか？」→○「女子」

　特定の人物を指して「男／女」というのは、露骨で失礼です。「男の人／女の人」か「男性／女性」と言ってくださいね。「男／女」というのは、male か female か、という人格を捨象した性（ジェンダー）だけを問題にする言葉だからです。「男／女」が用いられるのは、「男は度胸、女は愛嬌」など、対象が不特定の場合か、或いは「あの人は男か女かわからない。」など、直接ジェンダーが問題にされる場合、或いは「私は古風な<u>女</u>です。」などと自分のことを言う時だけです。但し「<u>男の先生／女の先生</u>」など、形容詞的に使われる場合は OK です。

　「男の人／女の人」は成人男女を指しますが、「男の子／女の子」は小学生くらいの子供、または自分より年齢が低くて庇護すべき者、という意味合いで使われます。高校生や大学生が自分と同じ年頃の異性のことを「あの<u>女の子</u>、かわいいね。」とか「私、<u>男の子</u>には興味ないの。」とか言ったり、また、会社の中で上司が事務の女性社員のことを「ウチの課の<u>女の子</u>は……」などと言ったりします。政治家や学者など、社会的な地位のある人について使うものではありません。

　「男子／女子」は子供の事ではなく、ある会社や学校など特定の団体の中での男性グループ・女性グループを指します。「<u>女子</u>トイレ」「<u>女子</u>更衣室」は女性なら誰でも入っていいのだし、私の母校のお茶の水<u>女子</u>大学は 30 過ぎのオバサンでも試験に合格すれば入れるのです。「<u>女子</u>会」「<u>女子</u>力アップ」も、団体の中での女性だけの会合や女性の存在感を高めることを意識した言葉でしょう。

台灣日語 61

2. 詞彙的誤用─⑦近義詞（2）

a. 名詞的近義詞

①「男／女」與「男性／女性」與「男子／女子」與「男の子／女の子」

×「先生がいない間に、一人の<u>女</u>が訪ねてきました。」（老師不在的期間，有位女性來訪。）→○「女の人」、「女性」

×「あの小池という<u>女の子</u>が、都知事選で当選すると思います。」（我認為那個叫小池的女性會當選都知事。）→○「女の人、女性」

×「先生は、<u>女性</u>大学を卒業しましたか？」（老師是女子大學畢業的嗎？）→○「<u>女子</u>」

　　指著特定人物用「男／女」會太過直接而失禮。請用「男の人／女の人」或「男性／女性」。因為「男／女」是指 male 或 female，不管人格，單純指性別（gender）的語彙。用「男／女」的情況，僅有如「男は度胸、女は愛嬌」（男人的要有膽識，女人要惹人憐愛）這種非特定對象的情況，或是「あの人は男か女かわからない。」（我不知道他是男是女。）這種直接指性別的情況，亦或稱自己的情況，如「私は古風な<u>女</u>です。」（我是比較傳統的女人。）等。但是「<u>男の</u>先生／<u>女の</u>先生」（男老師／女老師）等，以形容詞形態使用就沒問題。

　　「男の人／女の人」是指成年的男女，而「男の子／女の子」則是指小學生左右的孩子，或比自己年幼需要保護的人。高中生或大學生也會用來稱與自己年齡相近的異性，如「あの<u>女の子</u>、かわいいね。」（那個女生真可愛）或「私、<u>男の子</u>には興味ないの。」（我對男生沒興趣。）此外，公司當中，上司也會用以稱負責事務工作的女性職員，例如「ウチの課の<u>女の子</u>は……」（我們單位／部門的女生……）。但不得對政治家或學者等，有社會地位的人使用。

　　「男子／女子」就不是指孩子，而是指在公司或學校等特定團體中的男性群體或女性群體。「<u>女子</u>トイレ」（女廁）、「<u>女子</u>更衣室」（女更衣室）是只要女性都可進入，而我的母校「お茶の水<u>女子</u>大学」即便是過了三十歲的熟女，只要通過考試一樣可入學。最近的流行語「<u>女子</u>会」（女生聚會）、「<u>女子</u>力アップ」（女子魅力）也都是意指團體中僅限女性的聚會，或有意提高女性存在感的詞彙吧。

日本語

2. 語彙の誤用─⑦類義語（3）

a. 名詞の類義語

② 「親分」「ボス」「親方」「社長」

× 「個人主義が高まっている現在、生意気な新米は<u>ボス</u>を困らせている。」→○「社長」「上司」

× 「壁塗りの<u>親分</u>は、まさし君が塗った壁を見て『うまく塗れた』と褒めた。」→○「親方」

　もともと、「親分」は侠客（黒社会）の長を指しました。（現在では侠客の世界も近代化されて「組長」と言うようですが。）

　「ボス」も、日本語の感覚ではギャングの頭目を想起してしまいます。それは多分、戦後アメリカ文化が日本に入って来た時、アメリカの映画やテレビドラマで銀行ギャングのボスが登場する場面が多かったからだと思われます。アメリカの国民的ヒーロー「スーパーマン」のテレビドラマの中で、スーパーマンであるクラーク・ケントが新聞社の編集長のことを「ボス」と読んだ時、編集長が怒って「私のことをボスと呼ぶな！」と怒鳴っていた場面などからも、ボスというのは悪い言葉だと、私は思い込んでいました。

　職人や相撲部屋など、伝統的な制度の中にある社会では、トップの人のことを「親方」と呼びますが、会社などの近代組織のトップは「社長」「部長」「課長」など、「〜長」と言います。

　なお、台湾の社会では、政府機関や学校の組織の内部に「組」という単位があり、その長を「組長」と言いますが、日本人の感覚ではどうしてもヤクザの組長を想起してしまいます。20数年前、私の勤めていた政治大学日本語文学系はまだ系に昇格しておらず、東方語文学系の下の一つの組で「東方語文学系日本語組」と言っていました。私が最初に政治大学に行った時、お会いした日本語組の于乃明先生名詞の肩書に「日本語組組長」と書いてあったので目が点になりました。この人、ヤクザの親分なの？！……今では日本語組は系に昇格して「日本語文学系主任」と言いますが。

台灣日語 62

2. 詞彙的誤用—⑦近義詞（3）

a. 名詞的近義詞

②「親分」、「ボス」、「親方」、「社長」

× 「個人主義が高まっている現在、生意気な新米はボスを困らせている。」（現在個人主義高漲，自視甚高的新人讓老闆很頭痛。）→○「社長」、「上司」

× 「壁塗りの親分は、まさし君が塗った壁を見て『うまく塗れた』と褒めた。」（粉牆工頭看見まさし粉刷的牆，誇讚道「你塗得很好」。）→○「親方」

原本「親分」是指黑社會的老大（角頭）。（現在日本的黑社會也現代化稱之為「組長」。）

「ボス」（boss）在日文的感覺也是會令人聯想到幫派、強盜首領。我想這大概是戰後美國文化輸入日本時，美國電影、電視劇中，常常有銀行強盜集團老大登場的情節。當時美國的國民英雄人物「超人」（Superman）的電視劇中，超人 Clark Kent 稱報社總編「ボス」時，編輯長就很生氣地怒吼道：「不准叫我 boss！」，從這一幕也讓我深信「ボス」就是不好的字眼。

專業技術者或相撲所屬組織等仍維持傳統制度的社會中，會稱首領為「親方」，而公司等近代組織的領導者則改以「社長」、「部長」、「課長」等「～長」稱呼。

另外，在台灣的社會中，政府機關或學校組織的內部有「組」這樣的單位，對該單位的主管稱「組長」，這對日本人而言就是會聯想到黑道的「組長」。20 多年前我任教的政大日本語文學系尚未升格為系，只是東方語文學系下的一個「組」，叫作「東方語文學系日本語組」。我第一次去政大，見到日本語組的于乃明老師時，看到他的抬頭職稱寫「日本語組組長」時嚇了一跳。想說這人是黑道老大嗎？……但現已升格為系，故改稱為「日本語文學系主任」。

日本語

③ 「学生」と「生徒」

×「<u>小学校の学生</u>は、制服を着た方が団結感が出るでしょう。」→○「小学校の生徒」

「学ぶ者」について、日本での学校教育法では、保育園児・幼稚園児は「園児」、小学生は「児童」、中学生と高校生は「生徒」、大学生は「学生」、大学院生は「院生」と定められています。

「学生」は、狭義の意味では「大学生」しか指せません。しかし、広義の意味では「学生」は、「まだ社会人になっていない学業修養中の身分の者」を指すので、高校生や中学生も「僕はまだ学生だから、お酒は飲めません。」などと言うことができます。

「生徒」「園児」は「○○高校の生徒」「私のクラスの生徒」「この幼稚園の園児」など、所属や関係性を表す場合にのみ使われ、「学生」と違って社会的な身分を表す語ではありません。

「児童」も学校教育法に定められているだけで、通常は「小学校の生徒」と言うようです。

それ故、大学生が事故や事件の犠牲者になった場合は「被害者は学生だ。」と言いますが、「被害者は生徒だ。」と言うことはできません。被害者が小学生や幼稚園児なら「被害者は子供だ。」と言います。4歳児でも、幼稚園や保育園に通っていない子供もいますから。

④ 「権利」と「権力」

×「人は誰でも生きる<u>権力</u>があります。」→○「権利」

「権利」は英語で right、「義務」の反対語で、「日本国籍を持つ18歳以上の国民は投票権を持つ」などのように法律で定められた資格です。「権力」は英語で power、または authority で、他人を服従させる社会的な力を表します。「権力」の座にあるアメリカの大統領でも、日本の選挙に投票する「権利」はない、というわけです。中国語では「権利」も「権力」も発音は同じ 'chuan-li' ですから、これは音声による誤用でしょう。

台灣日語 63

③「学生」和「生徒」

✕「小学校の学生は、制服を着た方が団結感が出るでしょう。」（小學生穿制服，比較能展現團結感吧。）→○「小学校の生徒」

　　日本的學校教育法針對「學習者」，將保育園孩童和幼稚園孩童定為「園児」，小學生定為「児童」，中學生和高中生定為「生徒」，大學生定為「学生」，碩士生定為「院生」。

　　「学生」狹義只表示「大學生」。但是廣義是指「尚未成為社會人士，仍在進修學業的人士」，所以高中生或中學生也能說「僕はまだ学生だから、お酒は飲めません。」（因為我們還是學生，不能喝酒。）

　　「生徒」、「園児」僅限於用在表達所屬單位、關係性的情況，如「○○高校の生徒」（○○高中的學生）、「私のクラスの生徒」（我班上的學生）、「この幼稚園の園児」（這個幼稚園的孩童）等，與「学生」不同，「生徒」、「園児」並非表達社會地位的詞彙。

　　「児童」也僅是學校教育法所定，通常是指「小學的學生」。

　　因此，當大學生成了意外或案件的犧牲者時，會說「被害者は学生だ。」（被害者是學生。）而不用「✕被害者は生徒だ。」而被害者是小學生或幼稚園孩童的話，則用「被害者は子供だ。」（被害者是小孩。）因為也有一些沒有去幼稚園或保育園的4歲小孩。

④「権利」和「権力」

✕「人は誰でも生きる権力があります。」（任何人都有活著的權利。）→○「権利」

　　「権利」的英文是 right，是「義務」的相反詞，是法律訂定的資格，例如「18歲以上持有日本國籍的國民有投票權」。「権力」的英文是 power 或是 authority，指的是使他人服從的社會力量。「『権力』の座にあるアメリカの大統領でも、日本の選挙に投票する『権利』はない。」（即使是握有「權力」的美國總統，也沒有在日本投票的「權利」。）由於中文「權力」和「權利」的發音都是 'chuan-li'，因為發音的關係產生誤用了吧！

日本語

2. 語彙の誤用―⑦類義語（4）

a. 名詞の類義語

⑤ 「趣味」と「興味」

×「私も、その記事の内容に趣味があったので、読んでみました。」→○「興味があった」

英語で言えば、「趣味」は hobby、「興味」は interest です。「趣味」とは恒常的に愛好し、定期的に続けている活動で、「私の趣味は写真です。」などのように使います。しかし、「写真は趣味です。」と言う時は「写真は、仕事ではなく趣味としてやっています。」と言うことで、「仕事（生計を立てる手段）」と区別されたもの、という意味で使われます。

「興味」とは、「○○に興味がある」という形で用い、何となく心が惹かれる状態を指しますが、心を満足させるために定期的な行動を起こす段階ではありません。

「日本語に興味がある」と言ったら、日本語に心惹かれている状態ですが、「日本語が趣味だ」と言ったら、日本語塾に通うなどして本格的に勉強をしている状態です。

⑥ 「人たち」と「人々」

×「途中で、人たちは親子を指さしたり笑ったりしました。」→○「人々」

どちらも不特定多数の人を指す言葉ですが、「人たち」は「若い人たち」「あの人たち」「近所の人たち」のように、前に形容語がついて「〜人たち」という形でしか用いられません。

また、「彼女」の複数は「彼女たち」ですが、「彼」の複数は「彼ら」であるので、ご注意。

一般に「〜たち」というのはいい言葉ですが、「〜ら」「〜ども」というのは悪い対象に対してつけられるようです。「あいつら」「やつら」「悪党ども」など。もちろん、謙遜の意味で自称にも使われますよ。「私ら」「私ども」などと、目上の人に対して自分たちを低く表現する時に使います。

台灣日語 64

2. 詞彙的誤用—⑦近義詞（4）

a. 名詞的近義詞

⑤「趣味（しゅみ）」和「興味（きょうみ）」

×「私も、その記事の内容に<u>趣味があった</u>ので、読んでみました。」（我也對這則新聞的內容有興趣，所以讀了它。）→○「興味があった」

　　英文的「趣味」是 hobby，「興味」是 interest。「趣味」指的是恆久性的喜好，且定期持續該活動，例如「私の趣味は写真です。」（我的興趣是拍照。）但是，在說「写真は趣味です。」（拍照是興趣。）時，則表示「拍照並非工作，而是興趣。」，有和「工作（某生的手段）」區別的意思。

　　「興味」以「〇〇に興味がある」（對〇〇有興趣）形式使用，指的是內心不知何故被吸引的狀態，而不是定期地展開該行動以滿足內心的程度。

　　若說「日本語に興味がある」（對日文有興趣），指的是內心被日文吸引的狀態，而若說「日本語が趣味だ」（學習日文是我的嗜好），指的就是到日文補習班認真地學習的情況。

⑥「人たち」和「人々」

×「途中で、<u>人たち</u>は親子を指さしたり笑ったりしました。」（半路上，人們指著那對親子嘲笑他們。）→○「人々」

　　兩個詞彙表都表達不特定的多數人，但「人たち」只能以「〜人たち」，前面接著形容詞的形式使用，如「<u>若い</u>人たち」（年輕人們）、「<u>あの</u>人たち」（那些人們）、「<u>近所の</u>人たち」（附近的人們）。

　　此外，請注意，「彼女」的複數是「彼女たち」，但「彼」的複數是「彼ら」。

　　通常「〜たち」是正向詞彙，而「〜ら」、「〜ども」則用於不好的對象。例如「あいつ<u>ら</u>」（那些傢伙）、「やつ<u>ら</u>」（那些傢伙）、「悪党ども」（惡徒們）等。當然，用於表達謙虛時的自稱也會使用，例如「私ら」、「私ども」，就是用於面對長上時，貶低自己等人。

日本語

⑦ 「みんな」と「皆さん」

× 「お父さんが落とし穴に落ちたので、皆さんは笑いました。」→○ 「みんな」

　「みんな」は親称、「皆さん」は敬称です。それ故、中に自分が含まれている場合は「皆さん」は使えません。自分が含まれていない場合は、「みんな」「皆さん」、どちらでもよいです。

⑧ 「目上」と「上」

× 「兄弟は四人います。一番目上の兄は、今軍隊にいます。」→○ 「上の兄」

　「目上の人」とは「地位や身分などが自分より上の人」という意味で、話者によって変わる相対的な概念です。これに対して、「上の人」というのはどんな場合でも変わらない絶対的地位を指します。例えば、会社の中で社長は「上の人」ですが、その社長にとって彼の父親や恩師は「目上の人」になりますね。それ故、長兄など絶対的順位を表す場合には、「目上」とは言えません。

⑨ 「服」と「服装」

× 「私はいい服装を着て、家族と一緒に出かけました。」→○ 「いい服」

　まず、「いい服を着る」「いい服装をする」という言い方を覚えてください。「服」というのは個々のセーターやスカートなどの衣料のことで、「服装」とは「服を着た結果の様子や人に与える印象」のことです。「いい服」とは、値段が高くて材質がよくてデザインもいい服のことですが、「いい服装」というのは服と髪型や靴がバランスが取れているか、何よりも TPO に合致しているか、など、周囲との調和を問題にします。例えば、日本では面接のときにジーパンを穿いていくのは最も失礼なことですが、もし 10 万円のジーパンを穿いて面接に行くなら、それは「いい服」を着ているけど「悪い服装」をしている、ということになります。

台灣日語 65

⑦「みんな」和「皆さん」

×「お父さんが落とし穴に落ちたので、皆さんは笑いました。」（由於父親掉入了陷阱，大家都哈哈大笑。）→○「みんな」

「みんな」是親暱的稱呼，「皆さん」是尊稱。因此，自己包含其中時不能使用「皆さん」。沒有包括自己時，則「みんな」、「皆さん」兩者皆可。

⑧「目上」和「上」

×「兄弟は四人います。一番目上の兄は、今軍隊にいます。」（我有四位兄弟，最年長的哥哥現在在軍隊裡。）→○「上の兄」

「目上の人」（長輩）指的是「地位或身分比自己高的人」，是隨著說話者變化的相對概念。相反地，「上の人」指的是無論任何情況都不會改變的絕對地位。例如，公司裡「老闆」是「上の人」，然而對這位老闆而言，他的父親、恩師則是他的「目上の人」。因此，用來表示長兄等絕對的順位時不能說「目上」。

⑨「服」和「服裝」

×「私はいい服裝を着て、家族と一緒に出かけました。」（我穿著很好的衣服，和家人一起外出了。）→○「いい服」

首先，請先記住「いい服を着る」、「いい服裝をする」的說法。「服」指的是個別一件件毛衣或裙子等衣物，而「服裝」是「穿了衣服後的樣子或給人的印象」。「いい服」是價位高、材質好而且設計感也很棒的衣服，「いい服裝」指的是衣服、髮型、鞋子是否搭配得宜，最重要的是有沒有符合時空、場所、場合等，關鍵在於是否與周圍協調。例如，在日本面試時穿牛仔褲是最沒有禮貌的事，若穿一條 10 萬日幣的牛仔褲參加面試的話，便是穿著「いい服」（很好的衣服），但還是「悪い服裝」（不好的穿著）。

日本語

2. 語彙の誤用—⑦類義語（5）

a. 名詞の類義語

⑩ 「若者」と「若い者」と「若い人」

× 「あなたたちは<u>若い者</u>だから、将来国を支える力になってください。」→○「若者」

× 「私たちは<u>若い人</u>だから、エレベーターでなく階段で行きます。」→○「若者」

× 「この教会は、<u>若い者</u>が少ない。」→○「若い人」

　「若者」も「若い者」も「若い人」も指示範囲は同じですが、語られるスタンスが違います。「若者」は社会を構成する青年層と捉えられています。「若者よ　体を鍛えておけ」という歌が戦前はやりましたね。これに対して、「若い者」は年配の人が青年層を指して言う「上から目線」の言い方です。老人がよく「今時の若い者は……」と、よく愚痴をこぼしているのを聞いたことがあるでしょう。「若い人」は自分を含まない場合に言います。自分が含まれている場合は、「若者だから」または「若いから」でしょう。

　因みに、「若い者」は「形容詞連体形＋名詞」、「若者」は「形容詞語幹＋名詞」という語構成になっています。同じように、「大きい声」は「形容詞連体形＋名詞」、「大声」は「形容詞語幹（の一部）＋名詞」ですが、「大きい声」と「大声」は意味が違います。以前、授業の時、後ろの席に座っていた学生が「先生、もっと<u>大声で</u>話してください。」と言ったので、びっくりしました。だって、「<u>大声で話す</u>」というのは、声を振り絞って、怒鳴るように話すことですから。「<u>大きな声で話す</u>」というのなら、ボリュームを上げて話すということになるのですが。

　例をもう一つ。「赤い旗」というのは単に色が赤っぽい旗、例えば中国、ベトナム、キルギス共和国、トルコ、スイス、アルバニア、デンマーク、等の赤の面積が大きい国旗は「赤い旗」と言えます。しかし、「赤旗」というのは共産党の党旗のことです。このように、「形容詞語幹＋名詞」の構成を持つ語は指示対象が決まっていると言えましょう。「赤い旗」の「赤い」は旗の状態を表し、「赤旗」の「赤」は旗の本質を表しているのです。

台灣日語 66

2. 詞彙的誤用—⑦近義詞（**5**）

a. 名詞的近義詞

⑩ 「若者」和「若い者」和「若い人」

✗「あなたたちは<u>若い者</u>だから、将来国を支える力になってください。」（你們是年輕人，將來請成為支持國家的力量。）→〇「若者」

✗「私たちは<u>若い人</u>だから、エレベーターでなく階段で行きます。」（我們是年輕人，不搭電梯，走樓梯去。）→〇「若者」

✗「この教会は、<u>若い者</u>が少ない。」（這個教會年輕人很少。）→〇「若い人」

　　雖然「若者」、「若い者」、「若い人」所指的範圍都一樣，但是說話的立場不同。「若者」是指構成社會的青年層。在第二次世界大戰前，就流行過一首歌叫「若者よ　体を鍛えておけ」（年輕人啊，鍛鍊好體力吧）。相對地，「若い者」是年長者指稱青年層，比較「高高在上」的說法。大家應該都常聽年長者說「今時の若い者は……」（現在的年輕人啊……）來發牢騷吧。「若い人」是不包括自己時的說法。若有包括自己的話，會用「若者だから」或「若いから」吧。

　　順帶一提，「若い者」的結構是「形容詞連體形＋名詞」，「若者」的結構是「形容詞語幹＋名詞」。同樣地，「大きい声」是「形容詞連體形＋名詞」，「大声」是「形容詞語幹（的一部分）＋名詞」，但是「大きい声」和「大声」的意思不同。以前在教課時，坐在後面位子的學生說：「先生、もっと<u>大声</u>で話してください。」（老師，請大吼說話。）時，讓我吃了一驚。因為「<u>大声</u>で話す」指的是聲嘶力竭、怒吼般地說話。用「<u>大きな声で話す</u>」（大聲說話）才是提高音量說話。

　　再舉一個例子，「赤い旗」是單純指紅色的旗子，例如中國、越南、吉爾吉斯坦堡共和國、土耳其、瑞士、阿爾巴尼亞、丹麥等國，國旗紅色面積大的即可稱「赤い旗」。但是，「赤旗」指的則是共產黨的黨旗。像這樣，結構是「形容詞語幹＋名詞」的詞彙，可以說是有明確指定對象的詞彙吧！「赤い旗」的「赤い」是表示旗子的狀態，而「赤旗」的「赤」是表示旗子的本質。

日本語

2. 語彙の誤用—⑦類義語（**6**）

b. 形容詞の類義語

① 「うれしい」と「楽しい」

×「意外にもすばらしい成績でした。<u>楽しくて</u>、涙が出ました。」→○「うれしくて」

×「気分が悪い時は、音楽を聞きます。<u>うれしい気持ち</u>になります。」→○「楽しい気持ち」

　「楽しい」は「心がリラックスし、満たされて愉快な気持ちになること」ですが、「うれしい」は「何か特別の喜ばしいことがあって心が興奮している状態」を指します。

　「うれしい」は、例えば「友だちからプレゼントをもらった」「ボーイフレンドから電話があった」など、本人の意志だけでは実現しえない偶発的な事や、「試験に合格した」「小遣いを貯めてやっと欲しいものが買えた」など本人の努力で完成・成功・実現した時など、どこか非日常的な事態にある場合です。これに対して「楽しい」は、心が愉快な状態がある時間持続していることです。それは「日本へ旅行に行った」などの非日常的な事態の場合もありますが、「家族と夕食を共にしている時」とか「一人で音楽を聞いている時」などのような日常茶飯事からも起こりうることです。それ故、「何をしている時が一番<u>楽しい</u>ですか。」と聞くのは自然ですが、「×何をしている時が一番<u>うれしい</u>ですか。」と聞くのはおかしいのです。父親に初めて犬を買ってもらった時は「うれしい」のですが、毎日犬と遊ぶのは「楽しい」のです。つまり、「楽しい」ことは自分の努力で作り出すことが可能ですが、「うれしい」ことは外からやって来ることなのです。

台灣日語 67

2. 詞彙的誤用—⑦近義詞（**6**）

b. 形容詞的近義詞

① 「うれしい」和「楽しい」

×「意外にもすばらしい成績でした。<u>楽しくて</u>、涙が出ました。」（意外獲得好成績，我高興得眼淚都流出來了。）→○「うれしくて」

×「気分が悪い時は、音楽を聞きます。<u>うれしい気持ち</u>になります。」（我心情不好時聽音樂，就會有快樂的心情。）→○「楽しい気持ち」

　　「楽しい」是「內心放鬆，心情充滿愉快」，而「うれしい」是「因為有了某種特別開心的事，內心激動的狀態」。

　　「うれしい」如「從朋友那裡收到禮物」、「男朋友打電話來」等，光當事者意志無法實現的偶發事件，或是「考試及格了」、「存零用錢，終於可以買自己想要的東西了」等經過當事者的努力完成、成功、實現等，某個非日常情況。相對地，「楽しい」則是內心愉快的狀態持續一段時間。「楽しい」雖然也會發生在「去日本旅行時」等非日常的場合，但是像「和家人一起吃晚餐」、「一個人聽音樂」等日常小事時也可能發生。因此，「何をしている時が一番<u>楽しい</u>ですか」（做什麼的時候最快樂呢？）的問法較自然，「×何をしている時が一番<u>うれしい</u>ですか。」的問法就很奇怪。父親第一次買狗送我時是「うれしい」，每天和小狗玩則是「楽しい」。也就是說，「楽しい」可以透過自己的努力創造，而「うれしい」是外在影響而來。

日本語

2. 語彙の誤用—⑦類義語（6）

b. 形容詞の類義語

②「簡単」と「単純」

×「あの時妹はまだ子供で<u>簡単</u>だったから、よく騙しました。」→○「単純だったから」

×「子供を育てるのは、そんなに<u>単純</u>ではないのではないか。」→○「簡単では」

　「単純」は「組成が複雑ではないこと」ですが、「簡単」は「組成が複雑ではないので扱いが容易なこと」です。組成に注目すれば「単純」、扱い方に注目すれば「簡単」ということになります。それ故、「単純」は物だけでなく、往々にして人の頭脳の組成や性格についても言われます。

③「嫌い」と「いや」

×「私は卒業して仕事をするのは<u>嫌い</u>ではありません。」→○「いや」

×「亭主関白をなくせば、現代の女性も結婚が<u>好き</u>になるでしょう。」→○「いやがらなくなる」

　どちらも中国語では「討厭」ですね。ある大学に「私は試験が<u>嫌い</u>です。期末考査はレポートの方がいいです。」と言う学生がいました。逆に「レポートは面倒だから<u>嫌い</u>です。試験の方がいいです。」という学生もいます。こういう場合、私は試験の方がいいと言う人は試験を受けさせ、レポートの方がいいと言う人にはレポートを提出させます。このように、「嫌い」というのは個人の嗜好を表します。それに対し、「試験はいやだ。」というのは「試験は誰にも嫌われるべきもの」という、試験に対する評価感情を示します。それ故、挨拶の時などで人に相槌を求める時は「雨ばかり降って<u>いや</u>ですね。」とは言えますが、「×雨ばかり降って<u>嫌い</u>ですね。」とは言えません。まるで自分の好みを相手に押し付けるようですからね。

　また、「好き」「嫌い」は恒常的な嗜好状態しか表しませんが、「いや」はある限られた場合にも使えます。例えば、「試験の日は学校に行くのが<u>いや</u>だ。」とは言えますが、「×試験の日は学校に行くのが<u>嫌い</u>だ。」とは言えません。試験というものはすぐに過ぎ去るものですから、試験が終われば「いや」という感情も過ぎ去ります。

　つまり、「嫌い」には恒常的・個人的という特性があり、「いや」には一過的・一般的という特性があります。「私は数学が<u>嫌い</u>だ。数学の試験は<u>いや</u>だ。」ということになります。

台灣日語 68

2. 詞彙的誤用—⑦近義詞（6）

b. 形容詞的近義詞

②「簡単」和「単純」

× 「あの時妹はまだ子供で<u>簡単だったから</u>、よく騙しました。」（那時候妹妹還是小孩子很單純，我常常騙她。）→○「単純だったから」

× 「子供を育てるのは、そんなに<u>単純ではない</u>のではないか。」（教養小孩沒有那麼簡單吧。）→○「簡単では」

　　「単純」是「組成不複雜」，而「簡単」是「由於組成不複雜而容易處理」。重點在組成的話是「単純」，重點在處理的方式時用「簡単」。因此，「単純」不只用於物品，往往也用於指稱人的頭腦結構、個性。

③「嫌い」和「いや」

× 「私は卒業して仕事をするのは<u>嫌い</u>ではありません。」（我並不討厭畢業之後就工作。）→○「いや」

× 「亭主関白をなくせば、現代の女性も結婚が<u>好きになる</u>でしょう。」（若大男人主義能消失的話，現代女性也會變得不討厭／不排斥結婚吧！）→○「いやがらなくなる」

　　兩者在中文的解釋都是「討厭」。某個大學有學生說「私は試験が嫌いです。期末考査はレポートの方がいいです。」（我討厭考試，期末評分時交報告比較好。）相反地，也有學生認為「レポートは面倒だから嫌いです。試験の方がいいです。」（因為報告很麻煩所以我討厭。考試比較好。）在這種時候，我會讓偏好考試的學生考試，偏好報告的學生交報告。如此，「嫌い」是指個人的喜好。相對的，「試験はいやだ。」是指「任何人應該都討厭考試」，這是對「考試」的評價觀感。因此，例如在寒暄，希望對方回應時會說「雨ばかり降って<u>いや</u>ですね。」（總是在下雨，還真討厭呀。）而不說「×雨ばかり降って<u>嫌い</u>ですね。」因為這樣說，很像強迫對方接受自己的喜好。

　　另外，「好き」（喜歡）、「嫌い」（討厭）只表示平常的喜好狀態，「いや」（討厭）則可以在某些限定的場合使用。例如，雖然可以說「試験の日は学校に行くのが<u>いやだ</u>。」（考試的日子真討厭／不想去學校。）但是不能說「×試験の日は学校に行くのが<u>嫌いだ</u>。」因為考試很快就會過去，考試結束的話「いや」的感情也會隨著過去。

　　也就是，「嫌い」有著恆常性的、個人化的特性，「いや」則有著瞬間、一般的特性。所以會這麼說：「私は数学が<u>嫌い</u>だ。数学の試験は<u>いや</u>だ。」（我不喜歡數學，討厭數學考試。）

日本語

④ 「正確」と「正しい」

× 「家庭や学校は、礼儀に関する<u>正確</u>な観念を教えなければなりません。」→〇「正しい観念」

「正確」とは客観的事実と合致していて間違いがないこと、主に数値の面で間違いがないことです。「3時頃」というのは正確でない表現で、「3時1分53秒」というのが正確な時刻です。

「正しい」というのは道理に適っていること、と言う意味で、主観的・相対的な基準です。中島みゆきの「旅人の歌」に「西には西だけの正しさがあると言い　東には東の正しさがあると言う」という歌詞がありますが、まさに東の国は東の正しさを主張し、西の国は西の正しさを主張するからこそ、戦争は起こるのでしょう。本当の正しさを知っているのは神様だけなのに……

つまり、「正確さ」とは科学的・論理的・客観的根拠を持つものであり、「正しさ」とは倫理的・社会的・主観的根拠を持つものです。

⑤ 「楽」と「気楽」

× 「時々、<u>楽</u>で簡単な喜劇を見るのもいいことではないでしょうか。」→〇「気楽で」

× 「毎日<u>楽</u>な生活を送りたいです。」→〇「気楽な」「楽しい」

「気楽」は「精神的に緊張がないこと」で、「楽」は精神的にストレスがないことに加えて「物質的・肉体的にも苦痛がないこと」です。それ故、「月給が上がって生活が<u>楽</u>になった。」「人出が増えて、仕事が<u>楽</u>になった。」「ベルトを緩めたら、体が<u>楽</u>になった。」等の場合は「気楽」は使えません。逆に「定年後の閑職」など、楽しみながら行うことは「気楽」です。

また、「楽をする」（＝努力をしない）とは言えますが、「×気楽をする」とは言えません。

台灣日語 69

④「正確」和「正しい」

×「家庭や学校は、礼儀に関する<u>正確な観念</u>を教えなければなりません。」（家庭或學校都必須要教導正確的禮儀觀念。）→〇「<u>正しい観念</u>」

　「正確」（中文：正確、準確）指的是和客觀性的事實一致且沒有錯誤，主要是在數值方面沒有錯誤。「3 點左右」不是準確的表達，「3 點 1 分 53 秒」才是準確的時間。

　所謂「正しい」是合乎道理的意思，是主觀的、有相對標準的。中島美雪唱的《旅人の歌》（旅人之歌）的歌詞中有一段是「西には西だけの正しさがあると言い　東には東の正しさがあると言う」（西方有僅屬西方的正確，東方有僅屬於東方的正確），正是因東方的國家主張東方相信的正義、西方的國家主張西方相信的正義，才會引起戰爭吧！明明只有上帝才知道什麼是真正的正確……

　也就是說，「正確さ」（正確性、準確性）具有科學性、邏輯性、客觀性的根據，「正しさ」（正確性）則具有倫理性、社會性、主觀性的根據。

⑤「楽」和「気楽」

×「時々、<u>楽で</u>簡単な喜劇を見るのもいいことではないでしょうか。」（有時候，看部輕鬆簡單的喜劇不也是好事嗎？）→〇「<u>気楽で</u>」

×「毎日<u>楽な</u>生活を送りたいです。」（我想要每天過著輕鬆的生活。）→〇「<u>気楽な</u>」、「楽しい」

　「気楽」是「精神上沒有緊張」，「楽」是精神上沒有壓力加上「物質和肉體亦沒有痛苦」。因此，「月給が上がって生活が<u>楽</u>になった。」（月薪調高，生活變輕鬆了。）、「人出が増えて、仕事が<u>楽</u>になった。」（人手增加後，工作變輕鬆了。）、「ベルトを緩めたら、体が<u>楽</u>になった。」（鬆開腰帶後，身體變輕鬆了。）等情況不能使用「気楽」。相反地，「退休年齡後的閒職」等，帶著快樂的心情去做叫「気楽」。

　此外，可以用「楽をする」（＝努力をしない；不努力）的說法，但是不能用「×気楽をする」的說法。

日本語

2. 語彙の誤用—⑦類義語（7）

c. 動詞の類義語

① 「言う」と「話す」と「語る」と「述べる」

× 「朝、人に会ったら『おはようございます。』と話します。」→○「言います」

　「話す」はインタビューなどで聞かれるように、テーマがあり結論もあるまとまった内容を述べることです。「語る」は「話す」と同じですが、やや文語調です。「言う」は単に言葉を発することで、会話の断片など単発的な内容を指し、「はい」とか「ああ」などの感動詞も含まれます。

　また、「言う」「話す」「語る」はすべて音声言語表現ですが、「述べる」は書写表現にも用いられます。ですから、「○○氏は……と述べている。」というのは、「○○氏」が口頭で話したことについても、著書の中に書いたことについても適用できるのです。

② 「思う」と「考える」

× 「どうしたらいいかわからなくて、お爺さんは方法を思っていました。」→○「考えて」

　中国語では「思う」も「考える」も「想」ですね。でも、日本語では「思う」は心に自然に浮かんでくる想念、「考える」はあるテーマについて分析し、結論を求める知的作業です。

　「思う」は「あの人はいい人だと思う。」「私は、彼は日本人だと思う。」のように、「～と思う」という形で話者の意見や判断を述べる時に使われます。「国を思う」「故郷を思う」など、「～を思う」という形をとる時は「気にかける」「懐かしむ」の意味に近いです。中国語の「想家」の「想」は「懐かしむ」の意味でしょう。

　「考える」は「私は……と考える」のように「～と考える」という形で話者の意見や判断を述べる時に用いられるとともに、「対策を考える」「子供の名前を考える」のように、「～を考える」という形で、アイデアを求める時に使われます。

台灣日語 70

2. 詞彙的誤用—⑦近義詞（7）

c. 動詞的近義詞

①「言う」、「話す」、「語る」與「述べる」

×「朝、人に会ったら『おはようございます。』と話します。」（早上見到人，要説「おはようございます。」。）→○「言います」

　「話す」是如同在訪問中等被提問時，闡述有主題、有結論、有條理的內容。雖然「語る」和「話す」一樣，但是「語る」是較文學的語調。「言う」只是說出話語，用於會話的片斷等不連續的內容，包含「はい」或者「ああ」等等的感動詞。

　此外，「言う」、「話す」、「語る」都用於言語表達，但「述べる」也可以用於書寫。因此，「○○氏は……と述べている。」（某某人士說……。）這句話可以指「○○氏（某某人士）」口頭上曾說過的話，也可以適用他著作中寫過的。

②「思う」和「考える」

×「どうしたらいいかわからなくて、お爺さんは方法を思っていました。」（不知道該如何是好，於是爺爺在思考／在想辦法。）→○「考えて」

　在中文裡，「思う」和「考える」都是「想」呢。但是，在日文裡，「思う」是心中自然浮現的念頭，「考える」是針對某個主題去分析、尋求結論的知識性運作。

　「思う」如「あの人はいい人だと思う。」（我想／覺得那個人是好人。）、「私は、彼は日本人だと思う。」（我想／覺得他是日本人。）一般，是以「～と思う」的形式，敘述話者的意見和判斷。而「国を思う」（為國著想／心繫國家）、「故郷を思う」（想／思念故郷）等等，以「～を思う」的形式時，是接近「気にかける」（關心）、「懐かしむ」（懷念）的意思。中文「想家」的「想」是「懐かしむ」（懷念）的意思吧。

　「考える」是像「私は……と考える」一般，以「～と考える」的形式，用來敘述說話者的意見和判斷，同時還可以「～を考える」的形式用於尋求點子時，例如「対策を考える」（思考對策）、「子供の名前を考える」（想孩子的名字）之類的情況。

日本語

③ 「思い出す」と「思いつく」

× 「困った時、陳さんは方法を<u>思い出しました</u>。」→○「<u>思いつきました</u>」

　「思い出す」は、「以前知っていたけど忘れていたことを心の中に再現すること」で、「思いつく」は「ある事実や方法などが突然心に浮かぶこと」です。いわば、「思い出す」は旧情報の再現、「思いつく」は新情報の到来です。「単語を全部暗記したが、試験の時、一つの単語が<u>思い出せ</u>なかった。」などのように、「思い出す」の対象は既知の内容です。それに対して、「いつも家族のことなど考えたことがないのに、ある日突然家に電話することを<u>思いついた</u>。」などのように、「思いつく」の対象は今まで経験したことがない内容です。

④ 「知る」と「わかる」

× 「その解答は、いくら考えても<u>知りません</u>。」→○「<u>わかりません</u>」

　「知る」は「ある手段により、外から情報を与えられること」、「わかる」は「ある内容を分析したり推論したりして理解すること」です。

　「知る」ことは、書物・マスコミなどの媒体なしにはすることができません。例えば、某国の某大統領が何月何日何時何分に何をしたか、ということは、いくら頭がいい人でも情報媒体がない限り知ることができません。これに対し、「わかる」ことは個人の頭の中の思考作業の結果完成されることです。例えば「相対性理論」などという難しいことはマスコミがいくら紹介して「知る」人を増やしても、「わかる」ことができるのはごく限られた優秀な頭脳の人だけでしょう。

　私の正確な年齢は、私の身分証、戸籍謄本、パスポート、病院のカルテなどを見ない限り、皆さんは「知る」ことができませんね。しかし、私の容貌、また3年前に大学を定年退職したという事実から、今何歳くらいか、ということは推論によって「わかる」ことはできるでしょう。

台灣日語 71

③「思い出す」與「思いつく」

×「困った時、陳さんは方法を思い出しました。」（碰到困惑時，陳先生／小姐想
到了解決方法。）→○「思いつきました」

「思い出す」指的是「心中重現過去知道，但卻忘掉的事物」，而「思いつく」
指的是「心中突然浮現某件事實或方法」。也就是說，「思い出す」是重現舊有資訊，
而「思いつく」是新資訊的到來。就像「語を全部暗記したが、試験の時、一つの単
語が思い出せなかった。」（我把所有生詞都背起來了，但考試的時候卻一個字也想
不起來。）「思い出す」的對象是已知的內容。相對地，「いつも家族のことなど考
えたことがないのに、ある日突然家に電話することを思いついた。」（平常都沒在
想家，那天卻突然想到要打電話給家裡。）「思いつく」的對象是從來沒有經歷過的
內容。

④「知る」與「わかる」

×「その解答は、いくら考えても知りません。」（我再怎麼努力想，也想不到那個
答案。）→○「わかりません」

「知る」是「藉由某種手段、方法，從外部得知」，而「わかる」是「藉由分析
或推論某事的內容而理解」。

「知る」必須借助於書籍、大眾傳播等等媒體才能得知。舉個例子，某個國家的
總統在某年某月某時某分做了什麼事，即使頭腦再靈光的人，沒有資訊媒體的話也不
得而知。相對地，「わかる」是在個人頭腦完成思考後而產生的結果。就如「相對論」
這種困難的內容，即使大眾媒體再怎麼介紹，「知る」（知道）的人增加了，但能夠「わ
かる」（理解）的也僅限於少數頭腦優秀的人吧。

如果沒看過我的身分證、戶籍謄本、護照、醫院的病歷等，相信大家就沒辦法「知
る」我真正的年齡。但是，從我的容貌，或者三年前我從大學屆齡退休的事實來判斷，
應該就可以透過推論，來「わかる」我大概幾歲吧。

149

日本語

2. 語彙の誤用—⑦類義語（7）

c. 動詞の類義語

⑤ 「住む」と「暮らす」と「泊まる」

× 「家が貧しくて、<u>住む</u>だけで精一杯で、とても大学なんか行けなかった。」
　→○ 「暮らす」

　「住む」とは単に家屋を確保する居住行為ですが、「暮らす」は衣食住全てを含む経済活動を伴った生活行為です。ですから「住む」所を持たないホームレスでも、「暮らす」ことはしているわけです。それ故、生活手段や生活スタイルを問題にする時は「野菜を売って<u>暮らしている</u>」「毎日本を読んで<u>暮らしている</u>」など「暮らす」を使いますが、居住地点とか居住空間を問題にする時は「台北に<u>住んでいる</u>」「この家は二人が<u>住む</u>には広すぎる」等と「住む」を使います。また、「私の実家は大きいから<u>住む</u>のにはいいが、田舎だから<u>暮らす</u>のには不便だ。」等と言うこともできますね。

× 「東京に3泊して、その時、ホテルに<u>住み</u>ました。」→○ 「泊まりました」

　「住む」は自分の正式な address がある場所に居住することですが、「泊まる」はホテルや友達の家など自分の address 以外の場所に短期間宿泊することです。私の家は部屋が2つしかありません。ですから、皆さん、私の家に二、三日<u>泊まる</u>のはかまいませんが、<u>住む</u>のは困るのです！

台灣日語 72

2. 詞彙的誤用—⑦近義詞（**7**）

c. 動詞的近義詞

⑤「住む」、「暮らす」與「泊まる」

×「家が貧しくて、<u>住む</u>だけで精一杯で、とても大学なんか行けなかった。」（我家境清貧，光是過日子就捉襟見肘，更遑論能上大學。）→○「暮らす」

　　「住む」只是確保房屋的居住行為，「暮らす」是伴隨著包含所有食衣住行的經濟活動之生活行為。所以，即使沒有「住む」（居住）場所的遊民，也有在「暮らす」（生活、過日子）。因此，當聚焦在生活手段或生活型態時，會使用「暮らす」，如「野菜を売って<u>暮らして</u>いる」（賣菜度日）、「毎日本を読んで<u>暮らして</u>いる」（過著天天看書的日子）。而聚焦在居住地點或者居住空間時，會使用「住む」，如「台北に<u>住んで</u>いる」（住在台北）、「この家は、二人が<u>住む</u>には広すぎる」（這個房子，兩個人住太大了）等。另外，也可以說「私の実家は、家が大きいから<u>住む</u>のにはいいが、田舎だから<u>暮らす</u>のには不便だ。」（我的老家房子很大，住起來是不錯，但是因為位居鄉下，生活就不太方便。）

×「東京に 3 泊して、その時、ホテルに<u>住み</u>ました。」（在東京待了三天，當時是投宿在飯店裡。）→○「泊まりました」

　　「住む」是住在有著自己正式住址的場所，而「泊まる」（住宿、投宿）指的是短暫投宿在諸如飯店或朋友家裡等自己地址以外的地方。我家只有兩個房間。「ですから、皆さん、私の家に二、三日<u>泊まる</u>のはかまいませんが、<u>住む</u>のは困るのです！」（所以，各位，要在我家住宿兩三晚是沒問題，但要一起<u>住</u>就傷腦筋了！）

日本語

⑥ 「違う」と「間違う」と「間違える」

× 「中学生になると、科目ごとに間違った先生が教えます。」→○「違った先生」

　アハハハ。「間違った先生」が教えるんじゃ、この学校は救いようがないですね。「違う」は「不一様」または「不對」、しかし「間違える」は「弄錯」、「間違う」は「弄錯」または「不對」です。しかし、この３語は微妙な使い分けがなされます。まず、「違う」は自動詞で「AはBと違う」と言う形で使われます。英語で言えば 'different' または 'wrong' で、英語でも中国語でも形容詞ですね。つまり、形は動詞ですが意味は形容詞という、ちょっと異質の品詞です。（「異なる」も同じです。）それ故、学生はこの語を形容詞のように活用させてしまって、よく「×この答えは違いです。（→○違います）」、「×違い学生（→○違う）」などと言ってしまいます。あなたの書いた答が正解と一致しなければ「不一様」で、その結果あなたの書いた答は「不對」と評価されます。「違う」が「不對」と言う意味になるのは、正解と一致していないところから来ています。その場合、「この答は違っている」と言います。

　「間違える」は他動詞で、「私は時間を間違えた」などと使われ、英語で言えば 'make a mistake' 'do a wrong thing' に当たるでしょう。純然たる他動詞ですから、間違えた動作主が主語として現れます。「この計算は違う」と言えばただ計算が正解と一致しないことを言っているだけですが、「あなたは計算を間違えた」と言えば間違えた人を責めるニュアンスが出てきます。

　「間違う」はもともと「間違える」の古体で両者は似たような使い方がなされますが、現代では使い分けがあるようです。主にテ形の「間違っている」という形で使われます。一つは、「間違う」は、他動詞「間違える」の自動詞的用法で使われます。「あなたは計算を間違えた」は動作主の責任を問う他動詞的表現ですが、「この計算は間違っている」は単に計算が正しくないことを言う自動詞的表現になります。二つ目は「間違いを犯す」と言う言葉があるように、「道徳的に正しくない行い」を指します。「あなたは間違っている」と言ったら、その人の考えが道徳的に正しくないことを責めていることになります。つまり、「道を間違えた」は「走錯路」、「道を間違った」は正しくない人生を歩むこと、「違う道を行く」は「走不一様的路」ということになるでしょうか。

台灣日語 73

⑥「違う」、「間違う」與「間違える」

×「中学生になると、科目ごとに<u>間違った先生</u>が教えます。」（升上中學後，每個科目都由不同的老師授課。）→〇「<u>違った先生</u>」

　　哈哈哈！如果讓「間違った先生」（不對的老師）來教導學生，那這間學校可就沒救了。「違う」是「不一樣」或「不對」，「間違える」是「弄錯」，「間違う」是「弄錯」或「不對」。但是這三個詞的用法有著很微妙的區別。首先，「違う」是自動詞，通常以「AはBと違う」（A與B不一樣）的形式使用。用英文來說是 'different' 或 'wrong'，在英文和中文都屬形容詞吧。也就是「違う」的形態是動詞，但是表達的意義卻是形容詞，「違う」的詞類比較特別。（「異なる」（不一樣）也是同類型。）因此，學生們常把這個詞誤用作形容詞，常會說成「×<u>この答えは違いです。</u>」（→〇違います；這個答案不對）、「×<u>違い学生</u>」（→〇違う；不同的學生）。你的答題與解答不一致就是「不一樣」，而其結果你寫的答案就會被評為「不對」。「違う」之所以是「不對」的意思，是源自答題與正確解答不同。此時，可以說「この答は違っている」（這個答案錯了）。

　　「間違える」是他動詞，用在如「私は時間を<u>間違えた</u>」（我記錯時間了）等場合，用英文來說就是 'make a mistake'、'do a wrong thing'。因為「間違える」是徹底的他動詞，所以弄錯的動作者當主語。「<u>この計算は違う</u>」（這個計算是錯誤的）只是指出這個計算與正解不同，「あなたは計算を<u>間違えた</u>」（你的計算錯了）的說法就有責難那位算錯的人的意思。

　　「間違う」原本就是「間違える」的古體，兩者用法相似，但現今用法上卻有區別。多半是以テ形的「間違っている」方式使用。首先，「間違う」是「間違える」（他動詞）的自動詞用法。「あなたは計算を<u>間違えた</u>」（你的計算錯了）」是追究動作者責任的他動詞式的表達。「この計算は<u>間違っている</u>」（這個計算是錯誤的）」只是指出計算不正確的自動詞式表達。再者，就如有「<u>間違いを犯す</u>」（犯了錯誤）的說法，可指責某人「道德上不正確的行為」。若說「あなたは<u>間違っている</u>」（你錯了），就好像在指責這個人的想法在道德上不正確。也就是說「道を<u>間違えた</u>」是「走錯路」，「道を<u>間違った</u>」是誤入歧途，「<u>違う道を行く</u>」是「走不一樣的路」吧。

日本語

2. 語彙の誤用—⑦類義語（7）

c. 動詞の類義語

⑦ 「駐車する」と「停車する」

×「人の家の前に車を<u>停車する</u>不道徳な人がいます。」→○「駐車する」

×「赤信号の時には、<u>駐車しなければ</u>いけません。」→○「停車しなければ」

　簡単に言えば、「駐車する」は park、「停車する」は stop です。日本語の「駐車」は中国語で「停車」ですね。ところが、日本語の「停車」も中国語では「停車」です。「駐車」とは長時間車をある場所に置いておく、つまり運転手が車の中にいない状態ですが、「停車」は赤信号の時など車を一時停止する、つまり運転手が車の中にいる状態です。

⑧ 「勤める」と「働く」と「仕事をする」

×「兄は今、マレーシアのクアラルンプールに<u>勤めています</u>。」→○「で仕事をしています」

×「母は父の会社で職員を<u>勤めています</u>。」→○「しています」

　「○○に勤める」は「貿易会社に勤める」「役所に勤める」など、特定の勤務機関に雇用されることです。（ですから「○○」は具体的な会社や機関の名前が入ります。）「仕事をする」は勤務機関を特定せず、定職を持ち生業を営むことです。そして「働く」は単に怠けないで労働するという動作を示します。ですから、サラリーマンや公務員は「勤める」行為をし、勤務時間に制限のない小説家などの自由業は「仕事をする」行為をし、報酬のない家庭の主婦は「働く」行為をしているのです。この私は、現在政治大学と東海大学と静宜大学に「勤めて」いますが、家では授業の準備や採点などの「仕事をして」おり、休みの日には掃除や洗濯などをして「働いて」います。

台灣日語 74

2. 詞彙的誤用—⑦近義詞（**7**）

c. 動詞的近義詞

⑦ 「駐車する」與「停車する」

× 「人の家の前に車を<u>停車する</u>不道徳な人がいます。」（有人缺乏公德心，會把車子停在別人家前。）→○「駐車する」

× 「赤信号の時には、<u>駐車しなければ</u>いけません。」（碰到紅燈，要暫時停車／把車停下。）→○「停車しなければ」

　　簡而言之，「駐車する」是park，「停車する」是stop。日文的「駐車」中文是「停車」。但是，日文的「停車」中文也是「停車」。「駐車」是將車子長時間停在某處，也就是司機離開了車子的狀態，而「停車」是在等紅燈之類的情況下暫時停車，也就是司機還在車中的狀態。

⑧ 「勤める」、「働く」與「仕事をする」

× 「兄は今、マレーシアのクアラルンプール<u>に勤めています</u>。」（哥哥現在馬來西亞吉隆坡工作。）→○「で仕事をしています」

× 「母は父の会社で職員を<u>勤めています</u>。」（媽媽在爸爸的公司當職員。）→○「しています」

　　「○○に勤める」是在特定就職機關雇用下工作，如「貿易会社に勤める」（任職於貿易公司）、「役所に勤める」（在公家機關任職）等。（因此，「○○」內要填入具體的公司或機關的名稱。）而「仕事をする」是未指定特定的就職機關，有著固定職業賴以維生。至於「働く」則只是表達不怠惰地勞動。因此，上班族或公務員是「勤める」，沒有勞動時間制限的小說家等自由業是「仕事をする」，沒有報酬的家庭主婦就屬「働く」。「この私は、現在政治大学と東海大学と静宜大学に『勤めて』いますが、家では授業の準備や採点などの『仕事をして』おり、休みの日には掃除や洗濯などをして『働いて』います。」（現在的我，在政治大學、東海大學與静宜大學「服務」，在家做備課、改考卷等「工作」，假日則做打掃、洗衣服等「勞動」。）

日本語

⑨ 「とめる」と「やめる」

×「死刑を<u>とめる</u>のは人道的なことだ。」→○「やめる」

×「死刑は人の命を<u>やめさせる</u>行為で、不道徳なことだ。」→○「とめる」

　「やめる」も「とめる」も、どちらも漢字で「止める」と書きますね。また、英語ではどちらも stop ですね。でも、「やめる」は「自分の行為を放棄・停止・廃止すること」を表す他動詞で、「とめる」は「他の人の動きや物の動きを物理的に停止させること」です。「死刑をやめる」は「死刑を廃止する」を表す他動詞で、「死刑をとめる」は死刑執行人の動作を邪魔するなどの物理的手段で死刑を中止することになってしまいます。「やめさせる」は「やめる」の使役形ですから、「人の命をやめさせる」では「生きることをやめさせる」という意味になってしまいます。これでは、自殺幇助になってしまいますね。

⑩ 「習う」と「学ぶ」

×「集団生活の中で、他人の気持ちを重視することを<u>習い始める</u>。」→○「学び始める」

×「私たちは先生から<u>いい知識を習って</u>……」→○「有益な知識を得て」「有益なことを教わって」

　「習う」は「ピアノ、スポーツ、会話など技術方面のこと、或いは比較的初級の科目を教師に教わって身につけること」です。これに対して「学ぶ」とは「様々なことを、何らかの手段を通じて学習すること」です。つまり「習う」というのは教師がいなくてはできない行為で、「吉田先生に日本語を習う」「高校で日本語を習った」などのように教師や教育機関の名前を入れることができますが、「学ぶ」の方は主に自学自習で知識を身につけることで、教師は必ずしも必要ありません。

　また、「習う」のは技術や事柄であり、習った結果が「知識」となるのですから、「×知識を習う」というのはおかしな表現になるのです。

台灣日語 75

⑨「とめる」與「やめる」

×「死刑を<u>とめる</u>のは人道的なことだ。」（廢除死刑是人道之舉。）→〇「やめる」

×「死刑は人の命を<u>やめさせる</u>行為で、不道徳なことだ。」（終結死刑犯的性命，是不道德之舉。）→〇「とめる」

　　「やめる」（廢除、放棄）和「とめる」（停止、制止）兩者漢字都寫成「止める」。英文兩者也都寫成 stop。但是，「やめる」是他動詞，表示「放棄、停止或廢除自己的行為舉動」，而「とめる」則是「實質、物理性地停下他人或物的動作」。「死刑をやめる」是表達「廢除死刑」的他動詞，而「死刑をとめる」則會變為是妨礙死刑執行人的動作等，以實質、物理手段制止死刑。「やめさせる」是「やめる」的使役形，因此「人の命をやめさせる」（讓某人放棄生命）也就是「生きることをやめさせる」（讓某人放棄生存）的意思。如此一來，就會變成是教唆自殺了呢。

⑩「習う」與「学ぶ」

×「集団生活の中で、他人の気持ちを重視することを<u>習い始める</u>。」（在團體生活中，開始學習如何注重別人的心情感受。）→〇「学び始める」

×「私たちは先生から<u>いい知識を習って</u>……」（我們從老師那裡得到了／學到了有益的知識……）→〇「有益な知識を得て」、「有益なことを教わって」

　　「習う」是「習得鋼琴、運動、會話等技術方面的事，或由老師教導，學會比較初級的科目」。相對地，「学ぶ」指的是「藉由某種手段去學習各種事物」。也就是，「習う」（學習、習得）必須要有老師，就如「吉田先生に日本語を習った」（向吉田老師學習日文）、「高校で日本語を習った」（在高中學日文）等，可以加入老師、教育機構的名稱，而「学ぶ」（學習、體驗）則主要是以自學、自習的方式學會知識，不一定需要老師。

　　還有，「習う」是學習技術或事物，學後的結果才是「知識」，所以「×知識を習う」（×學習知識）是不恰當的說法。

日本語

---

2. 語彙の誤用─⑦類義語（7）

c. 動詞の類義語

⑪ 「尋ねる」と「探す」

× 「わからないことがあったら、いつでも<u>私を探して</u>ください。」→○「私を尋ねてください」「私のところへ来てください」

中国語の「找」には「探す」という訳語が当てられているようですが、この訳語は非常に不充分です。日本語の「探す」は「見当たらない物や人の有り場所、居場所を求める動作」で、求める対象の存在場所がわからない時に起こす行為です。「私を探してください」では、まるでかくれんぼをしているようですね。単に人に会いに行く動作は「～を尋ねる」「～のところへ行く」です。

⑫ 「はやる」と「盛んだ」

× 「日本では<u>やっているスポーツ</u>は野球です。」→○「盛んなスポーツ」

「はやる」という言葉は、もともとは芭蕉の「不易と流行」が語源です。芭蕉の携わっていた俳諧の世界は、常に新しいものを求めて変化していく「流行性」が追及されました。しかし、俳諧の世界においては、この「流行」が実は新古を通して変わらない「不易」の本質である、というのが芭蕉の理念でした。このように、永遠不変な「不易」に対して、「流行」はすぐに変わる一時的なもの、という意味で使われます。「今年の流行の色」は、来年になったらもう廃れてしまうのです。

しかし、日本に於いて野球は戦前からずっと国民に愛好されているスポーツで、決して一時的に隆盛しているものではありません。このようなスポーツは「盛んだ」と言います。

但し、「はやる」という言葉には「商売が繁盛している」という意味もあり、「あの店ははやっている」などという使い方をしますから、その意味で「野球がはやっている」という誤用をしたのかもしれませんね。まあ、野球も商売と言えば商売なのかもしれませんが。

なお、「盛ん」という語は「静か」「健康」などと同じ形容動詞で「<u>盛んだ</u>」「<u>盛んに</u>なる」「<u>盛んなスポーツ</u>」という形で使います。動詞と間違えて「×盛んでいる」などと使わないでね。

台灣日語 76

2. 詞彙的誤用─⑦近義詞（7）

c. 動詞的近義詞

⑪「尋ねる」與「探す」

× 「わからないことがあったら、いつでも私を<u>探して</u>ください。」（有不明白的地方，請隨時來找我。）→○「私を<u>尋ねて</u>ください」、「私のところへ来てください」

　　中文的「找」，似乎會翻譯成日文「探す」，但其實這個翻譯表達得不夠恰當。日文的「探す」是「找尋不見之人或物所在、存在的地方」，也就是不知道追尋對象所在地時的行為。上述例句的「私を探してください」（請來尋找我），就好像玩躲貓貓一樣呢。只是表示要去和人會面的動作，該用「〜を尋ねる」（探詢、找）、「〜のところへ行く」（去〜的地方／那裡）。

⑫「はやる」與「盛んだ」

× 「日本では<u>はやっている</u>スポーツは野球です。」（日本盛行的運動是棒球。）→○「盛んなスポーツ」

　　「はやる」（流行）這個詞原本是源自芭蕉（17世紀的日本俳諧師）的「不易と流行」（不變與流行）。芭蕉所涉獵的俳諧世界裡，經常求新求變，趕上「流行性」（流行風潮）。但是，芭蕉的理念是俳諧世界裡，這個「流行」其實正是從古至今皆不變的「不易」本質。就像這樣，相對於永遠不變的「不易」，「流行」是瞬息萬變、是暫時的。「今年的流行顏色」到了明年就已經不流行了。

　　但是在日本，棒球從戰前以來就是日本國民所喜愛的運動，絕不是只是興盛一時的。這樣的運動，會稱「盛んだ」（盛行、蓬勃發展）。

　　不過「はやる」這個詞也有「生意興隆」的意思，會說「あの店ははやっている」（那家店生意很興隆），也許就因為也有這個意思，才誤用為「野球がはやっている」（野球很興旺）吧。不過，棒球要說是生意的話，也許也算是一種生意吧。

　　還有，「盛ん」這個詞跟「静か」、「健康」等都是形容動詞，所以會以「<u>盛んだ</u>」、「<u>盛んになる</u>」、「<u>盛んなスポーツ</u>」等形式使用。可別誤認為動詞，用成「×盛んでいる」喔。

日本語

⑬ 「腹が立つ」と「怒る」

× 「割り込みをする人を見ると怒るけど、何も言えない。」→○「腹が立つ」

　「腹が立つ」というのは、ある人の心の内面に生じる感情です。これに対して、「怒る」というのは感情が表情や行動に出て、第三者にもわかる状態です。つまり、本人の心の中は怒りでグラグラ煮え立っているが外から見たらそれがわからない、というのが「腹が立つ」と言い、怒り心頭に達して暴れまわったり怒鳴りまくったりしているのが「怒る」という状態です。中国語で「火冒三丈」、日本語で「怒髪天を衝く」というのが怒っている状態でしょう。「ムカつく」「頭に来る」は「腹が立つ」と同じで内面の怒り、「切れる」は内面の怒りが外に噴き出した状態です。

　「心の内面に生じる感情」と「内面の感情が表情や行為に出た状態」というのは、日本語の語彙に少なからずあります。例えば、「うれしい」「悲しい」「苦しい」「寂しい」などの感情形容詞、「～が欲しい」「～したい」などの欲求を表す形容語などは、皆「心の内面に生じる感情」で、他人が外から見てわかる感覚ではありません。ですから、これらの形容語の主語になることができるのは、一人称「私」「私たち」だけです。つまり、内面の感情を知っているのはあくまで本人だけですから。それ故、「私は　うれしい／悲しい／苦しい／寂しい／お金が欲しい／水が飲みたい」などと言いますが、三人称については「彼は　喜んでいる／悲しんでいる／苦しんでいる／寂しがっている／お金を欲しがっている／水を飲みたがっている」などと、外から見た動きを表す動詞表現を使います。

　ついでにお伝えしておきますが、「×先生はご飯を食べたがっている。」などのように、目上の人の欲求を表すのに「～たがっている」を使ってはダメですよ。「～たがる」というのは欲求を行動として表していること、つまり欲求が外から覗ける状態にあることですが、目上の人の欲求を覗くのは大変失礼だからです。このような時は、「先生はご飯を食べたいようだ。」と言いましょう。「～ようだ」という表現は、話者の判断が入っているからです。もちろん、「ご飯を召し上がりたいようだ。」と、敬語を使えばなおけっこうですよ。

台灣日語 77

⑬「腹が立つ」與「怒る」

×「割り込みをする人を見ると怒るけど、何も言えない。」（看到人插隊很生氣，但卻什麼也不能說。）→○「腹が立つ」

　　「腹が立つ」（生氣、氣憤）是發自當事人內心的情感。相對的，「怒る」（生氣、發火）是該情感進一步顯現於表情或行動，第三者也能知道的狀態。也就是說，當事人內心怒火中燒，但表面卻看不出來的是「腹が立つ」，進而怒火攻心，失控的吵鬧及怒吼的則是「怒る」的狀態。中文「火冒三丈」、日文「怒髮天を衝く」（怒髮衝天／冠），就是「怒っている」的狀態吧。「ムカつく」（發怒）、「頭に来る」（惱火）跟「腹が立つ」同屬內在的憤怒，而「切れる」（發火）是內心的怒火向外噴發狀態。

　　日文有不少「發於內心的感情」與「內心的情感顯現於表情或行動的狀態」，例如「うれしい」（喜）、「悲しい」（悲）、「苦しい」（苦）、「寂しい」（孤寂）等感情形容詞，以及「～が欲しい」（想要）、「～したい」（想做）等表達欲求的形容語等，都屬「發於內心的感情」，他人無法從外在察覺。因此，能當這類形容語主語的只有第一人稱的「私」、「私たち」。也就是說，終究只有本人才能知道內心情感。故會有「私は　うれしい／悲しい／苦しい／寂しい／お金が欲しい／水が飲みたい」（我很高興／很悲傷／很痛苦／很寂寞／想要錢／想喝水）等說法，至於三人稱會使用「彼は　喜んでいる／悲しんでいる／苦しんでいる／寂しがっている／お金を欲しがっている／水を飲みたがっている」（他很高興／很悲傷／很痛苦／很寂寞／想要錢／想喝水）等，使用表達從外表觀察到的動詞表現。

　　順帶一提，如「×先生はご飯を<u>食べたがっている</u>」（老師好像很想吃飯），要表達長上的欲求時，不得使用「～たがっている」喔。「～たがる」是把欲求表達成行動，是從旁窺見而得知的狀態，窺視長上的慾求是非常不禮貌的。這個時候，應該用「先生はご飯を食べたい<u>ようだ</u>。」（老師好像是要用餐的樣子。）「～ようだ」（～的樣子）隱含著說話者判 。當然，使用敬語，如「ご飯を<u>召し上がり</u>たいようだ。」就更好了喔。

日本語

2. 語彙の誤用―⑦類義語（7）

c. 動詞の類義語

⑭ 「儲ける」と「稼ぐ」

× 「この子供は、長い間アルバイトをして<u>儲けた</u>小遣いを持っていた。」→○「稼いだ」

　「稼ぐ」は「仕事をして金銭を得ること」、「儲ける」は「投資した金より多くの利益が回収されること」を言います。私は現在、3 つの大学で仕事をしてお金を稼いでいますが、お金を儲けてはいません。しかし、道に落ちていた 5 円玉を拾ったら、何の投資もしていないのに財産が 5 円増えたわけですから、「5 円儲けた。」と言うわけです。「お金を稼ぐ」のは月給をもらっているサラリーマン、「お金を儲ける」のは物の売買をする商人か株をやっている人ですね。「稼ぎのない人」とは収入の少ない人、「儲けのない仕事」とは利益の少ない仕事のことになりますね。

　なお、「稼ぐ」は他動詞ですが、「儲ける」にはペアになる自動詞「儲かる」があります。「お金<u>を</u>儲ける」「お金<u>が</u>儲かる」となるので、ご注意ください。

⑮ 「呼ぶ」と「叫ぶ」

× 「彼女は羊羹が消えたのを見て、『ああ』と<u>呼びました</u>。」→○「叫びました」

　中国語ではどちらも「叫」ですね。でも、日本語では「呼ぶ」は「人や動物に自分の傍に来るように要求すること」、つまり「叫過来」ということです。また、「叫ぶ」は「感情が噴き出して大きな声を出すこと」つまり「咆哮する」ということです。「呼ぶ」は「日本に家族を呼ぶ」「犬をシロと呼ぶ」など、他動詞として使いますが、「叫ぶ」は自動詞としてしか使わないのでご注意ください。

台灣日語 78

2. 詞彙的誤用─⑦近義詞（7）

c. 動詞的近義詞

⑭「儲ける」與「稼ぐ」

✕「この子供は、長い間アルバイトをして<u>儲けた</u>小遣いを持っていた。」（這個孩子有長期打工賺／掙來的零用錢。）→○「稼いだ」

　　「稼ぐ」（賺錢、掙錢）指的是「努力工作去賺取錢財」，而「儲ける」（賺到）則是「回收比投資金額更大的利益」。我目前在三所大學工作賺錢，但沒有什麼額外賺到的。但是如果在路上撿到一個 5 日圓硬幣，因為我沒有做任何投資，財產就增加了 5 日圓，那就可以說「5 円儲けた。」（賺到 5 日圓）。如果說「お金を稼ぐ」指的是領取月薪的上班族，那「お金を儲ける」指的就是買賣東西的商人或炒股票的人吧。「稼ぎのない人」指是勞力收入少的人，而「儲けのない仕事」就是獲利少的工作吧。

　　另外，「稼ぐ」是他動詞，但是「儲ける」則有個跟它配對的自動詞「儲かる」。用法會是「お金<u>を</u>儲ける」、「お金<u>が</u>儲かる」，請特別注意。

⑮「呼ぶ」與「叫ぶ」

✕「彼女は羊羹が消えたのを見て、『ああ』と<u>呼び</u>ました。」（她看到羊羹沒了，「啊」地叫了出來。）→○「叫びました」

　　在中文裡，兩者都是「叫」吧。但是在日文中，「呼ぶ」（叫喚、邀請）是「要求某人或動物到自己的身邊來」，也就是「叫過來」的意思。而「叫ぶ」（喊叫、歡呼）是「感情湧出，發出大聲」，也就是「咆哮する」。「呼ぶ」作他動詞用，如「日本に家族を呼ぶ」（邀請家人到日本來）、「犬をシロと呼ぶ」（稱那條狗叫小白），但請注意「叫ぶ」只能當作自動詞使用。

日本語

2. 語彙の誤用—⑦類義語（**7**）

d. 副詞の類義語

　日本語は、副詞が発達している言語です。

1) 副詞は動詞を修飾し、動きの細かい部分を補って表現します。英語は動詞が発達していますから、どんな動きでも動詞一つで表現することができますが、日本語は動きの細かい部分は副詞で補わなければなりません。例えば、車が軋んで不愉快な音を立てる動きは、英語では 'The wheel creaked.' と言いますが、日本語では「車は<u>キーキー</u>と音を立てた。」と「キーキー」などの副詞が必要です。

2) 副詞は日本語の時制表現の不充分性を補います。日本語には完了の時制表現形式がありません。古代文法には完了時制がありましたが、現代文では過去も完了もタで表します。例えば「先生が来た」と言うだけでは「先生が来た」のはいつか、過去に来て現在はもう帰ったのか、それとも今来たばかりなのかわかりません。でも「<u>さっき</u>先生が来た」と言えば先生は今はもういないことになるし「<u>あっ</u>、先生が来た」と言えば先生が来たのを見た瞬間に発話されたことになります。

3) 副詞は、大きな情報を含むことがあります。小さな副詞の有無で、文全体の意味が大きく変わるのです。例えば、「私は結婚したくない。」と言えば単に非婚を宣言していることになりますが、「私は<u>もう</u>結婚したくない。」と言えば、話者は過去に一度結婚して結婚に懲りていることが窺えますね。

　このような副詞ですから類義語もたくさんあり、従って誤用も多くなるわけです。

2. 詞彙的誤用—⑦近義詞（7）

d. 副詞的近義詞

　　日文是副詞很發達的語言。

1）副詞用來修飾動詞，補充描述動作的詳細部分。英文中動詞較發達，因此無論什麼動作都能用一個動詞表現，但是日文必須用副詞補充動作的詳細部分。譬如車子磨擦發出令人不悅的聲音，這個動作英文說 'The wheel creaked.'，日文則說「車はキーキーと音を立てた」（車子發出了嘎吱聲），必須用「キーキー」等副詞表達。

2）副詞用來補充日文時態表現的不足。日文沒有表現完成時態的形式。古時候的文法中雖然有完成時態，但是現代文中，過去和完成都用タ型來表達。譬如只說「先生が来た」（老師來了）的話，不能知道老師是什麼時候來的，是過去來過現在已經回去了，還是現在剛到。但是如果用「さっき先生が来た」（老師剛剛來過了）就知道老師現在已經不在這裡，而「あっ、先生が来た」（啊，老師來了）就能知道這是看到老師來了的瞬間所說。

3）副詞也可能包含重大資訊。一個小小的副詞有無，就能對全文的意思帶來很大影響。譬如「私は結婚したくない。」（我不想結婚）的話，只是單純表達不婚，但是「私はもう結婚したくない。」（我不想再結婚）的話，就能察覺說話者過去曾結過婚，吃過苦頭呢。

　　因為副詞有這些特性，且近義詞多，因此常發生誤用。

日本語

2. 語彙の誤用―⑦類義語（7）
d. 副詞の類義語
① 「いつも」と「相変わらず」
×「拝啓。お元気ですか。私は<u>いつも</u>元気です。」→○「相変わらず」

　「いつも」は「通常」ですが、「相変わらず」は「聞き手が知っているある時点からずっと変わらずに」という意味です。ですから、動作が行われる時点と共にそれと比較対照される参照時点が含まれています。「卒業したけれど、みんな相変わらず（卒業前と同様に）仲良くしている」などのように、動作（＝仲良くする）が行われる時間（＝卒業後）と、それと比較される参照時間（卒業前）という、2つの時間の情報が含まれています。つまり、「相変わらず」と言う場合には、聞き手にその参照時間（以前）がわかるような前提（聞き手が話者の以前の様子を知っている）がなければなりません。ですから、初対面の人に「私は<u>相変わらず</u>元気です。」と言うのは変ですね。
② 「すぐ（に）」と「もうすぐ」と「さっそく」
×「店に入ると、店員は<u>もうすぐ</u>笑いを浮かべて出てきました。」→○「すぐに」「さっそく」
×「彼は明るい性格だから、<u>さっそく</u>環境に慣れるだろうと思う。」→○「すぐ」

　「すぐ」は中国語の「馬上、立刻」にほぼ等しいと言えます。「もうすぐ」は「発話時点からすぐ後に起こることを予想する」副詞ですから、「<u>もうすぐ</u>春が来ます」のように未来の文だけに用いられ、「×<u>もうすぐ</u>春が来ました」のように発話時点以前のことを表す文には使えません。「さっそく」は「新しい服を買ったので、<u>さっそく</u>着てみた。」というように、「期待していたことが実現するチャンスを得たので喜び勇んで行動に移す様子」を表します。それ故、上の例は「さっそく」が使えますが、下の例は自分の意志で行えることではないので、「さっそく」は使えないのです。
×「その時私は感動して、<u>もうすぐ涙が出て</u>しまいました。」→○「涙が出そうになりました」「もう少しで涙が出るところでした」

　この文が言わんとしているところは中国語で言えば「差一點要流眼淚」で、「まだ実現していないが、すぐ実現する可能性のある状態」ということですね。この場合は副詞は用いず「〜そうになった」「もう少しで〜ところだった」という文型を用います。この文型を覚えておいてくださいね。

台灣日語 80

2. 詞彙的誤用—⑦近義詞（7）

d. 副詞的近義詞

① 「いつも」和「相変わらず」

× 「拝啓。お元気ですか。私はいつも元気です。」（敬啟者，你好嗎？我還是沒變
很好。）→○「相変わらず」

　　「いつも」是「通常、平常」，而「相変わらず」則是「聽話者所知的某個時間
點開始都沒有變」的意思。因此，同時包含了「動作執行的時間點」與「和其比較對
照的參考時間點」。如「卒業したけれど、みんな相変わらず（卒業前と同様に）仲
良くしている」（雖然畢業了，大家還是跟畢業以前一樣要好），包含了動作「仲良く」
（＝感情很好）進行的時間「卒業後」（＝畢業後）、與拿來比較的參考時間「卒業前」
（＝畢業前）這兩個時間資訊。也就是說，使用「相変わらず」的時候，必須以聽話
者知道該參考時間（以前）為前提（聽話者知道發話者以前的樣子）。所以，對第一
次見面的人說「私は相変わらず元気です。」會很奇怪。

② 「すぐ（に）」、「もうすぐ」和「さっそく」

× 「店に入ると、店員はもうすぐ笑いを浮かべて出てきました。」（一進到店裡，
店員便馬上露出笑容來了。）→○「すぐに」、「さっそく」

× 「彼は明るい性格だから、さっそく環境に慣れるだろうと思う。」（他的個性很
開朗，我想應該很快就能習慣環境了。）→○「すぐ」

　　首先，「すぐ」幾乎等同於中文的「馬上、立刻」。「もうすぐ」是副詞，表達「預
測發言的時間後不久將發生的事」，因此如「もうすぐ春が来ます」（春天就要來了），
只能使用表示未來的句子，不能用來描述早於發言時間發生的事，如「×もうすぐ春
が来ました」。至於「さっそく」則像「新しい服を買ったので、さっそく来てみた。」
（我買了新衣服，所以馬上穿穿看。）一樣，表達「一直期待的事有了實現的機會，
而興高采烈地採取行動的樣子」。所以上面的例子可以使用「さっそく」，但是下面
的例子因為不是依自己的意志進行的，不可以使用「さっそく」。

× 「その時私は感動して、もうすぐ涙が出てしまいました。」（那時我很感動，差
一點就要流淚了。）→○「涙が出そうになりました」、「もう少しで涙が出ると
ころでした」

　　這個句子想表達的，用中文來說就是「差一點就要流眼」，這是「還沒實現，但
可能馬上會實現的狀態」吧。這時候不用副詞，要用「～そうになった」、「もう少
しで～ところだった」等句型。請記住這個句型吧。

日本語

③「必ず」と「きっと」と「ぜひ」

×「学生の時、わからないことがあったら、他の人にぜひ聞きました。」→○「必ず」

×「外国の生活に慣れることは、必ず苦しいだろうと思いました。」→○「きっと」

×「友だちと約束したことはきっと守るべきです。」→○「必ず」

　まず、「ぜひ」は希望を強調する副詞であるので、「ぜひ日本に行きたい」「ぜひ遊びに来てください」などのように、文末が自分の要求や相手への要望の文型の時にだけ使用が限られます。

　「必ず」「きっと」は確信のある推測を表しますが、「きっと」は主観性が強く「必ず」は客観性が高いのです。例えば「このボタンを押すと必ず機械が止まりますよ。」は「ボタンを押すと機械が止まる」という事実がすでに検証されており、客観的な根拠がある場合です。しかし「このスイッチを押すときっと機械が止まりますよ。」は検証を欠いた単なる主観的な想像に過ぎません。

　ですから、ある先行現象の背後の原因を推測する場合は「必ず」は使えません。「研究室に電気がついている。きっと先生が帰ってきたんだろう。」とは言えますが、「×必ず先生が帰ってきたんだろう。」とは言えません。つまり「必ず」は「～のだろう」という文末表現とは共起し得ないのです。また、話者自身の行為の確実性について述べる場合、「明日はきっと行きます」も「明日は必ず行きます」も正しいのですが、これは、自分自身の行為についての主観的な意思表明でもあるし、また既に自分の心の中の決意という根拠があるのだから「必ず」も使えるわけです。しかし、このような憶測が実現してすでに過去の事実となっていて、この過去の事実を回想する場合は「きっと」は使えず、「必ず」しか使えません。例えば、「父は約束は必ず守った。」とは言えますが、「×父は約束はきっと守った。」とは言えません。過去のことは既定の事実であるため、推測の入り込む余地がないからです。教師に「必ず合格しますよ。」と言われたら合格を保証されたのですが、「きっと合格しますよ。」言われた場合は単なる気休めなので、あまり有頂天にならないことですね。

台灣日語 81

③「必ず」、「きっと」和「ぜひ」

×「学生の時、わからないことがあったら、他の人にぜひ聞きました。」（我學生的時候，只要有不懂的，我一定會問別人。）→○「必ず」

×「外国の生活に慣れることは、必ず苦しいだろうと思いました。」（我以為要習慣國外的生活，一定會很辛苦。）→○「きっと」

×「友だちと約束したことはきっと守るべきです。」（和朋友的約定一定要遵守。）→○「必ず」

　　首先，「ぜひ」是強調希望的副詞，因此僅有像「ぜひ日本に行きたい」（我一定要去日本）、「ぜひ遊びに来てください」（請務必來玩）等，句尾是自己的要求、向對方的期望等句型時才能使用。

　　「必ず」、「きっと」則表達有把握的推測，但是「きっと」較主觀，「必ず」較客觀。譬如「このスイッチを押すと、必ず機械が止まりますよ。」（只要按下這個按鈕，機器就一定會停止喔。）表示「按下按鈕機器就會停止」這項事實已經經過驗證，有客觀的證據。但是「このスイッチを押すと、きっと機械が止まりますよ」的話，就沒有經過驗證，純粹是主觀的推測。

　　因此，推測某個前兆背後的原因時，不能使用「必ず」。我們可以說「研究室に電気がついていますね。きっと先生が帰ってきたんでしょう。」（研究室的燈開著耶。一定是老師回來了吧。），但是不能說「×必ず先生が帰ってきたんでしょう」。換句話說，「必ず」跟「～のだろう」的句尾表現不能同時出現。此外，表達發話者自身行為的可靠性時，「明日はきっと行きます」、「明日は必ず行きます」（我明天一定會去）兩個都正確，但這是因為這句話表達了對自身行為的主觀意志，同時也是自己心中下了決心的根據，所以也能使用「必ず」。但是，當臆測已經實現，成了過去的事實，回想該過去的事實時，不能使用「きっと」，只能用「必ず」。譬如我們可以說「父は約束したことは必ず守った。」（父親約定過的事一定會遵守。），但是不能說「×父は約束したことはきっと守った。」因為過去的事已經是既定的事實了，沒有推測的餘地。如果被老師說「あなたは必ず合格しますよ」，你就可以當作老師保證你會及格而開開心，但是被說「あなたはきっと合格しますよ。」的話，你應該當作老師只是在安慰你，別太得意喔。

日本語

2. 語彙の誤用―⑦類義語（**7**）

d. 副詞の類義語

④ 「だいたい」と「たいてい」と「大部分」と「だいぶ」と「多分」と「約」

× 「準備は、たいてい 30 分くらいかかります。」→〇「だいたい」

× 「約 11 時半に墾丁に着きました。」→〇「11 時半頃」

× 「この仕事はだいぶ彼が一人でやった。」→〇「大部分」

× 「彼はたいてい来ないでしょう。」→〇「多分」

　「だいたい」は数量あるいは 80 パーセント程度の完成度を表す概念で、中国語の「差不多」にほぼ該当します。「約」も同様ですが、時間には使えません。大まかな時間には、接尾語の「頃」を使います。しかし、「だいたい 50 人」と言うより、「50 人くらい」という接尾語を使った方がより日本語らしい表現になることを付け加えておきます。

　「たいてい」は頻度を表す概念で、「土曜日はたいてい家で仕事をしている」などのように、80 パーセント程度の確率を示します。

　「大部分」は数量を表す概念で、「大部分の学生は自宅から通っている」のように、80 パーセント程度の達成度を示します。この場合、「学生の大部分は……」という言い方もできます。

　「だいぶ」は比較の際の差が大きいことを表す概念で、「前学期よりだいぶ成績が上がった」というように使い、必ず比較の対象が前提されています。

　「多分」は推測の実現確実性を表し、「多分明日は雨だろう。」のようにダロウと共起します。

台灣日語 82

2. 詞彙的誤用—⑦近義詞（7）

d. 副詞的近義詞

④「だいたい」、「たいてい」、「大部分」、「だいぶ」、「多分」和「約」

×「準備は、たいてい30分くらいかかります。」（準備差不多需要花30分鐘左右。）

　→○「だいたい」

×「約11時半に墾丁に着きました。」（11點半左右到了墾丁。）→○「11時半頃」

×「この仕事はだいぶ彼が一人でやった。」（這個工作大部分是他一個人做的。）

　→○「大部分」

×「彼はたいてい来ないでしょう。」（他大概不會來吧。）→○「多分」

　　「だいたい」是表達數量，或完成度80%左右的概念，相當於中文的「差不多」。「約」也一樣，但是不用在時間上。表達粗略的時間，會使用接尾詞「頃」。但是先補充說明，比起說「だいたい50人」（「大約50人」），使用「50人くらい」的接尾詞的表達方式比較道地。

　　「たいてい」是表達頻率的概念，如「土曜日はたいてい家で仕事をしている」（我禮拜六大多在家工作）等，表示80%左右的機率。

　　「大部分」是表達數量的概念，如「大部分の学生は自宅から通っている」（大部分學生從自家上學），表達80%左右的達成率。這種情況下，也能使用「学生の大部分は……」（學生中的大部分……）這種說法。

　　「だいぶ」是表達比較時差距大的概念，如以「前学期よりだいぶ成績が上がった」（成績比上個學期進步了許多）的方式使用，前提是必須有個比較的對象。

　　「多分」是在推測時表達實現的確切程度，如「多分、明日は雨だろう。」（明天大概會下雨吧。），會和「だろう」一同使用。

日本語

⑤ 「よく」と「とても」

×「<u>よく</u>おかしい感じがしました。」×「天気が<u>よく</u>寒いです。」×「私は<u>よく</u>び
っくりしました。」×「父は日本語が<u>よく</u>上手です。」→○「とても」

この種の誤用が多いのは、「よく」の多義性にあります。

まず、「よく」には「頻繁に」という意味があります。「学生時代は、<u>よく</u>あの
喫茶店へ行った」「彼と<u>よく</u>電話で話す」など、行為の頻度を表す副詞として用い
られます。

また、「親に対して<u>よく</u>そんなことが言える」とか「学生の身分で、<u>よく</u>そんな
ことができる」などの表現があります。これは「よく〜〜できる」という形で用い
られ、「〜〜するべきでない」「〜〜できるはずがない」という意味になります。
この場合は「親に対して<u>よくも</u>そんなことが言える」「学生の身分で<u>よくも</u>そんな
ことができる」など、「よくも」とも言います。

最後に、「<u>よく</u>噛んで食べなさい。」「<u>よく</u>降りますね。」など、「動作・作用
の徹底」を表す用法もあります。これが、「とても」との混同を引き起こします。
しかし、「よく」という副詞で「徹底」を表すことのできる動作は、「食べなさい」
「降ります」などの動的動作だけです。これに対して「とても」が修飾することが
できるのは、「<u>とても</u>きれいだ」「とても寒い」「とても力がある」など、形容詞
類や「ある」「いる」などの静的状態だけです。「とても」が動的動作の述語を修
飾することができるのは、「<u>とても</u>熱心に勉強する」など、動詞を修飾する別の副
詞（「熱心に」など）を修飾しているのです。

×「この映画は<u>よく</u>忘れられません。」→○「とても」「本当に」

「とても」はもともと、「そんなことは<u>とても</u>私には<u>できない</u>。」のように、「と
ても＋可能形否定文」の形で用いられていました。それがいつのまにか肯定文の中
でも用いられるようになり、「非常に」の意味で使われるようになりました。です
から、この例文のように「<u>とても</u>忘れられない」となるわけです。

台灣日語 83

⑤「よく」和「とても」

×「<u>よく</u>おかしい感じがしました。」（我覺得很奇怪。）×「天気が<u>よく</u>寒いです。」（天氣很冷。）×「私は<u>よく</u>びっくりしました。」（我嚇了很大一跳。）×「父は日本語が<u>よく</u>上手です。」（我爸爸的日文很好。）→○「とても」

這類誤用，是「よく」的歧義多所造成的。

首先，「よく」有「頻繁地」的意思。如「学生時代は、<u>よく</u>あの喫茶店へ行った」（我唸書時，常去那間咖啡店）、「彼と<u>よく</u>電話で話す」（我常跟他用電話聊天）等，用作表達行動頻率的副詞。

再者，也有如「親に対して<u>よく</u>そんなことが言える」（你竟敢對父母說出那種話）或如「学生の身分で、<u>よく</u>そんなことができる」（你身為學生，竟然能做出那種事）等的用法。這是使用「よく～～できる」的形式，表達「～～するべきでない」（不應該做出～～）、「～～できるはずがない」（怎麼可能做出～～）的意思。這種情況也能如「親に対して<u>よくも</u>そんなことが言える」、「学生の身分で<u>よくも</u>そんなことができる。」使用「よくも」（竟然、竟敢）這個副詞。

最後，也有如「<u>よく</u>噛んで食べなさい。」（請多／充分咀嚼著吃。）、「<u>よく</u>降りますね。」（下了很多雨呢。）等，表達「徹底地動作、作用」的用法。這個用法容易和「とても」搞混。但是，能用「よく」這個副詞表達「徹底」的動作，只有「食べなさい」（吃）、「降ります」（下）等動態動作。相對地，「とても」只能修飾「とてもきれいだ」（很漂亮）、「<u>とても</u>寒い」（很冷）、「<u>とても</u>力がある」（很有力氣）等形容詞類，或是「ある」、「いる」等靜止狀態。「とても」能修飾具動能之動作述語的情況，是如「<u>とても</u>熱心に勉強する」（他很有熱忱地學習）等，修飾用以修飾動詞的其他副詞（如「熱心に」（有熱忱地）等）。

×「この映画は<u>よく</u>忘れられません。」（這部電影真令人難忘。）→○「とても」、「本当に」

原本「とても」是用在如「そんなことは<u>とても</u>私にはできない。」（那種事我真的辦不到。）一般，「とても＋可能型否定句」的形式。而此在不知不覺間演變成也能用在肯定句，用以表達「非常」的意思。因此，才能如例句用作「<u>とても</u>忘れられない」。

日本語

2. 語彙の誤用─⑦類義語（7）

d. 副詞の類義語

⑥「とうとう」と「ついに」と「ようやく」と「やっと」

× a「よその国の文化を吸収すれば、<u>とうとう</u>本土の文化の本質を失ってしまうという深淵に陥るに過ぎない。」→○「ついに」「ついには」

× b「<u>とうとう</u>物質の面と精神の面とどちらが大切でしょうか。」→○「最終的には」「結局は」

「とうとう○○した」「ついに○○した」「ようやく○○した」「やっと○○した」は、事態○○が完成される時間はいずれも変わりがないのですが、ただ完成される時間をどのように捉えるかという、話者の視点が違うのです。

「とうとう」はひたすら事態の進行を追いつつ、ゴールを見届けた時に発する言葉です。ですから、「とうとう」は事態が完成された時点、つまり事態の結末を迎えた時点で発せられる言葉なので、「とうとう○○した」と過去形でしか使えず、未来のことを表す場合には使えません。しかし、「ついに」は最初からゴールを前提し視野に入れた上で事態の進行を見守る意識です。「ついには」というのは「最後には」という意味で、「最初に……次に……最後に……」というように、最初から最後までを視野に収めた発話ですから、未来のことにも使えるわけです。

aは「本土の文化すら失ってしまうという深淵に陥る」ということを言っていますが、これは未来のことですから、この場合の「とうとう」は「最後には」という意味ですね。ですから、「とうとう」でなく、「ついに」「ついには」の方がふさわしいでしょう。また、bは「結論として」という意味で、時間関係が捨象された用法ですから、「ついに」が使えないのです。

台灣日語 84

2. 詞彙的誤用—⑦近義詞（**7**）

d. 副詞的近義詞

⑥「とうとう」、「ついに」、「ようやく」和「やっと」

✕ a「よその国の文化を吸収すれば、<u>とうとう</u>本土の文化の本質を失ってしまうという深淵に陥るに過ぎない。」（若吸收其他國家的文化，終究只會陷入喪失本土文化本質的深淵。）→○「ついに」、「ついには」

✕ b「<u>とうとう</u>物質の面と精神の面とどちらが大切でしょうか。」（結果物質層面和精神層面哪一個更重要呢？）→○「最終的には」、「結局は」

　　「とうとう○○した」、「ついに○○した」、「ようやく○○した」、「やっと○○した」都一樣是表達○○事情完成的時間，只是說話者在怎麼看待完成的時間方面有不同的觀點。

　　「とうとう」是不斷追蹤事情的發展，看到結局時說的話。所以，「とうとう」是事情完成的時間點，也就是已經迎來事情結局的時間點所說，因此只能使用「とうとう○○した」的過去式，表達未來時不能使用。但是，「ついに」是在一開始就以到達終點為前提，並將該前提納入考慮，以待事情發展的想法。「ついには」則是「最後には」（最後）的意思，如「最初に……次に……最後に……」（一開始……之後……而最後……）一樣，將一開始到最後全納入考慮中發言，所以也能用於未來的事。

　　a 說的是「本土の文化すら失ってしまうという深淵に陥る」（陷入喪失本土文化的深淵），這是未來的事，所以用「とうとう」的部分應該是想表達「最後には」（最後）的意思呢。因此不該用「とうとう」，而是用「ついに」、「ついには」比較合適吧。另外，b 是表達「就結論來說」的意思，並省略了時間關係，所以不可以使用「ついに」。

日本語

×「癌を患っていた父は、先週［ようやく／やっと］亡くなった。」→○「とうとう」「ついに」

？「［ついに／とうとう］夜が明けてきた。」→○「ようやく」

？「ああ、［ついに／とうとう］台北に着いた。2時間も歩いてクタクタだ。」→○「やっと」

「とうとう」「ついに」は実現した事態が望ましい事態（病気が治る）である場合にも悪い事態（病人が死ぬ）である場合にも使えますが、「ようやく」「やっと」はひたすら望ましい事態にしか用いられません。また、「ようやく」「やっと」は事態の完成がもう決まっていること（「夜が明ける」など）について使われます。つまり、「ようやく」「やっと」によって実現される事態とは、「望ましい事態」なのです。

では、「ようやく」と「やっと」の違いは何でしょうか。「ようやく」は「漸く」という漢字を用います。つまり、事態の実現を長い間待って少しずつ変化する（漸進的変化）のを確認した結果、実現が間近になってほっとしている様子を表します。「やっと」は事態の実現を待つ間、努力して苦労して、最後に苦労が報いられて肩の荷を下ろした、という感慨が込められています。「ようやく」も「やっと」も、事態が実現するまでの努力や困難から解放された喜びを表すのですから、いくら寿命が決まっていたとはいえ、「お父さんが［ようやく／やっと］亡くなった」と言うのは、あまりにも非人間的で親不孝な発言ですよね。（お父さんの遺産を狙っていた親族はこのように言うかもしれませんが。）

また、「ついに」は「ローマ帝国はついに滅びた」など話者の意志でコントロールできない事態について使うこともできるし、「我々はついにこの偉業をやり遂げた」など話者の意志でコントロールできる事態も表しますが、「とうとう」「ようやく」「やっと」は「パソコンがとうとう壊れた」「ようやく夜が明けた」「やっと嵐がおさまった」など話者の意志でコントロールできない事態について使う場合が多いようです。

台灣日語 85

×「癌を患っていた父は、先週［ようやく／やっと］亡くなった。」

（罹癌的父親上週終究還是去世了。）→○「とうとう」、「ついに」

？「［ついに／とうとう］夜が明けてきた。」（天終於亮了。）→○「ようやく」

？「ああ、［ついに／とうとう］台北に着いた。2時間も歩いてクタクタだ。」

（唉，我終於到台北了。走了2個小時，已經累死了。）→○「やっと」

　「とうとう」和「ついに」能用在希望的事發生時（如「病治好了」），也可以用在不希望的事發生時（如「病人過世」），但是「ようやく」、「やっと」則只能用在非常希望發生的事上。此外，「ようやく」、「やっと」用於一定會完成的事（如「天亮」等）。也就是說，經過「ようやく」、「やっと」（「終於」、「勉勉強強」）實現的事，是「很希望發生的事」。

　那麼「ようやく」和「やっと」有什麼不同呢？「ようやく」使用的漢字是「漸く」。也就是長時間等待實現的事情一點一滴地變化（漸進式變化），確認過後，眼看即將實現，鬆了一口氣的樣子。「やっと」則是隱含了在等待狀況實現的期間，辛苦努力過，最後辛苦終於有了回報，放下肩膀上重擔的感慨。「ようやく」和「やっと」都是表達從事情實現前的努力、艱辛得到解放的喜悅，因此就算生死有命，說出「お父さんが［ようやく／やっと］亡くなった」（父親終於去世了）這種話，未免也太沒人性、太不孝了吧。（不過如果是貪圖父親遺產的親戚也許會這麼說吧。）

　此外，「ついに」能夠用於「ローマ帝国はついに滅びた」（羅馬帝國終究還是滅亡了）等說話者的意志無法控制的狀況，也能用以表達「我々はついにこの偉業をやり遂げた」（我們終於完成了這項豐功偉業）等說話者能控制的狀況，但是「とうとう」、「ようやく」、「やっと」大多用於「パソコンがとうとう壊れた」（電腦終究還是壞了）、「ようやく夜が明けた」（天終於亮了）、「やっと嵐がおさまった」（暴風雨終於停了）等說話者的意志無法控制的事。

日本語

2. 語彙の誤用—⑦類義語（7）

d. その他の類義語

① 「～がたい」と「～にくい」

× 「雪が積もって、道は雪のせいで<u>歩きがたく</u>なりました。」→〇「<u>歩きにくく</u>」

× 「この映画は、<u>解釈しがたい</u>です。」→〇「<u>解釈しにくい</u>」「<u>解釈が難しい</u>」

× 「もっとも<u>忘れにくい</u>のは、スピーチコンテストに参加したことです。」→〇「<u>忘れがたい</u>」

　「～がたい」は「不敢輕易～」、「～にくい」は「不容易～」でしょう。「～がたい」は「<u>忘れがたい思い出</u>」「<u>この選択も捨てがたい</u>」など行為の決断が付かない状態を表し、「～にくい」は「<u>この靴は履きにくい</u>」「<u>この音は発音しにくい</u>」など物が不便で実行が難しい様子を表します。

× 「父は穏やかで、<u>怒りにくい</u>人だ。」→〇「<u>あまり怒らない</u>」

× 「彼は一度聞いたことは<u>忘れがたい</u>。」→〇「<u>忘れない</u>」

　構文上の注意ですが、「〇〇は～がたい」「〇〇は～にくい」と言う場合、〇〇の部分（つまり主語）は、動作主ではありません。例えば、「彼がこの靴を履く」「彼が道を歩く」という文から「～にくい」の文を作る場合、「<u>この靴は履きにくい</u>。」「<u>この道は歩きにくい</u>。」という文（主語の「この靴」「この道」は動作主ではない）はできますが、「<u>×彼は靴を履きにくい人だ</u>。」「<u>×彼は歩きにくい人だ</u>。」という文（主語の「彼」は動作主）を作ることはできません。「～がたい」「～にくい」は、あくまで物が人にとって便利かどうかを吟味する「評価形容詞」なのですから。

② 「上手だ」と「よくできる」

× 「陳さんは普段あまり勉強しませんが、試験が<u>上手</u>です。」→〇「<u>よくできます</u>」

× 「妹は数学が<u>上手</u>です。」→〇「<u>よくできます</u>」「<u>得意です</u>」

　「上手」「下手」というのは、ピアノ等の楽器の演奏、字の書写、料理など、技術方面の巧拙のことで、知識・理論方面のことではありません。「あの人は日本語が<u>上手</u>だ。」と言うのは会話の方面のことで、決して日本語の科目の成績がいいことではありません。歌のことをよく知っていて音楽科の成績がいい人でも、音痴であれば「歌が下手」なのです。成績や理論面に優れている場合は「～～がよくできる」「～～に優れている」「～～が得意だ」「～～のことをよく知っている」と言います。

台灣日語 86

2. 詞彙的誤用—⑦近義詞（**7**）

d. 其他近義詞

①「～がたい」和「～にくい」

×「雪が積もって、道は雪のせいで<u>歩きがたく</u>なりました。」（積雪了，道路因為雪的關係很難走。）→○「歩きにくく」

×「この映画は、<u>解釈しがたい</u>です。」（這部電影很難解釋。）→○「解釈しにくい」、「解釈が難しい」

×「もっとも<u>忘れにくい</u>のは、スピーチコンテストに参加したことです。」（我最難忘的是參加了演講比賽的事。）→○「忘れがたい」

　　翻譯成中文的話，「～がたい」是「不敢輕易～」、「～にくい」是「不容易～」吧。「～がたい」用來表達「<u>忘れがたい</u>思い出」（難忘的回憶）、「この選択も捨<u>てがたい</u>」（這個選項也難以割捨）等難以果斷行動的狀態，而「～にくい」則像「この靴は<u>履きにくい</u>」（這鞋子很難穿）、「この音は<u>発音しにくい</u>」（這個音很難發音）等東西不方便而難以實行的樣子。

×「父は穏やかで、<u>怒りにくい</u>人だ。」（父親很溫和，不容易生氣→不太生氣。）→○「あまり怒らない」

×「彼は一度聞いたことは<u>忘れがたい</u>。」（他聽過一次的事就不會忘記。）→○「忘れない」

　　在造句子時要注意，使用「〇〇は～がたい」、「〇〇は～にくい」的時候，〇〇的部分（也就是主語）並不是做動作的人。例如，用「彼がこの靴を履く」（他穿這鞋子）、「彼が道を歩く」（他走路）來造「～にくい」的句子時，能夠寫成「<u>この靴は履きにくい</u>。」（這鞋子很難穿。）、「<u>この道は歩きにくい</u>。」（這路很難走。）（主語的「この靴」（這鞋子）、「この道」（這路）不是做動作的人），但是不能寫成「×彼は靴を履きにくい人だ。」、「×彼は歩きにくい人だ。」（主語的「彼」是做動作的主人）。因為「～がたい」、「～にくい」只是審視事物對人方不方便的「評價形容詞」。

②「上手だ」和「よくできる」

×「陳さんは普段あまり勉強しませんが、<u>試験が上手</u>です。」（陳同學平常不太唸書，但是考試考得很好。）→○「よくできます」

×「妹は数学が<u>上手</u>です。」（妹妹數學很好。）→○「よくできます」、「得意です」

　　「上手」（擅長）、「下手」（不擅長）是用在鋼琴等樂器演奏、書寫文字、料理等需要技術的方面優劣，並非知識、理論方面。如果說了「あの人は日本語が<u>上手</u>だ。」（那個人日文很好。），那麼是指會話方面，絕對不是日文這項科目成績很好。就算對於歌曲無所不知，音樂科成績很好的人，只要是音痴就是「歌が下手」（不擅長唱歌）。而如果是成績、理論面優秀的話，會說「～がよくできる」（很會～）、「～に優れている」（～很優秀）、「～が得意だ」（擅長～）、「～のことをよく知っている」（熟知～）。

日本語

③「好きだ」と「気に入る」

×「私は、その先生が大変気に入っています。」→○「好きです」

×「この服が一番好きだ。これを買おう。」→○「気に入った」

　「好きだ」は普段の嗜好を表し、すべての対象について言うことができますが、「気に入る」は自分の管理可能な対象、例えば自分の部下や学生など目下の者や、自分の持ち物に限られます。ですから「先生が気に入った」と言うのは、まるで先生が目下の者のようで大変失礼ですね。

　服を買う時、服の好みを論じる場合は「こういう服が好きだ」と言いますが、特定の服を買おうとする時は「この服が気に入った」と言います。「好き」は「喜歡」、「気に入る」は「中意」ですね。

④「似合う」と「合う」と「ふさわしい」

×「音楽も映画に似合って、印象に残った。」→○「合って」「ふさわしくて」

×「先生の新しい髪型、とてもふさわしいですよ。」→○「似合います」

×「自分に似合う仕事を見つけたい。」→○「合う」

　「似合う」はファッション方面のことで、服装・髪型・持ち物などの服飾品が人に適合して美しく感じさせることです。

　「合う」は「人と服飾品」以外の組み合わせが適合していることです。例えば「この仕事はあなたに合っている。」などと使います。また、「自分に合った人を選びたい。」などと、結婚相手を決める場合などにも使います。「合う」が名詞化すると「似合い」となり、「似合いの夫婦」「あなたにお似合いの相手」などとなります。

　「ふさわしい」は、もともとレベルの高いものに対して同様にレベルの高いものが適合する状況を言います。「彼こそ、大統領にふさわしい人だ。」「このダイヤのネックレスは君にふさわしい。」などのように、人・物・服飾品・地位、全ての対象に関して使われます。

台灣日語 87

③「好きだ」和「気に入る」

×「私は、その先生が大変気に入っています。」（我很喜歡那位老師。）→○「好きです」

×「この服が一番好きだ。これを買おう。」（我最中意這件衣服。就買這件吧。）
　→○「気に入った」

　　「好きだ」用來表現平常的喜好，對所有對象都能使用，但是「気に入る」只用在自己能夠管理的對象，例如自己的下屬、學生等下位者，或是自己擁有的東西。所以，如果用「気に入った」來說「老師」，就像把老師當作下位者，非常失禮。

　　買衣服的時候，如果說「こういう服が好きだ」（我喜歡這種衣服）就只是在說平常的喜好傾向，但想要買特定衣服的時候要說「この服が気に入った」（我中意這件衣服）。以中文來說，「好きだ」是「喜歡」，「気に入る」是「中意」吧。

④「似合う」、「合う」和「ふさわしい」

×「音楽も映画に似合って、印象に残った。」（音樂也和電影很搭，令我印象深刻。）
　→○「合って」、「ふさわしくて」

×「先生の新しい髪型、とてもふさわしいですよ。」（老師的新髮型很合適。）
　→○「似合います」

×「自分に似合う仕事を見つけたい。」（我想找到適合自己的工作。）→○「合う」

　　「似合う」是指在時尚方面，如服裝、髮型、攜帶的東西等服飾品很適合某人，令人覺得很美。

　　「合う」則用在「人與服飾品」以外的組合很合適。例如「この仕事はあなたに合っている。」（這個工作很適合你）等。或是「自分に合った人を選びたい」（我想選適合自己的人）等，決定結婚對象的時候等也能使用。「合う」名詞化會變成「似合い」，如「似合いの夫婦」（很相配的夫妻）、「あなたにお似合いの相手」（很適合你的對象）等。

　　「ふさわしい」是指同樣等級很高的事物適合本來等級就很高的事物。如「彼こそ、大統領にふさわしい人だ。」（他才是最適合當總統的人。）、「このダイヤのネックレスは君にふさわしい。」（這條鑽石項鍊很適合你。）等，可以使用在人、物、服飾品、地位等所有對象。

日本語

2. 語彙の誤用—⑦類義語（7）

e. 使う場面が中国語訳と違う語

① 「気持が悪い」と「心情不好」

× 「その日、私は友だちとけんかして、気持が悪かったです。」→○「嫌な気持でした」

× 「しかし、運転手は『ダメだね』と乗車拒否しました。それで、気持が悪くなりました。」→○「ムッとしました」「頭に来ました」

× 「家族の誰かが病気になると、私は気持が悪いです。」→○「心が暗くなります」「悲しくなります」「落ち込みます」

　中国語の「心情不好」ほど訳語の多い言葉はないでしょう。また、日本語の「気持」「気分」ほどさまざまな意識状態を包み込んでいる言葉はないでしょう。

　まず、「気持が悪い」は「胃がむかついて吐きたい」という身体的な不調を表すのが基本です。これは、感情形容詞の用法ですね。次に、そのような身体的不調を催させるような対象をも示します。例えば「蛇は気持が悪い。」「あの人はニヤニヤして気持が悪い。」などです。これは、中国語の「噁心」に該当するでしょうか。これは、評価形容詞としての用法ですね。さらに、事柄が思うようにいかなくて精神的にすっきりしない心理を表すこともあります。「何日もお風呂に入れなくて気持が悪い。」「言いたいことを全部言わないのは気持が悪い。」など。但し、精神的な「気持が悪い」は「腹が立つ」や「不愉快だ」などのように他人から害を受けた結果に起きた感情ではなく、「ムッとする」などのような攻撃的な気分でもありません。あくまで自分だけの内感です。

　一方、「気持がいい」は「お風呂に入って気持がいい」など、やはり第一に身体的な爽快さを表します。しかし、おいしい物を食べて満足した時には、「気持がいい」とは決して言いません。「気持がいい」は、皮膚感覚の爽快感が主なのです。また、「試験が終わって気持がいい。」「いいことをした後は気持がいい。」など、精神的にすっきりした時にも用いられます。転じて、そのような感じを与える対象の属性にも用いられます。例えば「陳さんは、気持のいい青年ですね。」など。

台灣日語 88

2. 詞彙的誤用—⑦近義詞（7）

e. 使用場合跟中文不同的語詞

① 「気持が悪い」和「心情不好」

× 「その日、私は友だちとけんかして、<u>気持が悪かったです</u>。」（我那天和朋友吵架，心情不好。）→○「嫌な気持でした」

× 「しかし、運転手は『ダメだね』と乗車拒否しました。それで、<u>気持が悪くなりました</u>。」（但是司機卻說「不行啊」拒絕載我。讓我氣炸了。）→○「ムッとしました」、「頭に来ました」

× 「家族の誰かが病気になると、私は<u>気持が悪いです</u>。」（家中有人生病的話，我心情就會不好。）→○「心が暗くなります」、「悲しくなります」、「落ち込みます」

　　大概沒有詞彙像中文的「心情不好」有那麼多種譯文吧。此外，也沒有詞彙像日文的「気持」、「気分」那樣，包含了各種意識狀態吧。

　　首先，「気持が悪い」基本用於表達「反胃」這種身體方面的不適。這是情感形容詞的用法呢。再者，也表達引起那般身體不適的對象。例如「蛇は<u>気持が悪い</u>。」（蛇很噁心。）、「あの人はニヤニヤして<u>気持が悪い</u>。」（那個人帶著詭異的笑容，真噁心。）等。這應該相當於中文的「噁心」吧。而此處是評價形容詞的用法呢。此外，也能用於表達事情不如所想的進行，精神上不暢快的心理。「何日もお風呂に入れなくて<u>気持が悪い</u>。」（連續好幾天都不能洗澡，真不舒服。）、「言いたいことを全部言わないのは<u>気持が悪い</u>。」（不把想說的話全部說出來，真令人不舒坦。）等。但是精神上的「気持が悪い」並非像「腹が立つ」（生氣）或「不愉快だ」（不悅）等，是因為被他人所害引起的情感，也不是「ムッとする」（發火）等具攻擊性的心情。單純只是自己個人內心的感受。

　　另一方面，「気持がいい」用在「お風呂に入って気持がいい」（泡完澡很舒服）等，主要表達身體上的舒爽感。但是，吃了好吃的食物很滿足的時候，絕對不會用「気持がいい」。「気持がいい」主要用在肌膚的舒爽感。此外，「試験が終わって<u>気持がいい</u>。」（考試結束了很舒坦。）、「いいことをした後は気持がいい。」（做了好事後很舒坦。）等，精神上很痛快時也能用。也能轉用在給人那種感覺的對象屬性。例如「陳さんは、<u>気持のいい</u>青年ですね。」（陳先生是給人感覺很好的青年呢。）等。

日本語

　こう考えていくと、「気持が悪い」は決まった中国語訳がないようです。何を「気持が悪い」と表現するか、何を「心情不好」と表現するかは、まさに文化の差としか言いようがありませんね。

　ただ、「×しかし、運転手は『ダメだね』と乗車拒否しました。それで、気持が悪くなりました。」「×家族の誰かが病気になると、私は気持が悪いです。」などのように、他人の言動や状態が原因で引き起こされたマイナス心理には「気持が悪い」は使えないようです。

　「気持」の日本語は確かに「心情」だし、「不好」の日本語は確かに「悪い」です。しかし、「心情不好」は「気持が悪い」であるとは限りません。「腹が立つ」という言葉を「肚子站立」と訳す人は誰もいないでしょう。「心情不好」を一律に「気持が悪い」と訳すのではなく、そのたびごとに訳語を考える方が無難ですね。

② 「大丈夫だ」と「不要緊／没有関係」

×「あの人は目が見えないのだから、挨拶してもらえなくても大丈夫だ。」→○「気にしない」

　時々、ちょっとしたミスをして学生に「ごめんなさいね。」と謝ると、「いいえ、大丈夫です。」という答えが返ってきます。それを聞くとこちらは気が楽になるどころか、さらに罪悪感が増すのです。昨今、日本人がこの種の「大丈夫です」をよく使っているのを見かけます。

　「大丈夫だ」は、「危なげがないこと、傷害を受けていないこと」を表します。また、傷害を負っている怪我人や病人が「大丈夫ですか？」と聞かれて「大丈夫です。」と答えるのは「私の苦痛はそれほど大きくありません。」という意味なのです。ですから、相手に大きな打撃を与えてしまった場合（例えば相手にぶつかって転ばせてしまった場合など）などはともかく、相手に小さな迷惑をかけた場合（例えば約束の時間に3分遅刻した場合など）に「ごめんなさい」と謝罪して相手に「大丈夫です。」と言われると、「私があなたから受けた傷害はそれほど大きくありません。」と言われているようで、こちらとしては「私はこの人に傷害を与えてしまったのだろうか」と、かえって気になってしまうというものです。「ごめんなさい」「すみません」と言われたら、「いいえ、いいんですよ。」とか「いいえ、気にしないでください。」などの答を返す方がいいでしょう。

台灣日語 89

　　這樣看下來，「気持が悪い」似乎沒有固定的中文翻譯。什麼要用「気持が悪い」表達，什麼要用「心情不好」表達，真的只能說是文化差異呢。

　　只是，如「×しかし、運転手は『ダメだね』と乗車拒否しました。それで、気持が悪くなりました。」、「×家族の誰かが病気になると、私は気持が悪いです。」等因為其他人的言行、狀態引起負面心理的時候，似乎不能用「気持が悪い」。

　　「気持」的日文的確是「心情」，「不好」的日文也的確是「悪い」。但是，「心情不好」不一定是「気持が悪い」。就像沒有人會把「腹が立つ」翻譯成「肚子站立」吧。別把「心情不好」一律翻譯成「気持が悪い」，而是依情況考慮譯文比較保險。

② 「大丈夫だ」和「不要緊／沒有關係」

×「あの人は目が見えないのだから、挨拶してもらえなくても大丈夫だ。」（他的眼睛看不見，不跟我打招呼也沒關係。）→○「気にしない」

　　有時候稍微有些失誤，跟學生說「ごめんなさいね。」（抱歉啊。）道歉，就會聽到「いいえ、大丈夫です。」（沒事，不要緊。）的回答。聽到這樣的回答，心情上根本不會輕鬆，反而罪惡感會更提升。不過最近常常看到日本人使用這種「大丈夫です」。

　　「大丈夫だ」是表達「沒有危險，沒受到傷害的意思」。此外，受傷的人或病人被問「大丈夫ですか？」（不要緊吧？）回答「大丈夫です。」（不要緊。）是表達「我的痛苦沒那麼嚴重」。所以，姑且不論不小心大力撞擊對方的狀況（例如不小心撞倒對方的狀況等），或是給對方造成些微困擾的狀況（例如比約定的時間晚 3 分鐘到等），向對方說「ごめんなさい」（對不起）道歉，這時如果被對方說「大丈夫です。」（不要緊。），就像被說了「我被你傷害到的部分沒那麼嚴重」一樣，反而令人會更在意「我是不是不小心傷到這個人了」。聽到「ごめんなさい」、「すみません」時，回答「いいえ、いいんですよ。」（沒事，沒有關係。）、「いいえ、気にしないでください。」（沒事，請別介意。）等比較好。

日本語

2. 語彙の誤用―⑦類義語（7）

e. 使う場面が中国語訳と違う語

③ 「もう」と「已経」

×a「先生、私は<u>もう</u>大学院の試験に合格しました。」→○「φ」（φは「不要」の意）

×b「癌で半年入院していた母は、<u>もう</u>亡くなりました。」→○「φ」

×c「私は先輩から〇〇さんが<u>もう</u>離婚したことを知りました。寝耳に水でした。」
　　→○「φ」

　これらは文法的には正しい文で、「もう」も文法上は何の問題もありません。しかし、aは単なる合格の報告の文なのですが、日本人がこれを聞いたら何だかこの学生に「先生はまだ知らなかったんですか?」と、こちらの認識の遅れを非難されているような気がしてしまいます。また、bを読むと、何だかこの人が親の死ぬのを待っていたかのような不謹慎な印象を受けないでしょうか。さらに、cは「〇〇さん」が離婚するのを予想していたという前提が感じられますね。これらの「もう」は、何故こういった余分な情意を引き起こしてしまうのでしょうか?

台灣日語 90

2. 詞彙的誤用─⑦近義詞（7）

e. 使用場合跟中文不同的語詞

③「もう」和「已經」

× a「先生、私は<u>もう</u>大学院の試験に合格しました。」（老師，我已經考上研究所了。）→○「φ」

× b「癌で半年入院していた母は、<u>もう</u>亡くなりました。」（因為癌症住院的母親已經過世了。）→○「φ」

× c「私は先輩から○○さんが<u>もう</u>離婚したことを知りました。寝耳に水でした。」（我從前輩那裡得知○○さん已經離婚了。真是晴天霹靂。）→○「φ」

（「φ」這個記號是「無」的意思。也就是說該處不需要任何東西，不必加上「もう」這個副詞。）

　　這些在文法上都是正確的，「もう」在文法上也沒有任何問題。但是，a只是純粹報告考上了的句子，要是日本人聽了，會感覺這個學生好像在說「老師你還不知道啊？」指責老師太晚知道。再者，閱讀b時，會感覺這個人一直等著母親過世，發言不當吧。然後，c則感覺是已經預料到「○○さん」會離婚的前提呢。這些「もう」，為什麼會引起這種額外的感覺呢？

日本語

　日本語の「もう」は「事態を認識した時点が、事態が発生した時点よりも遅い」と言うことを表します。例えば、「あ、授業がもう始まっている。」という文は、「授業が始まった」時間が、話者が「授業が始まった」ことを認識する時間よりも早かったことを示します。また、「私が帰った時には、妻はもう寝ていた。」という例では、事態を認識した時点（私が帰った時）が、事態が発生した時点（妻が寝た時点）よりも遅かったことを示しています。ですから、「私はもう合格しました」と言われると、「合格したという事態を教師が認識した時点」の方が「学生が合格したという事態が発生した時点」よりも遅かった、と言っていることになり、教師の認識が遅れていると非難されているような気持になってしまうのです。このような「もう」は不要で、ただ「先生、私は大学院に合格しました。」と、「もう」抜きで言ってくれればよいのです。

　それでは、何故学生はこのような不要な「もう」を使うのでしょうか。

　中国語の動詞はテンス（時式）を含まないので、中国語のテンスは副詞や文脈によるところが大きいのです。「已経」という副詞は、完了の標識になっています。つまり、完了時制（完成式）を表したい時は「已経」を用いることができます。それ故、「もう合格しました」「もう亡くなりました」という表現が出てくるわけです。

　ところが、日本語の場合、完了時制は動詞語尾の「タ」によって既に示されているので、「もう」は不要なのです。日本語で「もう」が発話されるのは、「もうご飯を食べました。」「母さんはもう寝ました。」など、日常繰り返し行われることの完了を表す場合だけで、それ以外の場合に用いると、聞き手の認識の遅れを非難するという含みを持ってしまうのです。

　このような不要の「もう」は、聞き手に焦燥感、罪悪感、不謹慎感などの不要な情意を呼び起こすことになります。「もう」と「已経」は、訳語は正しいけど両国語の適用範囲が違う好例です。

台灣日語 91

　　日文的「もう」是用來表達「知道事情的時間點比事情發生的時間點晚」。例如「あ、授業がもう始まっている。」（啊，已經開始上課了。）這個句子，表達「開始上課了」的時間比說話者「知道開始上課了」這件事的時間更早。此外，「私が帰った時には、妻はもう寝ていた。」（我回家的時候，妻子已經睡了。）這個例句中，知道事情的時間點（我回家的時候）比事情發生的時間點（妻子睡了的時間點）更晚。所以，如果聽到「私はもう合格しました」（我已經考上了），就是在說「老師知道考上了這件事的時間點」比「學生考上了這件事發生的時間點」更晚，感覺是在指責老師知道得很晚。像這樣的「もう」就不需要，只要像「先生、私は大学院に合格しました。」（老師，我考上研究所了。），去掉「もう」就行了。

　　那麼，為什麼學生會不小心用這個不需要的「もう」呢？

　　因為中文的動詞不包含時態，所以中文的時態大多依副詞、上下文而定。「已經」這個副詞成了「完成」的標識。也就是說，想要表達完成時態（完成式）時，可以使用「已經」。因此，會出現「もう合格しました」（已經考上）、「もう亡くなりました」（已經過世）這種表達方式。

　　但是，日文的完成時態已藉由動詞語尾的「た」表達，所以不需要「もう」。日文中，使用「もう」表達的，只有「もうご飯を食べました。」（我已經吃過飯了。）、「母さんはもう寝ました。」（媽媽已經睡了。）等，表達日常生活中反覆進行的事完成時，要是用在其他場合，就會隱含責備聽話人很晚才知道情況的意思。

　　這種不需要的「もう」，會令聽話者感到焦躁、罪惡、輕率等多餘的情緒。「もう」和「已經」是譯語正確，但是兩國語言的適用範圍不同的好例子。

日本語

3. 文法の誤用—①文の問題（1）

① × 「私は学生から、勉強することが仕事です。」→〇「私は学生だから」

　文には動詞文、イ形容詞文、ナ形容詞文、名詞文、の４種があります。

動詞文：　　　「私は<u>もてる</u>。」

イ形容詞文：「私は<u>美しい</u>。」

ナ形容詞文：「私は<u>きれいだ</u>。」

名詞文：　　　「私は<u>美人だ</u>。」

　（例文に名を借りて、ちゃっかり自己主張しちゃいました。ハハハハ。）問題なのは、ナ形容詞文と名詞文です。よく宣伝文のコピーなどで「私は17。心は雅（みやび）。」などという、ダ抜き文を見かけます。また、新聞の見出しで「犯人は中学生」などと、これもダ抜き文が見られます。本来は「私は<u>17だ</u>。心は<u>雅だ</u>。」「犯人は<u>中学生だ</u>」などと、最後の名詞や形容詞にダを付けて初めて「文」になるのです。動詞とイ形容詞はそのまま述語になりますが、ナ形容詞と名詞の場合は、ダを付けないと述語になりません。（ダを動詞の一種と考える学者もいます。）ですから、コピー文や新聞の見出しは、「文」とは言えません。また、学生に「あなたのお名前は？」と名前を尋ねられた時、「陳某某。」などと「です」抜きで答えるのは大変失礼に響きます。そういう時、私は学生に「陳某某<u>です</u>。」と言い直させることにしています。

　原因・理由を表すカラは、「文」の後に付けることができます。例えば、

「<u>私はもてる</u>から、ボーイフレンドには事欠かない。」

「<u>私は美しい</u>から、化粧しなくてもいい。」

「<u>私はきれいだ</u>から、いつも注目される。」

「<u>私は美人だ</u>から、女優になろうかな。」

などです。ですから、「私は学生だ」という文の後に、初めてカラが付けられるのです。

台灣日語 92

3. 文法的誤用—①句子的問題（1）

① ×「私は学生から、勉強することが仕事です。」（因為我是學生，我的工作就是唸書。）→○「私は学生だから」

日文句子有動詞句、イ形容詞句、ナ形容詞句、名詞句4種。

動詞句：　　「私は<u>もてる</u>。」　　（我很受歡迎。）

イ形容詞句：「私は<u>美しい</u>。」　　（我很美。）

ナ形容詞句：「私は<u>きれいだ</u>。」（我很漂亮。）

名詞句：　　「私は<u>美人だ</u>。」　　（我是美女。）

（趁機借用例句的名義自誇一下。哈哈哈哈。）會有問題的是ナ形容詞句和名詞句。在廣告文句的文稿等會看到「私は17。心は雅（みやび）。」（「我17（歲）。內心風雅。」）等去掉だ的句子。此外，在報紙標題也能看到「犯人は中学生」（犯人是國中生）等也是去掉だ的句子。本來應該要是「私は <u>17</u> だ。心は<u>雅</u>だ。」、「犯人は<u>中学生</u>だ」等在最後的名詞或形容詞加上だ，才成為完整的「句子」。動詞和イ形容詞能直接用作述語，但是ナ形容詞和名詞則需要加上だ才能用作述語。（也有學者把だ看作動詞的一種。）所以，廣告文句或報紙的標題不能稱作完整的「句子」。另外，問學生「あなたのお名前は？」（你叫什麼名字？）詢問大名時，「陳某某。」等去掉「です」的回答方式感覺非常失禮。這種時候，我會要求學生重新回答「陳某某です。」。

表達原因、理由的から可以接在「句子」的後方。例如：

「<u>私はもてる</u>から、ボーイフレンドには事欠かない。」（因為我很受歡迎，所以不缺男友。）

「<u>私は美しい</u>から、化粧しなくてもいい。」（因為我很美，所以不用化妝。）

「<u>私はきれいだ</u>から、いつも注目される。」（因為我很漂亮，總是受到矚目。）

「<u>私は美人だ</u>から、女優になろうかな。」（因為我是美女，所以去當女演員好了。）

等。所以要在「私は学生だ」（我是學生）這樣的完整句子後，才能加上から。

日本語

② ×「最近、日本語の乱れが著しいである。」→○「著しい」

　文には文体（文のスタイル）というものがあります。文体には丁寧体（デス・マス体）と普通体（ダ体）があることは、皆さんご存知ですね。（丁寧体は敬体とも言い、普通体は常体とも言いますね。）ここで少し復習しておきましょう。

［動詞］

丁寧体：行きます - 行きません - 行きました - 行きませんでした - 行きましょう

普通体：行く　　 - 行かない　 - 行った　　 - 行かなかった　　 - 行こう

［イ形容詞］

丁寧体：高いです - 高くありません - 高かったです - 高くありませんでした -
　　　　高いでしょう

普通体：高い　　 - 高くない　　　 - 高かった　　 - 高くなかった　　　　　 -
　　　　高いだろう

［ナ形容詞］

丁寧体：静かです - 静かでありません - 静かでした - 静かでありませんでした -
　　　　静かでしょう

普通体：静かだ　 - 静かでない　　　 - 静かだった - 静かでなかった　　　　 -
　　　　静かだろう

［名詞］

丁寧体：子供です - 子供でありません - 子供でした - 子供でありませんでした -
　　　　子供でしょう

普通体：子供だ　 - 子供でない　　　 - 子供だった - 子供でなかった　　　　 -
　　　　子供だろう

　その他に、デアル体というのがあります。（夏目漱石の『吾輩は猫である』という小説は有名ですね。）このデアル体は、ダ体（普通体）よりももったいぶった言い方ですが、ダと全く同じ用い方をします。つまり、ナ形容詞普通体と名詞普通体のダをデアルに、ダッタをデアッタに、ダロウをデアロウに変えればいいだけなのです。ですから、デアル体は動詞とイ形容詞には適用できないことになります。それ故、「×著しいである」は間違いになるのです。

台灣日語 93

② ×「最近、日本語の乱れが著しいである。」（最近日文亂用的現象很顯著。）

　　→〇「著しい」

　　句子有文體之別。大家應該都知道，文體分成丁寧體（デス・マス體）和普通體（ダ體）。（丁寧體又稱敬體，普通體又稱常體。）我們在這裡先複習一下吧。

〔動詞〕

丁寧體：行きます - 行きません - 行きました - 行きませんでした - 行きましょう

普通體：行く　　 - 行かない　 - 行った　　 - 行かなかった　　 - 行こう

〔イ形容詞〕

丁寧體：高いです - 高くありません - 高かったです - 高くありませんでした -
　　　　高いでしょう

普通體：高い　　 - 高くない　　　　 - 高かった　　 - 高くなかった　　　　 -
　　　　高いだろう

〔ナ形容詞〕

丁寧體：静かです - 静かではありません - 静かでした - 静かでありませんでした -
　　　　静かでしょう

普通體：静かだ　 - 静かでない　　　　 - 静かだった - 静かでなかった　　　　 -
　　　　静かだろう

〔名詞〕

丁寧體：子供です - 子供ではありません - 子供でした - 子供でありませんでした -
　　　　子供でしょう

普通體：子供だ　 - 子供でない　　　　 - 子供だった - 子供でなかった　　　　 -
　　　　子供だろう

　　此外還有デアル體。（夏目漱石的小說《吾輩は猫である》（我是貓）很有名呢。）這個デアル體比ダ體（普通體）更裝模作樣，不過用法和だ完全相同。也就是說，只要把ナ形容詞普通體和名詞普通體的だ換成である，だった換成であった，だろう換成であろう就行了。所以デアル體不適用動詞和イ形容詞。因此「×著しいである」是錯誤的。

日本語

3. 文法の誤用─①文の問題（**2**）

　では、こんな古風なデアル体がなぜ現在でも必要とされるのでしょうか。次の例を見ましょう。

③ ×「彼は、医者を非常に誇りに思っている。」→〇「医者であること」

　「○○を誇りに思う」という文の場合、「私は父を誇りに思う」のように誇りの内容が名詞の場合は問題がないのですが、誇りの内容が文である場合は、最後に「こと」を付けて名詞化しないといけません。

［動詞文＋こと］：　　例「彼は、息子がアメリカに留学したことを誇りに思っている。」

［イ形容詞文＋こと］：例「私は、友達が多いことを誇りに思っている。」

［ナ形容詞文＋こと］：例「父は、外国語が堪能なことを誇りに思っている。」

　さて、ここでハタと困るのが名詞文です。「彼は医者だ」にそのまま「こと」を付けると「×彼は医者だことをを誇りに思っている。」と、変な文になってしまいますね。名詞を述語化するダは「こと」に繋がらないのです。ここで登場するのがデアル文です。「医者だ」を「医者である」にすれば「医者であること」となり、見事に「こと」に繋がります。

　もともと、「～～です」は「～～であります」の縮約形で、本来は「～であります」が主流だったのです。（昔の軍隊では、「名詞・ナ形容詞＋であります」が正式な話し方でした。）

　皆さんは、こんなことを疑問に感じたことはないでしょうか。動詞の場合は「行きます」の否定形は「行きません」だから、「ます―ません」という系統的な形態変化が理解できる、しかし、名詞やナ形容詞の場合、「子供です」の否定形は「子供でありません」となって「です―でありません」の形態変化はずいぶん非系統的じゃないか、第一、否定形の方が長過ぎる……この疑問は実に正当なものです。実は、本来は「子供であります」が正統な形だったのですから、「あります―ありません」となり、やはり「ます―ません」という形態変化を踏襲しているわけです。

台灣日語 94

3. 文法的誤用—①句子的問題（2）

那麼，為什麼現在還需要這種古典的デアル體呢。我們看下面的例子吧。

③ ×「彼は、医者を非常に誇りに思っている。」（他對身為醫生感到非常自豪。）

　　→○「医者であること」

「○○を誇りに思う」這個句子中，如果像「私は父を誇りに思う」（我以父親為榮），感到光榮、自豪的內容是名詞就沒有問題，但若感到光榮、自豪的內容是句子，最後必須加上「こと」來名詞化。

［動詞句＋こと］　　　：**例**「彼は、息子がアメリカに留学したことを誇りに思っている。」（他為兒子去美國留學的事感到自豪。）

［イ形容詞句＋こと］：**例**「私は、友達が多いことを誇りに思っている。」（我對朋友很多的事感到自豪。）

［ナ形容詞句＋こと］：**例**「父は、外国語が堪能なことを誇りに思っている。」（父親對自己外文很好的事感到自豪。）

那麼，這裡最令人猝然困惑的就是名詞句了。「彼医者だ」（他是醫生）直接加上「こと」，就會變成「×彼は医者だことを誇りに思っている。」這種奇怪的句子吧。把名詞化為述語的だ不接「こと」。這時派上用場的就是である句。把「医者だ」變成「医者である」，就可以變成「医者であること」，順利接上「こと」。

本來「～～です」是「～～であります」的簡化形，原本「～であります」才是主流。（以前軍隊中，「名詞・ナ形容詞＋であります」才是正式的說法。）

動詞時，「行きます」（去）的否定形是「行きません」（不去），「ます—ません」這種有系統的形態變化還能理解，但是，名詞或ナ形容詞時，「子供です」（是孩子）的否定形是「子供でありません」（不是孩子），「です—でありません」的形態變化也太沒系統，姑且不論其他點，否定形也長太多了吧……大家不曾有過這種疑惑嗎？會有這種疑問是理所當然的。其實，原本「子供であります」才是正統的形式，那麼就會是「であります—でありません」仍然遵循著「ます—ません」這種形態變化。

日本語

④ a ×「姉はきれいで優しい<u>娘だが</u>、妹は醜くて意地悪な娘です。」→〇「娘ですが」
「娘だけど」

　b ×「今、台湾はまだ<u>暑いですが</u>、日本はもう寒くなっている。」→〇「暑いが」

　c ×「家に<u>帰ったが</u>、誰もいませんでした。」→〇「帰りましたが」「帰ったけど」

　さて、文体を巡る規則はもう一つあります。逆接の接続助詞ガを使って2つの文を接続した場合、「文1が文2」となりますね。この場合、文1と文2を同じ文体にしなければなりません。aの例では文1が普通体で文2が丁寧体、bの例では文1が丁寧体で文2が普通体になっていますね。これは、日本人には大変見苦しいと感じられます。どちらかに統一しなければいけません。

　一般に、作文を書く時は丁寧体と普通体を混ぜて書いてはいけません。（日本人はこのことを、小学校1年生の時に叩き込まれます。）どちらかの文体を選んで、丁寧体で書き始めたら最後まで丁寧体、普通体で書き始めたら最後まで普通体を貫き通してくださいね。

　しかし、接続助詞を用いる場合、文体を統一しなければならないのはガを用いる時だけです。他の接続助詞、ケド、ノニ、カラ、ノデ、シ、ナラ、ト、などを用いて「文1＋接続助詞＋文2」の文を作る時は、文1は常に普通体を用います。もちろん、会話の場合は丁寧さを表現するために「あの時はまだ<u>子供でしたから</u>、何もわかりませんでした。」などのように文1を丁寧体で言うこともありますが、書き言葉の場合は文1はすべて普通体で結構です。

　では、どうしてガを用いる時だけ文1と文2の文体を統一しなければいけないのでしょうか。それは、ガで接続された場合、文1の独立性が高くなるからです。南不二男先生はあらゆる接続助詞の付いた文1を調査し、ガを用いた文1が最も独立性が強いことを証明されました。詳しくは南不二男著『現代日本語の構造』という本に書かれていますから、関心のある方はご覧ください。

台灣日語 95

④ a ×「姉はきれいで優しい<u>娘だが</u>、妹は醜くて意地悪な娘です。」（姐姐是個漂亮又溫柔的女孩，妹妹卻是個又醜又壞心的女孩。）→○「娘ですが」、「娘だけど」

b ×「今、台湾はまだ<u>暑いですが</u>、日本はもう寒くなっている。」（現在台灣還很熱，但是日本已經變冷了。）→○「暑いが」

c ×「家に<u>帰ったが</u>、誰もいませんでした。」（我回到家卻沒有任何人在家。）→○「帰りましたが」、「帰ったけど」

那麼，還有一個與文體相關的規則。就是使用逆接接續助詞が連接2個句子，會變成「句1が句2」。這時句1和句2必須是相同的文體。a的例句中，句1是普通體，句2是丁寧體；b的例句中句1是丁寧體，句2是普通體。這對日本人來說，看了很不舒服。必須統一成其中一方。

一般寫作文時，不能將丁寧體和普通體一起使用。（日本人從小學1年級就被灌輸這個概念。）請選擇其中一種文體，丁寧體開始就用丁寧體結束，普通體開始就用普通體結束。

但是，使用接續助詞時，必須統一文體的只有使用が的時候。使用其他的接續助詞，けど、のに、から、ので、し、なら、と等，造出「句1＋接續助詞＋句2」的句子時，句1永遠都用普通體。當然，對話時為了表達貌，也有如「あの時はまだ<u>子供でしたから</u>、何もわかりませんでした。」（那時我還是孩子，所以什麼都不懂。）等句1使用丁寧體的情況，但是書面的話，句1都用普通體即可。

那麼，為什麼只有使用が時句1和句2的文體必須統一呢。那是因為使用が連接時，句1的獨立性會更高。南不二男教授調查帶有各種接續助詞的句1，證明了使用が的句1獨立性最強。詳細內容寫於南不二男著的《現代日本語の構造》（現代日語的構造）一書，有興趣的人可以參考一下。

第11部

台灣日本語

197

日本語

3. 文法の誤用―②構文の問題

① ×「一番困ったのは、敬語の使い方が<u>わからなかった</u>。」→○「わからなかった
　ことだ」

　皆さん、次の文が間違っていることはおわかりですね。

　　×「私の趣味は、ピアノを<u>弾きます</u>。」→○「弾くことです」

　日本語は述語論理です。述語（この場合は「弾きます」という動詞）を中心に、
他の要素が配列されます。「弾きます」という動作をする動作主は「私」ですね。
しかし、主語は「私の趣味」です。「私の趣味」という抽象名詞は動作主になり得
ません。ここで一つの構文規則を述べます。それは、「抽象名詞が主語の時は、述
語は動作動詞ではない」ということです。（「ある」「一致する」「異なる」「似る」
などは動作動詞ではありません。）なぜなら、意志的な動作をするのは人間や有情
物だけですから。上の例の場合は、動詞に「こと」を付けて名詞化し、名詞述語に
します。

② ×「この映画は、アメリカの南北戦争の時の恋愛を<u>描きました</u>。」→○「描いた
　ものです」

　主語は「この映画」ですから、やはり人間ではありません。しかし、①の例と違
って、「～こと」では不都合です。「映画」は具体的な「物」だからです。名詞の
種類をご紹介しましょう。

　　モノ名詞：具体的な物を表す。　例「テレビ」「扇風機」「教科書」など。
　　デキコト名詞：出来事（event）を表す。　例「授業」「そうじ」「オリンピック」
　　　　　　　　　など。
　　サマ名詞：物の様子を表す。「～の」を伴う。　例「一戸建て」「上機嫌」「路傍」
　　　　　　　など。
　　動作名詞：動作を表す。「～する」を伴う。　例「選択」「旅行」「チェック」など。
　　抽象名詞：抽象概念を表す。　例「自由」「義務」「愛情」など。漢語が多い。
　　「映画」はモノ名詞ですから、「～～ものだ」という述語がふさわしいのです。

③ ×「なぜなら、私はたくさんの事故を見たことが<u>あります</u>。」→○「あるからで
　す」

　「なぜなら」「どうしてかと言うと」「それは」などは原因・理由を求める言葉
です。これらの言葉が冒頭に来ると、述語は必ず「～からだ」で締め括られます。

台灣日語 96

3. 文法的誤用—②構句的問題

① ×「一番困ったのは、敬語の使い方が<u>わからなかった</u>。」（最困擾的，就是不懂敬語的使用方式。）→〇「わからなかったことだ」

大家知道接下來這個句子錯了，對吧？

　×「私の趣味は、ピアノを<u>弾きます</u>。」（我的興趣是彈鋼琴。）→〇「弾くことです」

日文是述語邏輯的語言。意即其他要素以述語（這裡的述語是動詞「弾きます」）為中心排列。「弾きます」這個動作的主人是「我」吧。但是，主語是「我的興趣」。「我的興趣」這個抽象名詞不能用作動作的主人。這裡向大家介紹一項造句的規則。那就是「抽象名詞作主語時，述語非動作動詞。」（「ある」（有）、「一致する」（一致）、「異なる」（不同）、「似る」（像）等不是動作動詞。）為什麼呢？因為只有人類或有意識者才能做有意識的動作。上述的例子中，要將動詞加上「こと」名詞化為名詞述語。

② ×「この映画は、アメリカの南北戦争の時の恋愛を<u>描きました</u>。」（這部電影描寫的是美國南北戰爭時的戀愛。）→〇「描いたものです」

因為主語是「這部電影」，不是人類。但是與①的例子不同，「～こと」反而不合。因為「電影」是具體的「物品」。以下介紹名詞的種類吧。

　　物品名詞：表示具體的東西。「テレビ」（電視）、「扇風機」（電風扇）、「教科書」（課本）等。

　　事件名詞：表示事件（event）。「授業」（上課）、「掃除」（打掃）、「オリンピック」（奧運）等。

　　狀態名詞：表示物體的狀態。與「～の」連用。「一戸建て」（獨棟）、「上機嫌」（心情好）、「路傍」（路邊）等。

　　動作名詞：表示動作。與「～する」連用。「選択」（選擇）、「旅行」、「チェック」（檢查）等。

　　抽象名詞：表達抽象概念。「自由」、「義務」、「愛情」等。多為漢語。

「電影」是物品名詞，因此「～～ものだ」這樣的述語才合適。

③ ×「なぜなら、私はたくさんの事故を見たことが<u>あります</u>。」（因為我曾看過很多意外。）→〇「あるからです」

「なぜなら」、「どうしてかと言うと」、「それは」等是探求原因、理由的語詞。當這些作句首時，述語一定會用「～からだ」作結。

3. 文法の誤用―③テンス（時式）、アスペクト（動貌）の問題（1）

　今回から、テンス（tense）、アスペクト（aspect）というテーマに入ります。テンスとは時制のことで、アスペクトとは動作の段階―動作の開始時か途中か終了時かという問題―のことです。わあ、何だか難しそう、と恐れることはありません。つまり、動詞を使う時、「スル」「シタ」「シテイル」「シテイタ」のどれを選ぶか、という問題なのです。例えば「昨天我跟朋友去看電影。」という文を作る時に、「昨日、友達と映画に……」その先は「行く」「行った」「行っている」「行っていた」のどれを選ぶべきか。昨日のことだから過去形の「行った」を選ぼう……そういう問題なのです。「スル」「シタ」「シテイル」「シテイタ」を一つ一つ解説していきましょう。

a. スル：まず皆さんにお伝えしたいのは、「スル」形は通常「現在形」という名称ですが、決して「現在」を表さないということです。「スル」は次の1) 2) の時制（テンス）を表します。

1) 未来を表す。　**例**「私は来年、日本に留学します。」
　　　　　　　　　　「私は明日、5時に起きる。」

2) 超時を表す。　**例**「太陽は東から昇る。」「日本人は米を食べる。」
　　　　　　　　　　「母は毎日5時に起きる。」

　「超時」というのは、いつも変わらない動きを示します。太陽が東から昇るというのは、永遠の真理ですね。また、人間の動きに関しては、習慣的行為を表します。日本人は米を主食としているし、私の母は毎日5時に起きます。「5時に起きる」という行為は、「明日は」という副詞が付くと未来のことになり、「毎日」という副詞が付くと超時になるわけです。

① ×「彼は今高校三年生で、大学の入学試験を準備します。」→○「準備しています」

　　×「私は今、台北に住みます。」→○「住んでいます」

　スル形は決して現在の動きを表さず、現在の動作を表すのはシテイル形です。「準備します」ではまだ準備していなくてこれから準備することになり、「台北に住みます」では未来に住むことになってしまいます。「結婚したら台北に住みます」のように未来の予定を言う場合ならOKですよ。

中文

3. 文法的誤用—③時式、動貌問題（1）

　　這回開始進入時式（tense）、動貌（aspect）的主題。tense 是時式，aspect 是動作的階段——指動作是開始時、中途、還是結束時的問題。大家不必覺得「哇，好像很難」而擔心。簡單地說，就是使用動詞時，要選擇「する」、「した」、「している」、「していた」中哪一個的問題。例如，想造「昨天我跟朋友去看電影。」這個句子時，「昨日、友達と映画に……」接下來該選「行く」、「行った」、「行っている」、「行っていた」的哪一個呢。這時因為是昨天的事，所以該選過去式「行った」……就是像這樣的問題。我們一個個解說「する」、「した」、「している」、「していた」吧。

a. する：首先想告訴大家的是，「スル」形一般被稱作「現在形」，但絕對不是表達「現在」。「する」表現以下 1)、2)的時式。

1)表示未來。　　例「私は来年、日本に留学します。」（我明年要去日本留學。）、「私は明日、5 時に起きる。」（我明天 5 點要起床。）

2)表示常態。　　例「太陽は東から昇る。」（太陽從東方升起。）、「日本人は米を食べる。」（日本人吃米飯。）、「母は毎日 5 時に起きる。」（我媽媽每天 5 點起床。）

　　「常態」指的是一直不變的動作。太陽從東方升起是永恆的真理對吧。此外，在人類的動作方面則表示習慣行為。日本人以米飯為主食，而我媽媽也的確每天都在 5 點起床。「5 時に起きる」這個行為如果加上「明日は」（明天）這個副詞，就會變成未來的事，加上「毎日」（每天）這個副詞，就會變成常態。

① ×「彼は今高校三年生で、大学の入学試験を準備します。」（他現在是高中三年級學生，正在準備大學入學考試。）→〇「準備しています」

　　×「私は今、台北に住みます。」（我現在住在台北。）→〇「住んでいます」

　　スル形絕對不是表達現在的動作。現在的動作由「シテイル」形表示。「準備します」會變成還沒準備，接下來要準備，「台北に住みます」則會變成是未來要住。如「結婚したら台北に住みます。」（如果我結了婚就住台北。）等，說明未來的預定時就 OK 喔。

日本語

3. 文法の誤用─③ テンス（時式）、アスペクト（動貌）の問題（2）

b. シタ：「シタ」は次のことを表します。1) がテンスで、2) がアスペクトです。

1) 過去に起こった一回限りの出来事を表す。　例「昨日、先生が家に<u>来た</u>。」

2) 完了時制を表す。中国語の「了」に該当する。　例「春が<u>来た</u>。」「あっ、先生が<u>来た</u>。」

　過去のことをシタ形で表すのは英語も同じですから、理解しやすいかと思います。しかし、「昨日」「先週」など時間を表す副詞がなければ、過去の出来事ではなく、今終わったばかりの出来事、つまり完了時制を表します。「春が<u>来た</u>。」というのは、「現在、春だ。」ということと同じですね。また、「あっ、先生が<u>来た</u>。」というのは、先生がこちらに向かって歩いてくるのを見ながら言っていること、つまり現在のことですね。中国語では「春天到<u>了</u>。」「老師來<u>了</u>。」になるでしょう。中国語には完了を表す「了」という助動詞がありますが、日本語にはありません。過去も完了も「シタ」で表します。───いや、古文には完了の助動詞があったのです。アメリカの有名な小説（映画にもなった）、'Gone with the Wind'（中国語では『亂世佳人』『隨風而去』『飄』などと訳されている）をご存知ですね。この 'Gone' の部分は完了時制ですが、これを日本語では『風と共に<u>去りぬ</u>』と、古語の完了助動詞「ぬ」を使って表しています。現代語には完了の助動詞がないから、わざわざ古語を使ったわけです。これを『風と共に<u>去った</u>』とやってしまっては、過去だか完了だかわからなくて、完了したという余韻が残らなくなってしまいますね。

② ×「この文章を見て、私は深い感銘を<u>受けます</u>。」→〇「<u>受けました</u>」

　　×「最近、死刑制度に反対する人が多く<u>なります</u>。」→〇「多く<u>なりました</u>」

　完了時制とは「今終わったばかりの出来事の結果が残っている状態」を表します。英語で 'He went to Japan.' と言えば、過去のある時点で彼は日本へ行ったという事実を表すだけですが、'He has gone to Japan.' と言えば、彼は日本に行ってしまって今ここにいない、という出来事の結果を表しますね。完了時制はシタを用いますが、現在の状況を表しているわけです。②の誤用は、完了時制が現在の状況を表すという認識に引きずられて、ついスル形を使ってしまったものでしょう。この 2 つの動詞、完了を表すシタですよ。

台灣日語 98

3. 文法的誤用─③ 時式、動貌問題（**2**）

b. した：「した」表達以下狀況。1）是時式，2）是動貌。

1）表達過去只發生過一次的事件。例如：「昨日、先生が家に<u>来た</u>。」（昨天老師
　　來我家了。）

2）表示完成時式。相當於中文的「了」。例如：「春が<u>来た</u>。」（春天來了。）、「あっ、
　　先生が<u>来た</u>。」（啊，老師來了。）

　　用シタ形表示過去這點英文中也相同，所以我想應該很好理解。但是，如果沒有
「昨日」（昨天）、「先週」（上週）等表達時間的副詞，就不是過去發生的事件，
而是表達剛結束的事件，也就是完成時式。「春が<u>来た</u>。」等同於「現在是春天」。
而「あっ、先生が<u>来た</u>。」則表示一邊看著老師正朝這裡走來一邊說，也就是現在發
生的事。中文會用「春天到<u>了</u>。」、「老師來<u>了</u>。」吧。中文裡，有表達完成的助
動詞「了」，但是日文沒有。過去和完成都用「した」表示。──不過，以前古文
其實有表達完成的助動詞。大家知道美國的知名小說（也拍過電影），'Gone with the
Wind'（中文翻作《亂世佳人》、《隨風而去》、《飄》等）吧。這個 'Gone' 的部分
是完成時式，在日文翻作《風と共に<u>去りぬ</u>》，使用古文的完成助動詞「ぬ」來表達。
正因為現代文中沒有完成的助動詞，才特地使用古文。如果錯用成《風と共に<u>去った</u>》
的話，就不知道是過去還是完成，不會留下已經結束了的餘韻呢。

② ×「この文章を見て、私は深い感銘を<u>受けます</u>。」（看了這篇文章，我深受感動。）
　　→〇「<u>受けました</u>」

　　×「最近、死刑制度に反対する人が<u>多くなります</u>。」（最近反對死刑制度的人變
　　多了。）→〇「<u>多くなりました</u>」

　　完成時式表達「事件剛結束，但其結果還殘留著的狀態」。用英文說 'He went to
Japan.' 的話，只是表達過去的某個時間點他去過日本的事實，但是，說 'He has gone
to Japan.' 的話，就是表達他去了日本，現在不在這裡的事件結果。因為完成時式使用
了した，表達的卻是現在的狀況。②的誤用應該是受到「完成時式表達『現在』狀況」
這個認知影響，而不小心錯用了スル形吧。這兩個動詞應該用表示完成的した。

日本語

c. シテイル：「シテイル」は次のことを表します。1）、2）ともアスペクトです。

1）動きが現在進行中であることを表す。（継続動詞）　例「彼は今、風呂に<u>入っ</u><u>ている</u>。」

2）動きの結果の存続状態を表す。（瞬間動詞）　例「財布が<u>落ちている</u>。」「金魚が<u>死んでいる</u>。」

　このうち、現在進行中の方は 'He is taking a bath.' で、英語の 'be ～ ing' に当たるわけですから、理解しやすいかと思います。しかし、それは継続動詞の場合だけです。

　ここでちょっと動詞の種類について説明しておきましょう。「継続動詞」というのは動きが終了するまでに一定の時間を要する動詞、例えば「食べる」「歩く」などです。（一瞬のうちに物を食べ終わったり歩き終わったりする人はいないでしょう。）また、「瞬間動詞」というのは瞬時で動きが終了する動詞、例えば「ドアが開く」「電気が消える」などです。（ドアを開けるのに 10 分もかかることはないだろうし、電気が消えるのはほんの一瞬ですね。）そして、この瞬間動詞というのは、動きの前と動きの後では動作主に状態変化があるという特徴があります。ドアが開く前と開いた後では、ドアの状態に変化がありますね。また、電気が消える前と消えた後では、電気の明るさに変化がありますね。

　で、継続動詞をシテイル形にすると動きが現在進行中であることを表しますが、瞬間動詞をシテイル形にすると結果存続状態を表します。つまり、「財布が<u>落ちている</u>。」は「財布が過去の一時点で落ちて、そのまま落ちた状態になっている」ということで、「金魚が<u>死んでいる</u>。」は「金魚が過去の一時点で死んで、そのまま死んだ状態でいる（dead）」ということです。

③ ×「部屋の電気がつきます。彼は部屋にいるようです。」→○「ついています」

　これは、現在の状態ということに引きずられて、うっかりスル形を使ってしまった誤用でしょう。前にも述べましたが、スルは現在を表しませんよ！

④ ×「（道に倒れている死体を発見して）この人は<u>死んだ</u>！」→○「死んでいる」

　これは中国語では「死了。」または「死掉了。」ですから、「了」に引きずられてついシタ形を使ってしまった誤用でしょう。

c. している：「している」表示以下內容。1）、2）皆為動貌。

1）表示動作現在正在進行。（持續動詞）例如：「彼は今、風呂に入っている。」（他現在正在洗澡。）

2）表示動作結果的存續狀態。（瞬間動詞）例如：「財布が落ちている。」（錢包掉了。）、「金魚が死んでいる。」（金魚死了。）

　　這之中，現在正在進行的是 'He is taking a bath.'，相當於英文的 'be ～ ing'，所以應該很容易動懂。不過只有持續動詞屬於這種情況。

　　這裡先說明一下動詞的種類吧。「持續動詞」指動作到結束前需要一定時間的動詞，例如「食べる」（吃）、「歩く」（走）等。（應該沒有人能一瞬間吃完東西、走完路吧。）而「瞬間動詞」是動作瞬間結束的動詞，例如「ドアが開く」（門開了）、「電気が消える」（燈熄了）等。（應該沒有開個門要 10 分鐘，而燈熄掉也確實是一瞬間的事吧。）而且，這類瞬間動詞的特徵，是動作前後動作主會產生狀態變化。門開前後，門的狀態有變化對吧。而燈熄滅前後，燈的明亮度也有變化對吧。

　　而持續動詞用シテイル形就表示動作現在正在進行，但是瞬間動詞用シテイル形則表示結果存續狀態。也就是說，「財布が落ちている。」是「錢包在過去的某個時間點掉了，現在還是掉了的狀態」；「金魚が死んでいる。」是「金魚在過去的某個時間點死了，現在還是死掉的狀態（dead）」。

③ ×「部屋の電気がつきます。彼は部屋にいるようです。」（房間裡的燈亮著。他好像在房間裡。）→○「ついています」

　　這是受到「現在的狀況」影響，才不小心誤用了スル形吧。之前也說過，する表示的不是現在喔！

④ ×「（道に倒れている死体を発見して）この人は死んだ！」（（發現倒在路邊的屍體）他已經死了！）→○「死んでいる」

　　這裡中文會用「死了」或「死掉了」，所以才被「了」影響，不小心誤用シタ形吧。

日本語

3. 文法の誤用—③ テンス（時式）、アスペクト（動貌）の問題（3）

d. シタとシテイル：ここらへんで、そろそろ皆さん、混乱してきたんじゃないでしょうか。そうです。シタ形の 2）とシテイル形の 2）は似ています。シタ形の 2）は完了時制で、「今終わったばかりの出来事の結果が残っている場合」で、シテイル形の 2）は「過去の一時点で生起したことが、そのままの状態で残っている」というのですから、混乱するのは当然です。だいたい、「死んだ」と「死んでいる」ではどう違うのでしょう。中国語ではどちらも「死了」なのに。

はい、「死んだ」と「死んでいる」は、確かに区別がつきにくいです。これは、もう一つ、「観察者の視点」ということが関わってきます。「死ぬ」という出来事は、次の 3 段階になります。

1. 生きている　→　2. 死んだ瞬間　→　3. 死んだ結果（死体となって残っている）

このうち、話者自身が第 2 段階の「死んだ瞬間」を目撃した場合は「死んだ」と言いますが、死んだ瞬間を目撃しないでただ第 3 段階の死んだ結果の死体を見ただけだったら「死んでいる」と言います。私の父は、病院で母の腕に抱かれて亡くなりました。（父は幸せな死に方をしたなあ、と思いました。）その場合、母は父の死に目に立ち会ったのですから、「お父さんは死んだ」と言えますが、その知らせを聞いて急遽台湾から東京に駆けつけて父の葬式で初めて父の遺体を見た不孝娘の私は、「お父さんは死んでいる」としか言えないわけです。「シタ」と「シテイル」はこのように微妙な区別があるのですが、これが名詞を形容する修飾語になると、その区別がなくなってしまいます。（「父が死んだ。」の「死んだ」は述語ですが、「死んだ人」の「死んだ」は「人」を形容する修飾語になります。）継続動詞の場合は、「ご飯を食べている人」と「ご飯を食べた人」はまったく意味が違いますね。しかし、瞬間動詞の場合は「死んでいる人」と「死んだ人」は全く意味が同じで、どちらも「死人」の意味になってしまうのです。「電気が消えている部屋」と「電気が消えた部屋」も同じ。修飾語になると視点性が薄くなるからでしょう。

台灣日語 100

3. 文法的誤用─③ 時式、動貌的問題（3）

d. した和している：到這裡，大家是不是開始有點混亂了。是的。シタ形２）和シテイル形的２）很像。シタ形的２）是完成時式，表示「事件剛結束，但其結果還殘留著的狀態」，而シテイル形的２）是表示「過去某個時間點發生的事，還維持著一樣的狀態」，所以會混亂也是當然的。「死んだ」和「死んでいる」到底有什麼不同呢？明明中文裡兩者都是「死了」。

　　是的，「死んだ」和「死んでいる」的確很難區分。這關係到另一個要點──「觀察者的視角」。「死ぬ」（死亡）這件事分成以下三個階段：

1. 活著　→　2. 死掉的瞬間　→　3. 死掉的結果（成為屍體殘存）

　　這之間，如果發話者本身目擊了第２階段「死掉的瞬間」，就會說「死んだ」，而如果沒目擊死掉的瞬間，只是看到第３階段「死掉的結果」的屍體，就會說「死んでいる」。我的父親於醫院在母親的臂膀環抱下過世了。（我當時覺得父親辭世的方式真幸福啊。）這種情況下，母親親眼目睹父親過世，所以能說「お父さんは死んだ」，但是像我這個不孝的女兒，接到通知趕忙從台灣飛奔到東京，在喪禮上才第一次看見父親遺體，就只能說「お父さんは死んでいる」了。「した」和「している」有這種微妙的差別，但是當它們用作形容名詞的修飾子句時，就會失去這種差別。（「父が死んだ。」的「死んだ」是述語，而「死んだ人」（死掉的人）的「死んだ」是形容「人」的修飾語。）如果是持續動詞，「ご飯を食べている人」（正在吃飯的人）和「ご飯を食べた人」（吃了飯的人）意思就完全不一樣呢。但是，瞬間動詞的話，「死んでいる人」和「死んだ人」意思完全相同，兩者都是「死人」的意思。「電気が消えている部屋」和「電気が消えた部屋」也一樣是「燈熄了的房間」。這大概是因為成了修飾語後視角不明確了吧。

e. 絶対的テンスと相対的テンス

　ちょっと複雑なのが、従属節の中のテンスです。

⑤ ×「来年日本に<u>行く</u>と、あのパソコンを買おう。」→〇「行ったら」

⑥ ×「去年日本に<u>行った</u>時、パスポートを取った。」→〇「行く」

　この2つの文のうち、前半の「来年日本に行った」「去年日本に行く」を「従属節（小句子）」、後半の「あのパソコンを買おう」「パスポートを取った」を「主節（大句子）」と言います。また、「節」とは「主語＋述語」、「文」の単位です。つまり、カラ、ノデ、ト、バ、タラ、ナラなどの接続助詞を伴う節を「従属節」と言います。また、

⑦ ×「マージャンで<u>負ける</u>人がごお金を出すことにしよう。」→〇「負けた」

という文では、「人」を修飾する「マージャンで負けた」が従属節、「〜〜人が、お金を払うことにしよう」が主節です。この文では、「マージャンで負けた」の節が「〜〜人が、お金を出すことにしよう」の節の中に埋め込まれています。埋め込まれ節はすべて従属節になります。

　さて、ここで皆さんはアレッ？と思ったことでしょう。この3つの従属節、ちょっと変じゃない？　⑤では「来年」は未来でしょ、なのにどうして「行った」と過去形を使うの？　⑥では「去年」は過去でしょ、なのにどうして「行った」じゃいけないの？　⑦ではまだマージャンを始めていないんだから「マージャンで負ける」というのは未来のことでしょ、なのにどうして「負けた」と過去形を使うのよ！──答はまた次回。

台灣日語 101

e. 絕對時式與相對時式

　　附屬子句中的時式比較複雜。

⑤ ×「来年日本に行くと、あのパソコンを買おう。」（明年去日本的話，就買那台電腦吧。）→○「行ったら」

⑥ ×「去年日本に行った時、パスポートを取った。」（去年去日本的時候辦了護照。）→○「行く」

　　這兩個句子中，前半的「来年日本に行った」、「去年日本に行く」稱作「附屬子句」，後半的「あのパソコンを買おう」、「パスポートを取った」稱作「主要子句」。此外，「子句」是「主語＋述語」，是「句子」的單位。也就是說伴隨から、ので、と、ば、たら、なら等接續助詞的子句稱「附屬子句」。此外：

⑦ ×「マージャンで負ける人がごお金を出すことにしよう。」（打麻將輸了的人付錢吧。）→○「負けた」

　　這個句子中，修飾「人」的「マージャンで負けた」為附屬子句，「～～人が、お金を払うことにしよう」為主要子句。這個句子中「マージャンで負けた」這子句被鑲入「～～人が、お金を払うことにしよう」這個主要子句裡。這種被鑲入的子句都是附屬子句。

　　那麼，現在各位應該覺得「咦？」對吧。這三個附屬子句有點怪怪的吧？⑤中，「明年」是未來對吧，那為什麼會用過去式「行った」呢？⑥中，「去年」是過去對吧，那為什麼不用「行った」呢？而⑦中還沒開始打麻將，「マージャンで負ける」（打麻將輸了）這應該是未來的事對吧，那為什麼要用過去式「負けた」啊！──答案下回揭曉。

3. 文法の誤用─③ テンス（時式）、アスペクト（動貌）の問題（4）

e. 絶対的テンスと相対的テンス

　はいはい、これらの疑問は当然です。しかし、ちょっと待ってください。⑤では、「あのパソコンを買う」のは日本に着いた後のことですね。⑥では、「パスポートを取った」のは日本に行く前のことですね。⑦では、「お金を出す」のはその人が負けた後のことですね。このように、主節の出来事以前に生起した事柄はシタ形で表し、主節の出来事以後に生起した事柄はスル形で表すのです。これを時系列で整理してみましょう。

⑤ 発話時点→日本に行く（従属節・未来）→パソコンを買う（主節・未来）

⑥ パスポートを取る（主節・過去）→日本に行く（従属節・過去）→発話時点

⑦ 発話時点→マージャンで負ける（従属節・未来）→お金を出す（主節・未来）

　つまり、主節の時制は、主節の出来事が発話時点より未来にある場合はスル形になり、主節の出来事が発話時点より過去にある場合は主節はシタ形になります。このように、発話時点を基準として決められた時制を「絶対的テンス」と言います。

　これに対して、従属節の時制は、従属節の出来事が主節の出来事より未来にある場合はスル形になり、従属節の出来事が主節の出来事より過去にある場合はシタ形になります。このように、主節のテンスを基準として決められた時制を「相対的テンス」と言います。従属節のテンス、つまり従属節の語尾をスル、シタ、シテイルのいずれにするかは、主節の出来事との前後関係で決まるのです。これは、「行った後」「行く前」と覚えると、覚えやすいですね。

　もちろん、従属節にシテイルを使うのは、主節の出来事と従属節の出来事が同時進行している場合です。

⑧ ×「きのう、テレビを見た時、地震が起こった。」→○「見ている」

　「テレビを見る」と「地震が起こる」は同時に発生した出来事ですから、シテイルを使うわけです。

台灣日語 102

3. 文法的誤用—③ 時式、動貌的問題（4）

e. 絕對時式與相對時式

　　好的，好的，這些疑問都是很正常的。但是請等一下。⑤中，「買那台電腦」是在到了日本以後。⑥中，「辦了護照」是在去日本以前。而⑦中，「付錢」是輸了以後的事。像這樣，在主要子句事件前發生的，就用シタ形表達，在主要子句事件後發生的，就用スル形表達。我們試著依時式排列整理吧。

⑤ 發話時間點　→　日本に行く（去日本；附屬子句・未來）　→　パソコンを買う（買電腦；主要子句・未來）

⑥ パスポートを取る（辦護照；主要子句・過去）　→　日本に行く（去日本；附屬子句・過去）　→　發話時間點

⑦ 發話時間點　→　マージャンで負ける（麻將輸了；附屬子句・未來）　→　お金を出す（付錢；主要子句・未來）

　　也就是說，主要子句時式的判斷方式是：如果「主要子句事件」與「發話時間點」相比為未來就會用スル形，而「主要子句事件」與「發話時間點」相比為過去就會用シタ形。像這樣以發話時間點為基準而定的時式稱為「絕對時式」。

　　相對地，附屬子句時式的判斷方式是：「附屬子句事件」與「主要子句」相比為未來就會用スル形，而「附屬子句事件」與「主要子句」相比為過去就會用シタ形。像這樣以主要子句的時式為基準而定的時式稱為「相對時式」。附屬子句時式，也就是附屬子句的語尾要用する、した、している的哪一個，是由與主要子句事件的前後關係決定。這個用「行った後」（去了後）、「行く前」（去之前）來記，就會很好記。

　　當然，如果附屬子句用している，就是「主要子句的事件」和「附屬子句的事件」同時進行的情況。

⑧ ×「きのう、テレビを見た時、地震が起こった。」（昨天在看電視的時候，發生了地震。）→○「見ている」

　　「テレビを見る」（看電視）和「地震が起こる」（發生地震）是同時發生的事件，所以用している。

日本語

f. シテイタ

　シテイタも相対的テンスなのですが、使われる場面はかなり限られています。シテイタを論じる前に、もう一度シテイルを復習しましょう。

⑨ 「私はテレビを見ている。」（現在進行中の動作）

⑩ 「あっ、金魚が死んでいる！」（結果の残存の確認）

　まず最初に、「私はテレビを見ている。」、現在進行中の動作の例からお話ししましょう。

　いつ「テレビを見る」という行為をしたかということは、言わなくてもわかりますね。「今」、つまり発話時間に「テレビを見ている」という状態にあるわけですね。

　では、「テレビを見ている」という状態が発話時間より過去にあった場合はどうでしょうか。

⑪ 「昨夜の 8 時頃、私はテレビを見ていた。」

と、シテイタを使うことになるわけですが、この場合は必ず「テレビを見ている」状態にあった時間（「昨夜の 8 時頃」）、を指定しなければなりません。専門用語を使うと「テレビを見ていた」は「事件時間（event time）」、「昨夜の 8 時頃」つまり事件が起こったことを確認した時間を「参照時間（reference time）」と言います。どんな情況でこのような発話がなされるでしょうか。

⑫ A「昨夜 8 時頃、地震があったよね。その時、君は何をしていた？」

　 B「うん、地震があった時、僕はテレビを見ていた。」

などという会話がなされます。この場合、「テレビを見ていた」は事件時間、「地震があった時」は参照時間ということになります。そして、この会話がなされている時間は「発話時間（speech time）」というわけです。「今、私はテレビを見ている。」は、参照時間と発話時間が一致しているというわけです。

　主節の述語にシテイタが用いられる場合は、（1）事件に時間の幅がある、（2）必ず参照時間が指定されなくてはならない、という 2 つの規則があることを、まずご確認ください。

台灣日語 103

f. していた

　　していた也是相對的時式，但使用的場合有限。在說明していた前，再複習一次している吧。

⑨ 「私はテレビを見ている。」（我正在看電視。）（現在正在進行的動作）

⑩ 「あっ、金魚が死んでいる！」（啊，金魚死了！）（確認到結果殘存）

　　首先，先說明「私はテレビを見ている。」現在正在進行的例子吧。

　　不用說也能知道「テレビを見る」（看電視）這個行為是什麼時候做的吧。是「今」（現在），也就是發話時間處於「テレビを見ている」（正在看電視）這個狀態。

　　那麼，如果「テレビを見ている」這個狀態，與發話時間比為過去的話會怎麼樣呢？

⑪ 「昨夜の8時頃、私はテレビを見ていた。」（昨晚8點左右，我正在看電視。）

　　此時就會像這樣使用していた，但是這時一定得指定「テレビを見ている」這個狀態的時間（昨夜の8時頃（昨晚8點左右））。用專業用語說明的話，「テレビを見ていた」（正在看電視）是「事件時間（event time）」，是以「昨夜の8時頃」，也就是確認到事件發生的時間為「參考時間（reference time）」說的。什麼情況下會這麼說呢？

⑫ A「昨夜8時頃、地震があったよね。その時、君は何をしていた？」

　　（昨晚8點左右有地震對吧。那時候你在做什麼？）

　B「うん、地震があった時、僕はテレビを見ていた。」

　　（嗯，發生地震的時候，我在看電視。）

　　此時就會發生像這樣的對話。這種情況，「テレビを見ていた」（正在看電視）是事件時間，「地震があった時」（地震發生的時候）是參考時間。而這個對話產生的時間則是「發話時間（speech time）」。之所以會說「今、私はテレビを見ている。」則是因為參考時間和發話時間相同。

　　主要子句的述語能使用していた的情況有以下兩個規則：（1）事件有時間長度，（2）一定要指定時間，請先確認好。

日本語

3. 文法の誤用—③ テンス（時式）、アスペクト（動貌）の問題（5）

f. シテイタ（続き）

　次に、シテイルの結果の残存の確認の例、⑩「あっ、金魚が死んでいる！」についてお話しします。これもやはり、（1）事件に時間の幅がある、（2）必ず参照時間が指定されなくてはならない、という２つの規則がモノを言います。ちょっと物騒な話ですが、わかりやすい例を挙げましょう。

　大学で一番凶暴な吉田教授が、誰の恨みを買ってか、12月16日午後7時頃、自宅で頭を殴打されて殺害されました。警察は第一発見者の同僚のM教授に嫌疑をかけ、尋問しました。

刑事　「あなたは、何時に吉田教授宅へ<u>行きましたか</u>。」

M教授「午後7時半頃に<u>行きました</u>。」

刑事　「うーん。死亡時刻に近いですね……」

M教授「私が殺したんじゃありません！　私が<u>行った</u>時、吉田教授はすでに<u>死んでいました</u>！」

　「死ぬ」という動詞は瞬間動詞です。以前述べた通り、話者自身が「死んだ瞬間」を目撃した場合は「死んだ」と言いますが、死んだ瞬間を目撃しないでただ死んだ結果の死体を見ただけだったら「死んでいる」と言います。それが過去の出来事なら「死んでいた」になりますね。この場合「吉田教授が死んだ」のは「事件時間」、「M教授が吉田教授宅へ行った」のは「参照時間」、刑事とM教授がこの会話をしているのは「発話時間」ということになります。シテイタは「テレビを見る」などの継続動詞の場合は動作の最中のことを過去の出来事として報告する場合、「死ぬ」などの瞬間動詞の場合は動作の結果の残存状態の確認を過去の出来事として報告する場合に用いられます。

　皆さん、このアスペクトを間違えないでくださいよ！　この場合、「私が行った時、吉田教授は<u>死んでいました</u>。」と言えば、あなたは吉田教授が死んだ後の状態を見たことになるので、あなたの嫌疑は晴れるでしょう。しかし、「私が行った時、吉田教授は<u>死にました</u>。」と言えば、あなたは吉田教授が死ぬ瞬間を見たことになるので、警察は即あなたを逮捕するでしょう。因みに、後日警察から大学に電話があり、「検死の結果、吉田教授は酒を飲み過ぎて机の角に頭をぶつけて死んだことが判明しました。あれは事故死です。」とのことでした。

台灣日語 104

3. 文法的誤用—③ 時式、動貌的問題（5）

f. していた（承接上回）

　　接下來說明 している 表示確認到結果殘存的例子，⑩「あっ、金魚が死んでいる！」（啊，金魚死了！）這個例子也一樣，要以（1）事件有時間長度、（2）一定要指定參考時間，這兩個規則為前提。雖然聽起來有點鬧，不過舉個好懂的例子吧。

　　大學裡最兇暴的吉田教授，不知道招什麼人怨恨，12 月 16 日下午 7 點左右，於自家頭部遭重擊殺害。警察懷疑第一發現者同事 M 教授，展開問話。

刑警　　「あなたは、何時に吉田教授宅へ行きましたか。」（你是幾點去吉田教授家的？）

M 教授「午後 7 時半頃に行きました。」（下午 7 點半左右去的。）

刑警　　「うーん。死亡時刻に近いですね……」（嗯……。離死亡時間很近啊……）

M 教授「私が殺したんじゃありません！　私が行った時、吉田教授はすでに死んでいました！」（不是我殺的！我去的時候，吉田教授已經死了！）

　　「死ぬ」這個動詞是瞬間動詞。就如同以前說明過的，說話者親自目睹「死亡瞬間」會用「死んだ」，但是沒有目擊死亡瞬間，只看到死亡的結果，即屍體就會說「死んでいる」。如果是過去的事件就會變成「死んでいた」。這時「吉田教授死了」是「事件時間」，「M 教授到吉田教授家」是「參考時間」，刑警和 M 教授進行這段對話的是「發話時間」。していた 用在「テレビを見る」（看電視）等持續動詞時，是以報告過去事件的角度，報告過去動作正在進行，而用在「死ぬ」等瞬間動詞時，是以報告過去事件的角度，報告確認到動作結果的殘存狀態。

　　各位，可別錯用這裡的動貌喔！這時如果說「私が行った時、吉田教授は死んでいました。」，就代表你是看見吉田教授死掉後的狀態，因此應該能洗刷你的嫌疑吧。但是如果說「私が行った時、吉田教授は死にました。」，就代表你看見吉田教授死掉的瞬間，因此警察應該會立刻逮捕你吧。順帶一提，幾天後警察打電話到大學說，「検死の結果、吉田教授は酒を飲み過ぎて机の角に頭をぶつけて死んだことが判明しました。あれは事故死です。」（驗屍結果發現，吉田教授是喝太多酒，頭部撞到桌角而亡。這是意外死亡。）

日本語

3. 文法の誤用—③ テンス（時式）、アスペクト（動貌）の問題（6）

f. シテイタ（続き）

　「昨晩我回家的時候，我的老婆已經睡著了。」という文を日本語にすると、必ず次のような間違いが起こります。

⑬ ×「昨夜、私が<u>帰る</u>時、妻はもう<u>寝た</u>。」→○「帰った」「寝ていた」

　ウーン、確かにこのように間違えるのは無理もないことです。私が帰る前に妻は就寝したのですから「帰る時」、妻が寝たのは発話時より過去のことだから「寝た」。

　しかし、「寝る」という動詞を考えてください。「寝る」は実は瞬間動詞です。時系列では、

1. 起きている（寝ていない）　→　2. 入眠する瞬間（寝た）　→　3. 入眠の結果存続状態（寝ている）

となり、「寝ている」は時間の幅を持つ動きとなります。「私」は妻が入眠した結果を見て、それを後日誰かに報告しているのですから、「寝ていた」となります。例えば、妻が 10 時から 6 時まで寝ていて私が 12 時に帰った場合を、時系列で整理してみましょう。

　「妻が寝ている」時間が「私が帰る」時間を包み込んでいますね。「妻が寝ている」最中に「私が帰る」という事件が起きたわけです。「妻が寝ている」は継続的な行為で、しかも発話時より過去の時間ですからテイタで表され、「私が帰る」は12 時頃の瞬間的な出来事で、しかも発話時より過去の時間ですからシタで表されます。

3. 文法的誤用─③ 時式、動貌的問題（**6**）

f. していた（承接上回）

　　要試著把「昨晚我回家的時候，我的老婆已經睡著了。」這個句子換成日文的話，一定會出現下面的錯誤。

⑬ ✕「昨夜、私が帰る時、妻はもう寝た。」→○「帰った」、「寝ていた」

　　嗯……這種錯誤確實難免。我回家前，我的老婆已經就寢了，所以回家時我老婆「睡了」，與發話時間相比為過去，所以用「寝た」。

　　但是請考慮一下「寝る」這個動詞。「寝る」其實是瞬間動詞。照時序排列就是：

1. 醒著（寝ていない）　→　2. 睡著瞬間（寝た）　→　3. 睡著的結果存續狀態（寝ている）

　　像這樣，「寝ている」是擁有時間長度的動作。「我」是看到了老婆睡著的結果，之後某天向某人報告，所以要用「寝ていた」。以老婆從 10 點睡到 6 點，而我 12 點回家的例子，照時序整理一下吧。

　　「私が帰る」（我回家）的時間，囊括在「妻が寝ている」（老婆睡覺）的時間裡。也就是說「妻が寝ている」（老婆正在睡覺）的動作當中，發生了「私が帰る」（我回家）這個事件。「妻が寝ている」（老婆正在睡覺）是持續性的行為，而且與發話時間相比為過去，所以用ていた表現。「私が帰る」（我回家）是 12 點左右瞬間性的事件，而且與發話時間相比為過去，所以用した表現。

日本語

3. 文法の誤用—③ テンス（時式）、アスペクト（動貌）の問題（7）

f. シテイタ（続き）

　前回の「昨夜、私が帰った時、妻はもう寝ていた。」、これを英語で言うと 'When I returned home last night, my wife had already slept.' といったところでしょうか。私の中学校の英語の授業では、この 'I returned home' の部分を「過去形」、'my wife had already slept' の部分、つまり 'had ＋ past participle' の部分を「大過去」と説明されました。日本語では過去形の部分が「帰った」、大過去の部分が「寝ていた」ということになりますね。つまり、「A シテイタ」「B シタ」がある時、事態 A は事態 B より先に発生したということになります。「私が駅に着いた時、電車はもう駅を<u>出ていた</u>。」という文も全く同じです。「電車が駅を出る」にテイルをつけて「電車が駅を<u>出ている</u>」にすると、もう電車がホームにない状態、乗り遅れた乗客が地団太踏んでいる状態を示します。「私」は電車が出た後のカラッポのホームを目撃したのですから「出ている」となり、過去のことですから「出ていた」となるのです。ここでも「A シテイタ」「B シタ」がある時、事態 A は事態 B より先に発生するということがわかります。

台灣日語 106

3. 文法的誤用—③ 時式、動貌的問題（7）

f. していた（承接上回）

　　上一回中「昨夜、私が帰った時、妻はもう寝ていた。」（昨晚我回家的時候，我的老婆已經睡著了。）這用英文說，就會變成 'When I returned home last night, my wife had already slept.'。我國中的英文課是這樣說明的：這裡 'I returned home' 的部分是「過去形」，'my wife had already slept' 的部分，也就是 'had + past participle' 的部分是「大過去」。日文中「過去形」的部分是「帰った」，「大過去」的部分是「寝ていた」。也就是說，同時有「A していた」、「B した」時，事件 A 比事件 B 更早發生。「私が駅に着いた時、電車はもう駅を<u>出ていた</u>。」（我到車站時，電車已經開走了。）這個句子也是一樣。「電車が駅を出る」加上ている變成「電車が駅を<u>出ている</u>」的話，是表達電車已經不在月臺，沒趕上的乘客正捶胸頓足的狀態。「私」（我）是看到電車開走後，空空如也的月臺才用「出ている」，而因為是過去，所以用「出ていた」。這裡也是「A していた」、「B した」，所以能知道事件 A 比事件 B 更早發生。

---

3. 文法の誤用―③ テンス（時式）、アスペクト（動貌）の問題（8）

　さて、今までお話ししたことは、スル・シタ・シテイル・シテイタの基本編です。今日から応用編に入ります。

g. スル・応用編

⑭ 「昔々、お爺さんとお婆さんが<u>いました</u>。お爺さんは山へ柴刈りに<u>行って</u>、お婆さんは川へ洗濯に<u>行きました</u>。ある日、お婆さんが川で洗濯をしていると、上流の方から大きな桃がどんぶらこ、どんぶらこと<u>流れてきました</u>。」

　そうです。これは、皆さんご存知の懐かしき「桃太郎」の冒頭です。このように、物語の紹介はすべてシタ形（過去形）で書かれていますね。それは、話者がこの物語を過去のこととして語っているからです。

　では、story はすべて過去形で語っていいのでしょうか？　次の文は 2017 年 11 月 12 日の朝日新聞のラジオ・テレビ版に載っていた『おんな城主直虎』の番組紹介です。

⑮ 「家康の側室に新たな男子が誕生し、信康とその母の瀬名の立場はいっそう<u>弱くなる</u>。焦る瀬名は直虎に書状を出し、信康の嫡男を得るため側室の候補を探してほしいと<u>依頼する</u>。しかしその動きは、信康の正室の父に当たる信長の知るところと<u>なる</u>。」（『おんな城主直虎』NHK 夜 8:00）

　これは、物語の紹介ですね。なのに、なぜシタ形でなく、スル形になっているのでしょうか。読者は、この日の夜 8:00、NHK で『おんな城主直虎』を見る予定です。つまり、この文を読む人が『おんな城主直虎』を見るのは未来のことです。ですから、「この話は、次にこうなるよ、それから次に、こういうふうに展開するよ。」というふうに、未来を予測する形で語られるのです。特に探偵物、謎解き物の番組などが「過去に起こってしまったこと」として語られたら、これはもうネタバレで、この番組の視聴率は下がってしまいますね。

3. 文法的誤用—③ 時式、動貌的問題（**8**）

　　那麼，之前說明的是する、した、している、していた的基本篇。今天開始進入應用篇。

g. する ・ 應用篇

⑭「昔々、お爺さんとお婆さんが<u>いました</u>。お爺さんは山へ柴刈りに行って、お婆さんは川へ洗濯に<u>行きました</u>。ある日、お婆さんが川で洗濯をしていると、上流の方から大きな桃がどんぶらこ、どんぶらこと<u>流れてきました</u>。」（很久很久以前，有一對老爺爺和老奶奶。老爺爺去山上砍柴，老奶奶去河邊洗衣服。有一天，老奶奶在河邊洗衣服時，有個很大的桃子從上游載浮載沉地漂了過來。）

　　沒錯，這是大家熟悉的《桃太郎》的開頭。故事的介紹就像這樣，都是シタ形（過去形）。這是因為話者把這個故事當作過去的事件在說。

　　那麼 story 全部用過去式說行嗎？下面的文章是 2017 年 11 月 12 日，朝日新聞的廣播、電視版刊載的《おんな城主直虎》（女城主直虎）的節目介紹。

⑮「家康の側室に新たな男子が誕生し、信康とその母の瀬名の立場はいっそう<u>弱くなる</u>。焦る瀬名は直虎に書状を出し、信康の嫡男を得るため側室の候補を探してほしいと<u>依頼する</u>。しかしその動きは、信康の正室の父に当たる信長の知るところと<u>なる</u>。」（家康的側室新產下一名男嬰，使信康和其母瀬名的立場更加不利。焦急的瀬名書信直虎，為了得到信康的嫡子，委託直虎尋找側室候補。但是她的舉動，卻被信康正室的父親，亦即信長知道了。）（《おんな城主直虎》NHK 夜 8:00）

　　這是在介紹故事，為什麼卻不用シタ形，而是スル形呢？讀者預定這天晚上 8:00 才要在 NHK 看《おんな城主直虎》。也就是說，讀這篇文章的人是未來才會看到《おんな城主直虎》。所以，這是用「這個故事，接下來會變成這樣，之後會這樣發展喔！」的感覺，以預測未來的形式說明。尤其偵探、解謎的節目等，如果用「過去已經發生了」來說明的話，就是劇透了，節目收視率會下滑吧。

日本語

3. 文法の誤用―③ テンス（時式）、アスペクト（動貌）の問題（**9**）

h. シタ・応用編

⑯ 「（探していた財布を見つけて）あっ、財布が<u>あった</u>！」

⑰ 「そうだ、今日は<u>妻の誕生日だった</u>。」

　この文を見て、変だな、と感じませんでしたか？　⑯では、財布を目の前にしているのですから、「あっ、財布が<u>ある</u>！」と言ってもよさそうなものです。⑰では、どうして「今日は<u>妻の誕生日だ</u>。」と言わないのでしょうか。今日、現在が妻の誕生日なのに。

　では、「あっ、財布が<u>ある</u>！」と「あっ、財布が<u>あった</u>！」は、どう違うのでしょうか。また、「今日は<u>妻の誕生日だ</u>。」と「今日は<u>妻の誕生日だった</u>。」は、どう違うのでしょうか。

　「あっ、財布が<u>ある</u>！」というのは、道を歩いていて、思いもかけず落ちている財布を偶然見つけた場合です。財布があることなど想定もしておらず、突然財布が現れてびっくりした時です。これに反して、「あっ、財布が<u>あった</u>！」はなくした財布を一生懸命探していて、やっと見つかった時に発する言葉です。

　また、「今日は<u>妻の誕生日だ</u>。」は、前から妻の誕生日を覚えていてプレゼントも用意していて、準備万端整えて誕生日を迎えた時に言う言葉です。しかし、「今日は<u>妻の誕生日だった</u>。」は、すっかり忘れていた妻の誕生日を今思い出して慌てている時に言う言葉です。

　これらのシタは、「発見のタ」と呼ばれています。「あっ、財布が<u>あった</u>！」は「あっ、財布を<u>見つけた</u>！」と同じ意味で、「今日は<u>妻の誕生日だった</u>。」は「今日は妻の誕生日であることを、<u>今思い出した</u>。」と同じ意味です。これらのシタは、完了のシタですね。ある事実を発見した時には、シタ形を使います。

台灣日語 108

3. 文法的誤用—③時式、動貌的問題（**9**）

h. した ・ 應用篇

⑯ 「（探していた財布を見つけて）あっ、財布が<u>あった</u>！」（[找到一直在找的錢包]
啊，錢包找到了！）

⑰ 「そうだ、今日は<u>妻の誕生日だった</u>。」（對了，今天是老婆的生日。）

　　看到這些句子，不覺得很奇怪嗎？⑯中錢包就在眼前，說「あっ、財布が<u>ある</u>！」
好像也可以。⑰中為什麼不說「今日は<u>妻の誕生日だ</u>。」呢？明明今天、現在就是老
婆的生日啊。

　　那麼「あっ、財布が<u>ある</u>！」和「あっ、財布が<u>あった</u>！」有什麼不同呢。而「今
日は<u>妻の誕生日だ</u>。」和「今日は<u>妻の誕生日だった</u>。」又有什麼不同呢。

　　「あっ、財布が<u>ある</u>！」是走在路上，不經意偶然地看見錢包掉在地上的情況。
這是沒預料到會有錢包，卻突然出現錢包感到驚訝的時候。相反地「あっ、財布が
<u>あった</u>！」則是拚命找著掉了的錢包，終於找到時說的話。

　　而「今日は<u>妻の誕生日だ</u>。」是從之前就記得老婆的生日，禮物也準備好，一切
準備就緒迎接生日時說的話。但是「今日は<u>妻の誕生日だった</u>。」是完全忘了老婆生
日，現在才想起來，慌慌張張時說的話。

　　這些した稱作「発見のた」（發現的た）。「あっ、財布が<u>あった</u>！」和「あっ、
財布を<u>見つけた</u>！」（啊，找到錢包了！）是一樣的意思；「今日は<u>妻の誕生日だっ
た</u>。」和「今日は<u>妻の誕生日であることを、今思い出した</u>。」（我現在才想起，今
天是老婆生日。）是一樣的意思。這些した是表達完成的した。發現某個事實時會用
シタ形。

日本語

⑱ 「どいた、どいた！」

⑲ 「安いよ。さあ、買った、買った。」

　これは、婉曲な、しかしかなり乱暴な命令です。例えば、工事現場で大きな工事を始める時に群衆が邪魔な場合、「どいた、どいた！」と言って人を払ったり、路上で何かを売っている人が観衆に「買った、買った。」と言って購買を勧めたりする時に聞かれます。この場合、「どけ、どけ。」とか「買え、買え。」と露骨な命令形を使うと反感を買うので、シタ形を使うのです。これは、「どいた方がいいよ」「買った方がいいよ」という勧告の形を縮めた表現かと思われます。

　この場合、必ず「どいた、どいた。」「買った、買った。」と、シタ形を2回繰り返します。また、乱暴な言い方なので、「×どきました、どきました」「×買いました、買いました」などと敬体にすることはできません。まあ、このような表現は現在はあまり使われないようですが。

i. シテイル・応用編

⑳ 「カントは1781年、57歳で『純粋理性批判』を書いている。」

㉑ 「犯人は3日午後8時に家を出て、8時20分に被害者の家を訪ねています。」

㉒ 「訪日外国人の数は2010年までは順調に伸びていますが、2011年には27.8%も減っています。これは、東北大震災の影響かと思われます。」

　これらの文では、過去のことなのにシテイル形で表現されています。⑳はドイツの哲学者イマニュエル・カントについての記録を書いているところで、㉑は警察の捜査会議で刑事が手帳を見ながら犯人の足取りを述べているところで、㉒は会社の営業会議で社員がグラフを見ながらプレゼンテーションをしているところです。このように、何らかの記録を見ながら物や人の動きを説明する場合は、過去のことでもシテイル形を使います。このようなシテイル形を「歴史的現在」とか「記録のシテイル」などと呼ばれることもあります。

中文

⑱ 「どいた、どいた！」（讓一下、讓一下！）

⑲ 「安いよ。さあ、買った、買った。」（很便宜喔。來，買吧、買吧！）

　　這是有點委婉卻又粗魯的命令。例如在施工現場，要開始大型工程，群眾很礙事時，就會說「どいた、どいた！」驅散人群，而路上賣東西的人向觀眾叫賣時，會聽到「買った、買った」。這時用「どけ、どけ。」或「買え、買え。」太直接的命令形會招來反感，所以才使用シタ形。有人認為這可能是省略「どいた方がいいよ」（讓一下比較好喔）、「買った方がいいよ」（買一下比較好喔）等勸告形而來。

　　這種時候，一定要「どいた、どいた」、「買った、買った」像這樣重複2次シタ形。另外，因為這是粗魯的說法，所以不能像「×どきました、どきました」、「×買いました、買いました」等使用敬體。不過這種用法現在不常用就是了。

i. している ・ 應用篇

⑳ 「カントは 1781 年、57 歳で『純粋理性批判』を書いている。」（康德於 1781 年，57 歳時寫作《純粹理性批判》。）

㉑ 「犯人は 3 日午後 8 時に家を出て、8 點 20 分に被害者の家を訪ねています。」（犯人於 3 日下午 8 點出門，8 點 20 分造訪被害人家。）

㉒ 「訪日外国人の数は 2010 年までは順調に伸びていますが、2011 年には 27.8% も減っています。これは、東北大震災の影響かと思われます。」（訪日外國人數到 2010 年為止成長順利，2011 年卻銳減 27.8%。研判這應該是東日本大地震的影響。）

　　這些句子雖然是過去的事，卻用シテイル形表達。⑳是在記錄德國哲學家伊曼努爾 ・ 康德（Immanuel Kant）的事，㉑是在警察的搜查會議上，刑警看著筆記本，說明犯人的行蹤，㉒則是在公司的業務會議中，職員看著統計圖表報告發表。像這樣看著某個記錄，說明物或人的動作時，即便是過去的事件，也用シテイル形。有人也稱這種シテイル形為「歷史上的現在」或「記錄的シテイル」等。

3. 文法の誤用—③ テンス（時式）、アスペクト（動貌）の問題（**10**）

j. シテイタ・応用編

㉓ ×「母が先生によろしくと<u>言いました</u>。」→○「<u>言っていました</u>」

　ああ、母が「先生によろしく」と言ったのは過去のことなのに、どうしてシタ形で「言いました」と言ってはいけないの？

　では、「母が先生によろしくと<u>言いました</u>。」は、どのような場面で話されるでしょうか。

㉔ A「あなたのお母さんは、何と言った？」

　　B「はあ……『先生によろしく』と<u>言いました</u>。」

　　A「ウソ！　あなたのお母さんは私のことが嫌いなのよ。そんなこと言う訳がないじゃない！」

　　B「いいえ、<u>言いました</u>！　確かに『先生によろしく』と<u>言いました</u>。ウソじゃない！」

　ちょっと変な例ですが、こんなふうに「言った」「言わない」の水掛け論が続きます。これではまるで、警察の尋問に対してアリバイを述べ立てているようですね。「言いました」では、ある時点である人があることを言ったか言わなかったか、その事実の有無だけが焦点になります。これに対して、「母が先生によろしくと<u>言っていました</u>。」は「先生によろしく」というお母さんの先生に対する親交の言葉の効果が今でも残っているかのような印象を与えます。これは「結果存続のシテイル」の一種と見ていいでしょう。

　このようなシテイルは、伝言の時に用いられます。「さっき○○さんから電話があって、明日こちらに来る、と<u>言っていました</u>。」など。これは、人が言った言葉をそのまま冷凍保存して、伝言を受ける人の前で解凍して言葉の意味の新鮮なままで差し出す、ということに他なりません。つまり、言われた言葉を過去のものとしてでなく、現在でも生きているものとして聞き手（伝言を受ける人）に伝える、いわば聞き手を伝言の言葉に釘付けにする効果を持っています。私はこの用法を「伝言のシテイル」と呼んでいます。

台灣日語 110

3. 文法的誤用—③ 時式、動貌的問題（**10**）

j. していた・應用篇

㉓ ×「母が先生によろしくと<u>言いました</u>。」（母親說了要我請老師多多指教。）

　　→○「<u>言っていました</u>」

　咦，母親說「先生によろしく」明明是過去的事，為什麼不能用シタ形說「<u>言いました</u>」呢？

　那麼，「母が先生によろしくと<u>言いました</u>。」會是什麼樣的場合說的呢？

㉔ A「あなたのお母さんは、何と言った？」（你母親，說了什麼呢？）

　　B「はあ……『先生によろしく』と言いました。」（嗯……她說了要我請老師多多指教。）

　　A「ウソ！　あなたのお母さんは私のことが嫌いなのよ。そんなこと言う訳がないじゃない！」（騙人！你母親很討厭我的。不可能說那種話！）

　　B「いいえ、<u>言いました</u>！　確かに『先生によろしく』と言いました。ウソじゃない！」（不對，她說了！她確實說了，要我請老師多多指教。我沒騙人！）

　雖然是個奇怪的例子，但是這樣「言った」（說了）、「言わない」（不會說）地爭論不休，就好像被警察盤問時，在說明不在場證明一樣呢。「言いました」是用以表達某個時間點某個人有沒有說過某件事，該事實的有無才是焦點。相反地，「母が先生によろしくと<u>言っていました</u>。」則是給人母親對老師說的「先生によろしく」，這句深交話語的效果現在仍存在的印象。這可以視為「結果存續的している」的一種。

　這種している會用於傳話的時候。例如「さっき○○さんから電話があって、明日こちらに来る、と<u>言っていました</u>。」（剛才○○先生／小姐打電話來，說了明天要來這裡。）等。這不過是把別人說的話直接冷凍保存，在傳話對象面前解凍，新鮮直送話語的意思。也就是不把聽到的話當作過去的東西，而是現在仍活著的東西傳達給受話者（接受傳話的人），亦即有把話原封不動地傳給受話者的效果。我稱這種用法為「傳話的している」。

3. 文法の誤用―④ 接続助詞の問題（1）

さて、今回から「接続助詞」の問題に入ります。

接続助詞ってなあに？　助詞の一種です。格助詞ガ、ヲ、デ、ニ、副助詞ハ、モ、サエ、コソ、は単語と単語を繋ぐものです。例えば「犬<u>が</u>歩く。」のガは「犬」という単語と「歩く」という単語を結びますね。これに対して接続助詞は文と文とを繋ぐものです。例えば「今日は天気がいい<u>から</u>、たくさん洗濯をした。」という文では、接続助詞カラは「今日は天気がいい」という文と「たくさん洗濯をした」という文を繋ぎます。ついでながら、「犬が歩く。」のように文が一つだけのものを「単文」と言い、「今日は天気がいいから、たくさん洗濯をした。」のように文が2つ以上あるものを「複文」と言います。接続助詞は、複文を作る重要な役目をするわけです。

で、接続助詞は大雑把に分けて、次の種類があります。

逆接の接続助詞：ガ、ケド、テモ、ノニ

因果の接続助詞：カラ、ノデ、シ、テ、タメ

条件の接続助詞：ト、バ、タラ、ナラ

なお、接続助詞は「接続詞」とは違います。接続詞というのは、やはり文と文とを繋ぐものですが、文頭に位置するものです。例えば、「今日は天気がいい。<u>だから</u>、たくさん洗濯をした。」の文のダカラが接続詞です。間違えないでね！

台灣日語 111

3. 文法的誤用—④ 接續助詞的問題（**1**）

那麼，今天開始進入「接續助詞」的問題。

接續助詞是什麼？它是助詞的一種。格助詞が、を、で、に；副助詞は、も、さえ、こそ是連接單詞與單詞的助詞。例如「犬が歩く。」（狗走路。）的が就連接了「犬」這個單詞和「歩く」這個單詞。而接續助詞則是連接句子和句子。例如「今日は天気がいいから、たくさん洗濯をした。」（今天天氣很好，所以我洗了很多衣服。）這個句子中，接續助詞から連接了「今日は天気がいい」和「たくさん洗濯をした」兩個句子。順帶一提，像「犬が歩く。」這樣單一句的句子稱作「單句」，而像「今日は天気がいいから、たくさん洗濯をした。」這樣有兩個以上的句子稱作「複句」。在造複句時，接續助詞扮演著重要的角色。

那麼，粗略地分類接續助詞的話，可以分為以下種類。

逆接的接續助詞：が、けど、ても、のに

因果的接續助詞：から、ので、し、て、ため

條件的接續助詞：と、ば、たら、なら

此外，接續助詞和「接續詞」不同。接續詞雖然也是連接句子和句子的詞，卻要加在句首。例如「今日は天気がいい。だから、たくさん洗濯をした。」（今天天氣很好。所以，我洗了很多衣服。）這個句子中，だから就是接續詞。別搞錯了喔！

日本語

3. 文法の誤用―④ 接続助詞の問題（**2**）

a. 逆接の接続助詞の誤用（**1**）

① ×「どんなに苦しいことがある<u>けど</u>、頑張ります。」→○「あっても」

② ×「劉さんは<u>美人なのに</u>英語が下手ですから、スッチーになれません。」→○「美人ですが」

③ ×「せっかく<u>勉強しても</u>、試験が中止になった。」→○「勉強したのに」

　逆接のガ、ケド、テモ、ノニは、どう違うのでしょうか。

　逆接というのは、［　A　ケド／ガ／テモ／ノニ　　B　］の場合、AとBの価値が反対になるということですね。つまり、Aがプラス価値だったらBがマイナス価値、Aがマイナス価値だったらBがプラス価値になるということですね。でも、その価値転換の様相がガ、ケド、テモ、ノニでは少し違うのです。

　まず、ケドとガは同じです。しかし、ガには文法上の制約があります。

　「姉は美人<u>だ</u>［けど／が］妹はブス<u>だ</u>。」「姉は美人<u>です</u>［けど／が］妹はブス<u>です</u>。」「姉は美人<u>だ</u>［けど／×が］妹はブス<u>です</u>。」

　おわかりですか？　ガを使う場合は、前の文も後の文も同じ文体（常体文または敬体文）でなければいけません。しかし、ケドは前の文が常体文で後の文が敬体文の場合でも使えます。そして、ケドの方が口語的で、ガの方が正式な文書の中で使われます。

　次に、テモの用法です。「どんなに<u>苦しいことがあっても</u>、頑張ります。」という場合、中国語訳は「即使遇到再怎麼辛苦的事情，也不會放棄。」となります。テモは「即使」、つまり仮定の意味で、これから「苦しいこと」があるかないか、まだわからないのです。これに対して「苦しいことがあるけど、頑張ります。」は「雖然我現在很辛苦，我都會加油。」という意味で、現在苦境に立っているということなのです。

　テモは「どんなに～～ても」という形で用いられます。「再怎麼～～也」に該当します。ですから、①の「どんなに苦しいことがあるけど、頑張ります。」は間違いで、「どんなに苦しいことが<u>あっても</u>、頑張ります。」としなければならないのです。

台灣日語 112

3. 文法的誤用—④ 接續助詞的問題（**2**）

a. 逆接接續助詞的誤用（**1**）

① ×「どんなに苦しいことが<u>あるけど</u>、頑張ります。」（即使遇到再怎麼辛苦的事情，我都會加油。）→〇「あっても」

② ×「劉さんは<u>美人なのに</u>英語が下手ですから、スッチーになれません。」（劉小姐很漂亮，但英文不好，不能當空姐。）→〇「美人ですが」

③ ×「せっかく<u>勉強しても</u>、試験が中止になった。」（難得我唸了書，考試卻取消了。）→〇「勉強したのに」

逆接的が、けど、ても、のに有什麼不同呢？

所謂的逆接，在 [A　けど／が／ても／のに　　B　] 的情況下，A 和 B 的價值是相反的。也就是說，A 的價值是正面的，那麼 B 就是負面的；A 的價值是負面的，那麼 B 的價值就是正面的。但是，價值轉換的樣貌，が、けど、ても、のに各有些微不同。

首先，けど和が一樣。但是，が在文法上有所限制。

「姉は美人だ［けど／が］妹はブスだ。」、「姉は美人です［けど／が］妹はブスです。」、「姉は美人だ［けど／×が〕妹はブスです。」（姊姊是美女，妹妹卻是醜女。）

大家看得出來嗎？使用が時，前後文都必須是同樣的文體（常體或敬體）。但是けど的話，前文為常體，後文為敬體的情況也能使用。且けど比較口語，が則用於正式書面。

接下來是ても的用法。「どんなに<u>苦しいことがあっても</u>、頑張ります。」的情況下，中文翻譯會是「即使遇到再怎麼辛苦的事情，也不會放棄。」ても是「即使」也就是假設的意思，接下來會不會有「辛苦的事情」還不知道。相反地，「<u>苦しいことがあるけど</u>、頑張ります。」則是「雖然我現在很辛苦，我都會加油。」的意思，也就是說現在正面臨苦境。

ても可以用「どんなに～～ても」的形式運用。相當於「再怎麼～～也」。所以①的「どんなに苦しいことが<u>あるけど</u>、頑張ります。」是錯的，必須用「どんなに苦しいことが<u>あっても</u>、頑張ります。」才行。

日本語

　次に、ノニの用法です。これについて、私の悪いお祖母さんのお話をしましょう。

　私のお祖母さんは、実に悪知恵の働く人で、それでよく家族の危機を救ってきました。お祖母さんには５人の子供がありました。長女（薫〈かおる〉・私の伯母）、長男（重春〈しげはる〉・医者・私の伯父）、次男（準〈じゅん〉・早逝した私の伯父）、三男（三郎〈さぶろう〉・私によく似た私の父）、四男（民夫〈たみお〉・早逝した私の叔父）の五人です。長女の薫伯母は美人で頭がよくて、大学を出てすぐ結婚しました。ところが伯母の夫（私の義理の伯父）には妹がいましたが、彼女は不器量（今の言葉で言えば、ドブス！）なので、結婚できませんでした。それで、伯父が困って岳母である祖母に相談しました。「岳母、私の妹は不器量で結婚相手が見つからないんです。どうしましょう。」祖母は言いました。「私に任せなさい。」それから、祖母はあちこち駆け回って、ある下級公務員の男性を見つけました。「ウン、この男が適当だ。」そして、その男性に「よかったら、私の家に遊びにいらっしゃい。」と誘いました。その男性は、喜んで祖母の家に行きました。祖母はそこで計略を巡らせ、美人で才媛の薫伯母に会わせたのです。男性は一目で薫伯母に惚れ込み、「美しい方ですね！」。祖母は内心ニタッと笑い、「ああ、薫はもう結婚しているからダメなんだよ。でも、薫には妹が一人いるんだけど、あなたのお嫁さんにどう？」と言いました。男性は「お姉さんがこんなに美しいんだから、妹もさぞ美しいだろう。」と思い、「はい！　結婚します。」と答えてしまいました。

　ところで、当時は結婚式の当日まで当人同士が顔を合わせないことがよくあったそうです。で、その男性は結婚式の日に初めて本人と顔を合わせてびっくり仰天し、「あの人は本当に薫さんの妹ですか？」と祖母に詰め寄りました。すると祖母は「私はあの人が薫の本当の妹だとは言ってないよ。（I didn't say that she is Kaoru's biological sister.）」としらばっくれました。それで、男性はしかたなく結婚したそうです。

台灣日語 113

接下來是のに的用法。關於這個，來說說我壞祖母的事吧。

我的祖母其實是很會動壞腦筋的人，常因此拯救家人免於危機。我祖母有 5 個孩子。長女（薰〈かおる〉・我姑姑）、長男（重春〈しげはる〉・醫生・我伯伯）、次男（準〈じゅん〉・我早逝的伯伯）、三男（三郎〈さぶろう〉・和我很相像的父親）、四男（民夫〈たみお〉・我早逝的叔叔）等 5 人。長女的薰姑姑人美，頭腦又好，大學畢業後馬上就結婚了。但是姑丈有個妹妹則是長得不好看（用現在的話來說，就是超級醜女！），所以沒能結婚。因此困擾的姑丈和他的岳母，也就是我的祖母商量：「岳母，我妹妹長得不好看，找不到結婚對象。該怎麼辦呢？」，祖母這樣回答：「交給我吧。」。之後，我祖母到處奔走，找到了一位男性基層公務員。「嗯，這個男的很適合。」於是向他邀約：「不嫌棄的話，來我家坐坐吧！」。他很樂意地到了祖母家。祖母在這時候動了計謀，讓他見到才貌兼備的薰姑姑。他對薰姑姑一見鍾情：「她真是漂亮啊！」祖母心裡一笑，說：「唉，薰已經結婚了，所以不行喔。但是薰有個妹妹，讓她嫁給你怎麼樣？」那位男性心想：「姊姊那麼美，妹妹應該也很美吧」，於是就回說：「好！我和她結婚。」

但是，以前新人在婚禮當天前不見面是常有的事。因此，到婚禮當天，那位男性頭一次見到本人的臉大吃一驚，逼問祖母：「那個人真的是薰小姐的妹妹嗎？」結果祖母卻裝無辜地說：「私はあの人が薰の本当の妹だとは言ってないよ。」（I didn't say that she is Kaoru's biological sister.）（我可沒說她是薰真正的妹妹哦。）最後，那位男性似乎就無可奈何地結婚了。

3. 文法の誤用─④ 接続助詞の問題（3）

a. 逆接の接続助詞の誤用（2）

　ね、私の祖母は何とも悪い人でしょう？　まあ、それはそれとして、この男性が思ったことは、「お姉さんはあんなに<u>美人なのに</u>、妹はこんなにブスだ！」ということでしょう。［A　ケド／ガ／テモ／ノニ　　B　］の場合、AとBの価値が反対になる、と前に申し上げましたね。つまり、AとBは矛盾するということなんですが、ノニを使った場合、「AとBの矛盾に疑問・不満・驚きを持っている」という気持を表します。

　ですから、もし「姉が美人で妹がブスである」ことに何の利害関係もない私がこの話を聞いたら、単に「姉は<u>美人だけど</u>、妹はブスだ。」と、ケドを使うでしょう。ケドは単にAとBの矛盾を客観的に述べるだけで、何の感情も入らないからです。

　もう一つ例を挙げましょう。ある洋服屋で 2000 元の服を 1000 元で安売りしているとします。私は、安さに魅力を感じていますが、お小遣いが足りないので買えません。この時、私は「お金がないから、<u>安いけど</u>、買わない。」と言います。でも、洋服屋の老闆は「こんなに<u>安いのに</u>、何故買わないのか？」と言います。私が服を買わないことに不満を持っているからです。

　ケド・ガを使う時は、単にAとBの矛盾を述べ立てるだけです。

　ノニを使う時は、①AとBの矛盾に不満を持っている、②AとBの矛盾の原因がわからない、という場合です。

　テモを使う時は、①「即使～還是～」の構文で、仮説を前提にしている、②まだ起こっていないことについても使える、という条件があります。

　私の祖母と同様、曾祖母も私の父親も悪智恵の働く人で、愉快な話がいっぱいあるんですが、それはまた別の機会にお話ししましょう。で、実は私もその血を引いているので、皆さん、私に騙されないように注意してくださいね。

台灣日語 114

3. 文法的誤用—④接續助詞的問題（**3**）

a. 逆接接續助詞的誤用（**2**）

　　對吧，我的祖母人很壞吧？不過，先不論這一點，這位男性應該心想「お姉さんはあんなに美人なのに、妹はこんなにブスだ！」（姉姉明明那麼漂亮，妹妹竟然這麼醜！）吧。之前說過 [A　けど／が／ても／のに　　B] 的情況下，A 和 B 的價值會是相反的。也就是說，A 和 B 矛盾，但使用のに時，是表達「對 A 和 B 的矛盾抱持疑問、不滿、驚訝」的心情。

　　因此，如果是對「姐姐是美女，妹妹是醜女」沒有利害關係的我聽了這件事，應該會單純說「姉は美人だけど、妹はブスだ。」（姐姐是美女，妹妹卻是醜女。），使用けど吧。因為けど只是客觀地描述 A 和 B 的矛盾，沒有帶任何感情。

　　再舉個例子吧。某家服飾店在特價，原本 2000 元的衣服賣 1000 元。我雖然被便宜的價格吸引，卻因為零用錢不夠沒辦法買。這時我說：「お金がないから、安いけど、買わない。」（我沒錢，所以雖然便宜，但我不買。）但是服飾店老闆會說：「こんなに安いのに、何故買わないのか。」（明明這麼便宜，為什麼不買呢？）因為他不滿我不買衣服。

　　使用けど・が時，只是單純在論述 A 與 B 的矛盾。

　　使用のに時，是用在「①對 A 和 B 的矛盾有不滿，②不知道 A 和 B 矛盾的原因」的情況。

　　使用ても時，有①為「即使～還是～」的構句，以假設為前提，②對還沒發生的事也能使用」的條件。

　　我的曾祖母、父親也和祖母一樣，是很會動壞腦筋的人，還有很多令人痛快的事，但有其他機會再說吧。而其實我也繼承了這個血緣，大家小心別被我騙囉！

3. 文法の誤用―④ 接続助詞の問題（4）

b. 因果の接続助詞の誤用（1）

① ×「先月、うちのお祖母さんは<u>脳溢血だから</u>倒れました。」→「脳溢血で」

原因・理由の接続助詞で、最もよく使われるのはカラでしょう。かと言って、何でもかんでもカラを使うととんでもないことになります。カラには構文的な制約があります。まず、3つのカラをご紹介しましょう。

1）時間・空間名詞＋カラ：英語の from。　例「<u>3時から5時まで</u>」「<u>台北から</u>高雄まで」

2）動詞テ形＋カラ：〜之後才〜。　例「手を<u>洗ってから</u>、ご飯を食べなさい。」

3）文（主語＋述語）＋カラ：原因・理由。　例「<u>雨が降るから</u>、今日は出かけない。」

　例文①「脳溢血」という名詞だけですから、カラを使うことはできないのです。この場合は、助詞のデを使います。「<u>台風で</u>家が壊れた。」というのと同じです。

　また、カラは構文上の制約だけでなく、意味用法の制約もあります。テレビドラマなどで、よく娘の結婚に反対する頑固親爺が登場するでしょう。

娘「どうしてあの人と結婚しちゃダメなの？」

親爺「<u>ダメだから</u>ダメなんだ！」

　これはもう、理由にも何もなっていない「居直り」ですね。このように、カラは「話者の主観的な理由」、時には「わがままな理由」を表します。昨日挙げた「うちのお祖母さんは脳溢血だから」を前件としたら、後件は話者の判断の入った文、例えば「安静にしていなければいけない。」などが適当でしょう。「うちのお祖母さんは脳溢血だから、安静にしていなければいけない。」となれば、自然な文になりますね。

台灣日語 115

3. 文法的誤用—④ 接續助詞的問題（**4**）

b. 因果接續助詞的誤用（**1**）

① ×「先月、うちのお祖母さんは脳溢血<u>だから</u>倒れました。」（上個月，我的祖母
　　因腦溢血倒下了。）→○「脳溢血<u>で</u>」

　　原因・理由的接續助詞中，最常用的應該是から吧。話雖這麼說，如果什麼都
用から的話就糟了。から在構句上有些限制。先介紹 3 種から吧。

1）時間・空間名詞＋から：英文的from。**例**「<u>3時から</u>5時まで」（從3點到5點）、
　　　　　　　　　　　　　「<u>台北から</u>高雄まで」（從台北到高雄）

2）動詞テ形＋から：〜之後才〜。**例**「手を<u>洗ってから</u>、ご飯を食べなさい。」
　　　　　　　　　　（請先洗手之後再吃飯。）

3）句（主語＋述語）＋から：原因・理由。**例**「<u>雨が降るから</u>、今日は出かけな
　　　　　　　　　　　　　　い。」（因為會下雨，所以今天不出門。）

　　例句①只有「脳溢血」這個名詞，所以不能使用から。這時要用助詞で，和「<u>台</u>
<u>風で</u>家が壊れた。」（我家因為颱風毀了。）相同。

　　此外から的限制不止在構句上，意思的用法上也有限制。電視連續劇等上，常會
有反對女兒結婚的頑固老爸對吧。

女兒「どうしてあの人と結婚しちゃダメなの？」（為什麼我不能和那個人結婚呢？）

老爸「<u>ダメだから</u>ダメなんだ！」（直譯：不行所以不行；不行就是不行！）

　　這已經完全稱不上是理由，只是「惱羞成怒」呢。像這種時候的から表達「發話
者主觀的理由」，有時是「任性的理由」。若用先前的「うちのお祖母さんは脳溢血
だから」（因為我的祖母腦溢血）當前件，則後件必須是包含了發話者判斷的句子，
例如「安静にしていなければいけない。」（必須靜養）等比較適當吧。「うちのお
祖母さんは脳溢血だから、安静にしていなければいけない。」（我的祖母因為腦溢
血，必須靜養。）的話，就是自然的句子。

日本語

3. 文法の誤用—④ 接続助詞の問題（5）

b. 因果の接続助詞の誤用（2）

② ×「お見合いはおもしろくて、機会があったらやってみたいです。」→○「おもしろいから」

　原因・理由を表すテの用法は非常に限られています。今、テの前の文「お見合いはおもしろい」を「前件」、テの後の文「機会があったらやってみたいです」を「後件」と呼ぶことにします。

　因果のテの用法は、「お見合いはおもしろくて、何回もやりました。」など、後件が過去の事実を表す場合、また「父が入院して、悲しい。」「靴が小さくて、足が痛い。」など後件が心理状態や生理状態を表す場合に限られます。つまり、テの前件と後件は、誰でも納得する「自然因果」を表し、後件に「やってみたい」などの意志的な表現は来ません。テは初級の初めに習うので使い勝手がいいのでしょうが、因果を表す場合はテを使わず、カラかノデを使う方が無難ですよ。

③ ×「陳さんは若いし、背が高いし、眼鏡を掛けている人です。」→○「若くて」「高くて」

　これは、人が大勢いる中で「陳さん」を探している人に対して、「陳さん」の特徴を述べている会話です。同じ「陳さん」の特徴を述べた文でも、次の会話は様相が違います。

④ 「陳さんは、頭がいいし、親切だし、リーダーシップがあるから、班長にふさわしいです。」

　この文は「陳さんが班長にふさわしい」ことの理由を列挙しています。「頭がいい」「親切だ」「リーダーシップがある」ことは「陳さんが班長にふさわしい」ことの理由です。逆に、「陳さんが班長にふさわしい」ことは「頭がいい」「親切だ」「リーダーシップがある」ことの帰結です。このように、シは理由の列挙を表し、最後には帰結が来ます。そして、「頭がいい」「親切だ」「リーダーシップがある」というのは、どれも「班長にふさわしい人格」という同一の視点から述べられています。例文③のような場合は単に「陳さん」の特徴を述べているだけなので、同一の視点はなく、また帰結もありません。単に特徴を列挙するだけなら、無色透明のテを用いれば充分なのです。

台灣日語 116

3. 文法的誤用—④ 接續助詞的問題（**5**）

b. 因果接續助詞的誤用（**2**）

② ×「お見合いはおもしろくて、機会があったらやってみたいです。」（相親很有趣，所以有機會的話我想試試。）→○「おもしろいから」

　　表達原因・理由的て用法非常受限。現在把て前的句子「お見合いはおもしろい」稱「前件」，て後的句子「機会があったらやってみたいです」稱「後件」。因果的て用法只限於「お見合いはおもしろくて、何回もやりました。」（相親太有趣，所以我去過好幾次了。）等後件表達過去事實的情況，或「父が入院して、悲しい。」（我父親住院了，所以我很傷心。）、「靴が小さくて、足が痛い。」（鞋子太小了，所以腳很痛。）等後件是表達心理狀態或生理狀態的情況。也就是說，て的前件和後件是表達不論任何人都能認同的「自然因果」，後件不能用「想試試看」等表達意志的句子。て在初級就會學到，所以大概容易使用吧，但是表達因果時，不用て，而用から或ので比較保險喔。

③ ×「陳さんは若いし、背が高いし、眼鏡を掛けている人です。」（陳同學是年輕、長得高、帶著眼鏡的人。）→○「若くて」、「高くて」

　　這個對話是當有人想在眾多人裡找「陳さん」時，向他描述「陳さん」的特徵。即便一樣是描述「陳さん」的特徵，下面對話的情況就不同了。

④ 「陳さんは、頭がいいし、親切だし、リーダーシップがあるから、班長にふさわしいです。」（陳同學頭腦很好、親切，又有領導能力，所以很適合當班長。）

　　這個句子是在列舉「陳同學適合當班長」的理由。「頭腦很好」、「親切」、「有領導能力」就是「陳同學適合當班長」的理由。相反地，「陳同學適合當班長」是在歸結「頭腦很好」、「親切」、「有領導能力」等。如同例句一樣，是用し列舉理由，最後再歸結。而且「頭腦很好」、「親切」、「有領導能力」這些都是在「適合當班長的人格」的同一視角下論述。例句③則是單純論述「陳さん」的特徵，不是在同一視角，也沒有歸結。只是單純列舉特徵的話，用中立沒有色彩的て就行了。

日本語

3. 文法の誤用—④ 接続助詞の問題（**6**）

b. 因果の接続助詞の誤用（**3**）

⑤ ×「あの男はプレイボーイなので、付き合うな。」→〇「プレイボーイだから」

×「この本、おもしろそうなので、買おう。」→〇「おもしろそうだから」

カラは主観的な理由を表すと、前にも述べました。カラは接続詞だけでなく、終助詞の使い方もあります。「あたし、あんな人とは絶対結婚しないからね。」これは「宣告」を表しますね。また、「あの人、ずうずうしいんだから。」これは「決めつけ」を表しますね。それぞれ、「あたし、あんな人とは絶対結婚しないから、（そのつもりでいてね。）」「あの人、本当にずうずうしいんだから、（本当に困っちゃう。）」などの後件が省略された形で、終助詞になったと思われます。これは、原因・理由のカラの主観性がこのような用法に転化したのでしょう。また、誰かが自分の身内の自慢をした時など、次のように言いたくなりますね。

A「アタシの家は、父も母も外交官で、兄は国会議員なのよ。」

B「だから、何なのよ！」

接続詞のダカラも、接続助詞のカラと同根です。このダカラは、相手の主観的な結論を求めています。それ故、カラは「原因」ではなく「理由」を表します。（前にも述べましたが、「原因」とは誰もが認める客観的な根拠、「理由」とは人間が作り出す主観的な「言い訳（藉口）」に近いものです。）

しかし、ノデはもっと穏やかな、客観的な大人の理由を表します。「子供がまだ小さいので、働きに行けません。」など、公式の場で弁明をする時用いるのにふさわしいです。例文④のように、「付き合うな」という命令形、「買おう」という意向形は穏やかな理由を表すノデとは相性が合いません。主観的な意図を表す命令形や意向形が後件に来る時は、カラと相性がいいのです。

台灣日語 117

3. 文法的誤用—④接續助詞的問題（**6**）

b. 因果接續助詞的誤用（**3**）

⑤ ×「あの男は<u>プレイボーイなので</u>、付き合うな。」（那個男的是花花公子，所以
別和他交往。）→○「プレイボーイだから」

　　×「この本、<u>おもしろそうなので</u>、買おう。」（那本書好像很有趣，所以我買吧。）
　　　→○「おもしろそうだから」

　　先前也說了から表達主觀的理由。から不只是接續詞，也有終助詞的用法。「あ
たし、あんな人とは絶対結婚しない<u>からね</u>。」（我可絕對不會跟那個人結婚喔！）
這是表達「宣告」。而「あの人、ずうずうしい<u>んだから</u>。」（那個人就是厚臉皮。）
這是表達「論斷」。一般認為，這兩句分別是像「あたし、あんな人とは絶対結婚し
ない<u>から</u>、（そのつもりでいてね。）」（我可絕對不會和那種人結婚，[記好了。]）、
「あの人、本当にずうずうしい<u>んだから</u>、（本当に困っちゃう。）」（那個人真的
很厚臉皮，[所以我真的很困擾。]）等省略了後件的形式，故成為終助詞。這種用法，
大概是由原因・理由的から的主觀性轉換而成吧。此外，有人炫耀自己親屬時，會
像下面這麼說。

A「アタシの家は、父も母も外交官で、兄は国会議員なのよ。」（我家爸媽都是外
交官，哥哥是國會議員喔。）

B「<u>だから</u>、何なのよ！」（那又怎麼樣！）

　　接續詞的だから和接續助詞的から是同樣脈絡。這裡的だから是在尋求對方主觀
的結論。因此から不是「原因」，而是「理由」。（先前也說過，「原因」是任誰都
能認同的客觀根據，「理由」近似於人類編出來的主觀「言い訳」（藉口）。）

　　而ので則表達更適切、客觀、成熟的理由。「子供がまだ<u>小さいので</u>、働きに行
けません。」（孩子還小，不能去工作。）等，適合在官方場合用以辯解。像例句④
的「付き合うな」是命令形、「買おう」是意向形，就不適合用表達適切理由的ので。
當後件是表達主觀意圖的命令形、意向形時，から會比較適合。

日本語

3. 文法の誤用―④ 接続助詞の問題（**7**）

b. 因果の接続助詞の誤用（**4**）

⑥ ×「去年の 12 月、私は<u>うれしくて</u>、アジア航空が主催したスピーチコンテスト
に参加して何回かの選抜に勝ち抜いた結果、第一位を取りました。」→〇「去
年の 12 月、アジア航空が主催したスピーチコンテストに参加して何回かの選
抜に勝ち抜いた結果、第一位を取って、<u>うれしかったです</u>。」

　ちょっと長くなりましたが、このような誤用はとても多くあるのです。

　これは、中国語の構文に引きずられた「母語干渉」です。「お会いできて、うれ
しいです。」は、中国語では「我很高興遇到你。」となり、先に「高興（うれしい）」
という言葉が来て、後から「遇到你」という喜びの原因が語られますね。英語の‘I
am glad to see you.’も‘Nice to meet you.’も同じですね。しかし、日本語では「お会
いできて、うれしいです。」と、先に喜びの原因を言って、後で結果の「うれしい」
を言います。そこで、「去年の 12 月、アジア航空が主催したスピーチコンテスト
に参加して何回かの選抜に勝ち抜いた結果、第一位を取って、<u>うれしかったです</u>。」
のような、テ形の前件が長い文になってしまうのです。このような頭デッカチの文
は、中国語母語話者や英語話者にとっては抵抗があるようですね。

　因みに、あるアメリカ人が「お目にかかれて光栄です。」という日本語を直訳し
て、‘It’s a great honor for me <u>to hang your eyes</u>.’と言ってしまったそうですから、テ形
の誤用を日本語の構文だけのせいにしないでくださいね。また、あるアメリカ人は
中国語で「久仰久仰」というところを、間違えて「醤油醤油」と言ってしまったそ
うです。私なら「洋酒洋酒」と言ってしまいそうなんですが……

台灣日語 118

3. 文法的誤用─④接續助詞的問題（**7**）

b. 因果接續助詞的誤用（**4**）

⑥ ×「去年の 12 月、私は<u>うれしくて</u>、アジア航空が主催したスピーチコンテスト
に参加して何回かの選抜に勝ち抜いた結果、第一位を取りました。」→○「去
年の 12 月、アジア航空が主催したスピーチコンテストに参加して何回かの選
抜に勝ち抜いた結果、第一位を取って、<u>うれしかったです</u>。」（去年 12 月，
我參加亞洲航空主辦的演講比賽，通過幾次選拔後，獲得了第一名，我真高興。）

　　句子有點長，不過這種誤用很常見。這是受到中文構句影響，稱為「母語干涉」。
「お会いできて、うれしいです。」的中文是「我很高興見到你」，先說「高興（う
れしい）」，再說「見到你」這個高興的原因。英文的 'I am glad to see you.' 和 'Nice
to meet you.' 也一樣呢。但是日文則是像「お会いできて、うれしいです。」這樣，
先說高興的原因，再說「うれしい」的結果。所以，就會像「去年の 12 月、アジア
航空が主催したスピーチコンテストに参加して何回かの選抜に勝ち抜いた結果、第
一位を取って、<u>うれしかったです</u>。」這樣，テ形的前件變成長句。中文母語的說話
者和英文說話者，似乎都會抗拒這種頭重腳輕的句子呢。

　　因此，有位美國人把「お目にかかれて光栄です。」（很榮幸見到你）的日文直
譯成 'It's a great honor for me <u>to hang your eyes</u>.'，所以別把誤用テ形都歸結成日文構句
的錯喔。另外，曾有美國人把中文的「久仰久仰」誤說成「醬油醬油」，而我則會說
成「洋酒洋酒」……

3. 文法の誤用―④ 接続助詞の問題（8）

c. 条件の接続助詞の誤用（1）

　ご存じのように、条件を表す接続助詞には、ト、バ、タラ、ナラ、があります。（例えば「行くと」「行けば」「行ったら」「行くなら」など。）まず、トに纏わる誤用からいきます。

① ×「映画に出演する機会が<u>あると</u>、やってみよう。」→「あれば」または「あったら」

　「Ａスル<u>ト</u>Ｂスル」の文型は、「事態Ａが起こると、後に必ず事態Ｂが起こる」ということ、つまり、ＡとＢが法則的に継起するということです。「春に<u>なると</u>、花が咲く。」などがその例です。また、一時『マーフィーの法則』という本がはやったのを覚えていますか？　「先達の経験から生じた数々のユーモラスでしかも哀愁に富む経験則をまとめたもの」（ウィキペディア）です。例えば、「<u>洗車しはじめると</u>雨が降る。」「機械が動かないことを誰かに証明して<u>見せようとすると</u>、動きはじめる。」など、おもしろい箴言がたくさん載っています。「法則」を表すこの箴言には、「Ａスル<u>ト</u>Ｂスル」の文型が多く使われています。ですから、例文①のような「やってみよう」などの意向を表す文型、「やりなさい」などの命令形、「やりたい」などの欲求を表す文型、「やりませんか」「やりましょう」などの誘いかけの文型がＢに来ることはありません。

② ×「昨日、家に<u>帰ったと</u>、知らない男が部屋に<u>いる</u>。」→「帰る」「いた」

　しかし、ＡとＢが法則的に継起するのは、「Ａスル<u>ト</u>Ｂスル」の文型だけで、「Ａスル<u>ト</u>Ｂシタ」のようにＢの部分がシタ形になっている場合は、一回限りの事実を表します。また、Ａはスル形またはシテイル形だけで、シタ形は使いません。意味は、「發生Ａ、就發現Ｂ。」ということで、②の例文だと「昨日、家に帰ると、<u>知らない男が部屋にいるのを発見した。</u>」という意味で、話者の視点から見た事態の説明です。この場合、事態Ｂは話者にとって意外なことです。「昨夜、本を<u>読んでいると</u>、急に防犯ベルが鳴りだした。」など、ＢはＡの段階では予測ができなかったことを表します。

台灣日語 119

3. 文法的誤用─④ 接續助詞的問題（8）

c. 條件接續助詞的誤用（1）

　　如各位所知，表達條件的接續助詞有と、ば、たら、なら。（例如「行くと」、「行けば」、「行ったら」、「行くなら」等。）首先說明と的相關誤用。

① ×「映画に出演する機会が<u>あると</u>、やってみよう。」（有機會參演電影的話，我想試試看。）→○「あれば」、「あったら」

　　「AするとBする」的句型是「發生狀況A的話，之後必定會發生狀況B」，也就是說A和B是如法則般相繼發生。像「春になると、花が咲く。」（春天一到，花就會開。）等例子。此外，記得《莫非定律》這本書有一陣子很暢銷嗎？「這本書彙整了許多自前人經驗產生，幽默又充滿哀愁的經驗法則」（維基百科）。例如「<u>洗車しはじめると雨が降る。</u>」（一開始洗車就下雨。）、「機械が動かないことを誰かに証明して<u>見せようとすると</u>、動きはじめる。」（想證明機器不能動給某個人看，機器就開始動了。）等，有許多有趣的箴言。表達「法則」的箴言中，使用了許多「AするとBする」的句型。因此，B的部分不會像例句①那樣，出現「やってみよう」（試試看）等表達意向的句型、「やりなさい」（給我做）等命令形、「やりたい」（想做）等表達欲求的句型、「やりませんか」（要不要做）和「やりましょう」（做吧）等勸誘的句型。

② ×「昨日、家に<u>帰ったと</u>、知らない男が部屋に<u>いる</u>。」（昨天回家，房裡就有個不認識的男人。）→○「帰る」、「いた」

　　但是，A和B如法則般相繼發生的情況，只有用在「AするとBする」的句型時，像「AするとBした」這樣，B部分如果用了シタ形，是表達僅此一次的事實。此外，A只能用スル形或シテイル形，不使用シタ形。意思是「發生A，就發現B。」，因此②的例句是「昨日、家に帰ると、<u>知らない男が部屋にいるのを発見した。</u>」（昨天一回家，就發現有不認識的男人在家。）的意思，是說明從發話者角度看見的事件。這時，事件B對發話者而言是意外。如「昨夜、本を<u>読んでいると</u>、急に防犯ベルが鳴りだした。」（昨晚看著書時，警鈴突然響了。）等，表達B是在A的階段無法預測的事。

3. 文法の誤用—④ 接続助詞の問題（9）

c. 条件の接続助詞の誤用（2）

　次に、バの用法です。バというのは日本人にとって最も自然に口をついて出てくる接続助詞ですが、実は意外に使用制約の多いものなのです。基本的に、バの用法は「自然因果」を表します。「AすればB」は、「Aという事態が発生するかしないかわからないが、もし前件Aが発生したなら、後件Bという事態が起こる」、つまり「Bが発生するためには、Aという条件が必要だ」ということを表します。

　典型的なのは、「風が吹けば桶屋が儲かる」という諺です。これは、「風が吹けば埃が立つ」→「埃が立てば埃が目に入る」→「埃が目に入れば盲人が増える」→「盲人が増えれば弾き語りの仕事が増える」（註：昔、盲人の仕事は按摩か三味線の弾き語りだった）→「弾き語りの仕事が増えれば三味線がたくさん必要になる」→「三味線がたくさん必要になれば猫の皮がたくさん必要になる」（註：三味線を作るには猫の皮が最もいいとされていた）→「猫の皮がたくさん必要になれば猫がたくさん殺される」→「猫がたくさん殺されれば鼠が増える」→「鼠が増えれば風呂桶がたくさん齧られる」（註：昔の風呂桶は木製だった）→「風呂桶がたくさん齧られれば桶屋が儲かる」と、まあ、こういう結果になるわけですが、本当に風が吹けば桶屋が儲かるかどうかはともかくとして、これは因果の連鎖を説いたものです。このような使い方が、バの基本です。自然因果を表したものですから、勧誘、欲求、指示、依頼、命令など、話者の意志を示す文型はBの部分には来ません。このような文型の場合、Aにはタラを使います。

③ ×「デパートに**行けば**、買いましょう。」（勧誘）→○「行ったら」

④ ×「**退職すれば**、郊外に住みたい。」（欲求）→○「退職したら」

⑤ ×「**結婚すれば**、出ていってください。」（指示・依頼）→○「結婚したら」

⑥ ×「**合格すれば**、学費は自分で払え。」（命令）→○「合格したら」

台灣日語 120

3. 文法的誤用—④ 接續助詞的問題（**9**）

c. 條件接續助詞的誤用（**2**）

　　接下來是ば的用法。對日本人來說ば是最自然會說出口的接續助詞，但其實使用限制意外地多。基本上，ば表達的是「自然因果」。「Aすれば B」是「雖然不知道 A事件會不會發生，但如果發生了前件A，就會發生後件B」，也就是表達「要發生B，A的條件是必要的」。典型的像「風が吹けば桶屋が儲かる」（一刮風，做木桶的就會大賺）這句諺語。因為「風が吹けば埃が立つ」（一刮風，就會揚起灰塵）→「埃が立てば埃が目に入る」（灰塵一揚起，就會進到眼睛裡）→「埃が目に入れば盲人が増える」（灰塵一進眼睛，盲人就會增加）→「盲人が増えれば弾き語りの仕事が増える」（盲人一增加，自彈自唱的人就會增加）（註：以前盲人的工作就是按摩或三味線的自彈自唱）→「弾き語りの仕事が増えれば三味線がたくさん必要になる」（從事自彈自唱工作的人一增加，就需要很多三味線）→「三味線がたくさん必要になれば猫の皮がたくさん必要になる」（需要很多三味線，就需要很多貓皮）（註：據說貓皮最適合做三味線）→「猫の皮がたくさん必要になれば猫がたくさん殺される」（需要很多貓皮，就要殺很多貓）→「猫がたくさん殺されれば鼠が増える」（殺了很多貓，老鼠就會增加）→「鼠が増えれば風呂桶がたくさん齧られる」（老鼠增加了，就會有很多浴桶被咬）（註：以前的浴桶是木製的）→「風呂桶がたくさん齧られれば桶屋が儲かる」（很多浴桶被咬，做木桶的就會大賺），最後變成這種結果，先不論是不是真的起風了，做木桶的就會大賺，這是在說因果連鎖。這就是ば的基本用法。因為表達的是自然的因果，所以B的部分不會使用表達發話者意志的句型，如勸誘、欲求、指示、委託、命令等。這類句型時，A會使用たら。

③ ×「デパートに行けば、買いましょう。」（去百貨公司的話就買吧。）（勸誘）
　　→○「行ったら」

④ ×「退職すれば、郊外に住みたい。」（退休的話，我想住在郊外。）（欲求）
　　→○「退職したら」

⑤ ×「結婚すれば、出ていってください。」（結了婚就搬出去。）（指示・委託）
　　→○「結婚したら」

⑥ ×「合格すれば、学費は自分で払え。」（考上的話，學費就你自己付。）（命令）
　　→○「合格したら」

日本語

　しかし、どんな場合にも後件Bが意志を表す文型ではダメかというと、そうでもありません。

⑦ 「安ければ、買いましょう。」

⑧ 「交通の便がよければ、郊外に住みたい。」

⑨ 「家賃が払えなければ、出ていってください。」

⑩ 「大学に行きたければ、学費は自分で払え。」

　以上のように、前件Aが形容詞や可能形などの静態述語ならば、後件Bは意志を表す文型でもよいことになります。何故でしょうか。「AスレバB」の文型には、「前件Aの事態が起こった後に後件Bの事態が起こる」という時間順序の規則があります。確かに「風が吹いた後に桶屋が儲かる」のですよね。しかし、⑦「安い」、⑧「交通の便がよい」、⑨「お金がない」、⑩「大学に行きたい」などの形容表現は「起こった事件」でなく「恒常的な状態」です。また、⑦「買いましょう」、⑧「郊外に住みたい」、⑨「出ていってください」、⑩「学費は自分で払え」なども「事件」でなく話者の心的態度です。AもBも「動き」でなく「状態」です。状態ならば時間の順序は問題にならなくなりますから、バが使えることになります。

　また、次のような戯れ歌（ざれうた）もあります。

⑪ 「土方（どかた）殺すにゃ刃物は要らぬ。雨の三日も降ればいい。」

　「土方」とは「土木工程工人」、建設業に携わる社会で最も低階層の日雇い労働者のことです。彼らは農村から都会に出稼ぎに来た人が多かったのですが、何せ戸外での仕事ですから、雨の日には雇用がありません。しかし、雇用がなければ土方たちは収入がなくて死んでしまいます。それで「土方を殺すには、刃物は不要だ。雨が三日ぐらい降れば彼らは飢え死にするだろう。」という、何とも悲しく残酷な戯れ歌ができたのです。で、この「〜ばいい」は「做〜〜就好」とでも訳せばいいのでしょうが、これが「Aすればよかった」と過去形になると、「Aが実現しなかったことの後悔」を表す文になります。

⑫ 「あーあ、もっと勉強すればよかった。」

　これは、皆さんが学生の時、試験の後で嘆息しながら言ったことですね。

台灣日語 121

　　不過，是不是任何情況ば的後件 B 都不能使用表達意志的句型呢？那倒也不是。

⑦「安ければ、買いましょう。」（便宜的話就買吧。）

⑧「交通の便がよければ、郊外に住みたい。」（交通方便的話，我想住郊外。）

⑨「家賃が払えなければ、出ていってください。」（付不出房租的話，就搬出去。）

⑩「大学に行きたければ、学費は自分で払え。」（想上大學的話，就自己付學費。）

　　如果像以上例子，前件 A 是形容詞或可能形等靜態述語的話，後件 B 也可以使用表達意志的句型。這是為什麼呢？「AするばB」這個句型有著「前件 A 的事件發生後，發生後件 B 的事件」的時間順序規則。確實是「風が吹いた後に桶屋が儲かる」（刮了風後，做木桶的才賺大錢）呢。但是，⑦「安い」、⑧「交通の便がよい」、⑨「お金がない」、⑩「大学に行きたい」等形容表現並不是「發生了的事件」，而是「長久不變的狀態」。此外，⑦「買いましょう」、⑧「郊外に住みたい」、⑨「出ていってください」、⑩「学費は自分で払え」等也不是「事件」，而是說話者內心的態度。A 和 B 都不是「動作」而是「狀態」。因為是狀態的話，時間順序就不是問題，所以可以使用ば。

　　另外，還有這樣打油詩。

⑪「土方（どかた）殺すにゃ刃物は要らぬ。雨の三日も降ればいい。」（要殺土木工程工人不需用刀。下個三天雨就行了。）

　　「土方」是「土木工程工人」，是建築業界最底層的零工。他們大多是從農村到都市賺錢的人，但畢竟是戶外的工作，雨天就不上工。可是不上工的話，工人們就會沒有收入而死。所以才有「土方を殺すには、刃物は不要だ。雨が三日ぐらい降れば彼らは飢え死にするだろう。」（要殺土木工程工人不需要刀。只要下三天左右的雨，他們大概就會餓死。）這種非常悲傷殘酷的打油詩。而這裡的「～ばいい」可以解釋成「做～～就好」，但如果變成「AすればよかったＡ」這種過去形的話，就是會變成表達「沒能實現 A 的後悔」的句子。

⑫「あーあ、もっと勉強すればよかった。」（唉，要是更用功點就好了。）

　　這就是大家求學時，在考試後邊嘆氣邊說的話呢。

日本語

3. 文法の誤用―④ 接続助詞の問題（**10**）

c. 条件の接続助詞の誤用（**3**）

　次に、ナラに関する誤用です。

⑬ ×「コーヒーを<u>飲めば</u>、カプチーノです。」→○「飲むなら」

　　×「結婚式を<u>挙げれば</u>、教会でやりたい。」→○「挙げるなら」

　前回述べたように、「ＡスレバＢ」の文型には、「前件Ａの事態が起こった後に後件Ｂの事態が起こる」という時間順序の規則があります。「コーヒーを飲めば」と言ったら、コーヒーを飲んだ後に自然に起こることが続き、「結婚式を挙げれば」と言ったら、結婚式をした後に自然に起こることが続きます。例えば「コーヒーを飲めば、<u>眠れなくなる</u>。」「結婚式をすれば、<u>お金がかかる</u>。」など。しかし、ナラはそのような時間的順序の制約がありません。「ＡナラＢ」の文型が表すのは、「<u>Ａを前提とする場合、Ｂになる</u>」ということです。いわば、「ＡスレバＢ」がＡとＢの時間的順序を規定しており、「ＡナラＢ」はＡとＢの論理的順序を規定しているのです。「ＡナラＢ」はＡとＢの時間的順序から自由なのです。

⑭「<u>日本に留学するなら</u>、ビザを取らなければいけない。」

⑮「<u>IT 製品なら</u>、光華商場だ。」

⑯「<u>日本に行くなら</u>、是非私の実家に行ってください。」

という文は、⑭「日本に留学する」という前提がある場合、「ビザを取る」という行為が必要だということを述べていますが、「ビザを取る」のは「日本に留学する」前のことですね。また、⑮「IT 製品を買う」という前提に立てば「光華商場」が最もいい、というのは、時間順序に関係がありませんね。そして、⑯「私の実家に行く」のは「日本に行く」ことの後のことですね。このように、「ＡスルナラＢ」のＡは、Ｂより前に発生することも後に発生することもあるのです。

台灣日語 122

3. 文法的誤用─④ 接續助詞的問題（**10**）

c. 條件接續助詞的誤用（**3**）

　　接下來是關於なら的誤用。

⑬ ×「コーヒーを<u>飲めば</u>、カプチーノです。」（要喝咖啡，就該喝卡布奇諾。）

　　→○「飲むなら」

　　×「結婚式を<u>挙げれば</u>、教会でやりたい。」（要辦婚禮的話，我想在教會辦。）

　　→○「挙げるなら」

　　就如之前所說的，「Aすれば B」的句型有著「前件 A 事件發生後，發生後件 B 的事件」這樣的時間順序規則。如果說「コーヒーを飲めば」，就是指喝完咖啡後，接續著自然發生的事；如果說「結婚式を挙げれば」，就是辦婚禮後，接續著自然發生的事。例如「コーヒーを飲めば、<u>眠れなくなる</u>。」（喝了咖啡，就會睡不著。）、「結婚式を挙げれば、<u>お金がかかる</u>。」（辦婚禮，就得花大錢。）等。但是，なら沒有這種時間順序上的限制。「AならB」的句型表達「<u>以 A 為前提的情況下</u>，會是 B」。也就是說「Aすれば B」是規定 A 和 B 的時間順序，「AならB」則是規定 A 和 B 的邏輯順序。「AならB」時 A 和 B 的時間順序是任意的。

⑭ 「<u>日本に留学するなら</u>、ビザを取らなければいけない。」（要去日本留學，就必須取得簽證。）

⑮ 「<u>IT 製品なら</u>、光華商場だ。」（要找 IT 製品，就要去光華商場。）

⑯ 「<u>日本に行くなら</u>、是非私の実家に行ってください。」（要去日本的話，請務必去我的老家。）

　　這些句子中，⑭所說的是「去日本留學」的前提下，「取得簽證」的行為是必要的，但是「取得簽證」在「去日本留學」之前對吧。而⑮「買 IT 製品」的前提下，「光華商場」最適合這點，也與時間順序無關。然後⑯「去我的老家」也是在「去日本」之後對吧。

　　就像這樣「AするならB」的A，有可能在B前，也可能在B後發生。

3. 文法の誤用—④ 接続助詞の問題（**11**）

c. 条件の接続助詞の誤用（**4**）

　さて、最後にタラに関する誤用です。

⑰　「お父さん、いつ、バイク買ってくれるの？」

　　×「ああ、いい成績を<u>取るなら</u>、買ってやるよ。」→〇「取ったら」

　「いい成績を<u>取るなら</u>、買ってやるよ。」でも間違いではありませんが、それでは「いい成績を取ると約束したら買ってやる」という意味になってしまいます。つまり、「いい成績を取る」と約束すればバイクを買ってやることになってしまいますね。でも、このお父さんの意図は、「いい成績を取った後に買ってやる」ということですよね。（普通はそうでしょう。）私だったら、成績が悪かったら絶対に買ってやりませんが。

　前に述べたように、「Ａスレバ Ｂ」の文型は、「前件Ａの事態が起こった後に後件Ｂの事態が起こる」という時間順序の規則があります。ところが、「Ａ シタラ Ｂ」の文型も、「前件Ａの事態が起こった後に後件Ｂの事態が起こる」という時間順序の規則があるのです。いや、それだけでなく、「Ａスルト Ｂ」「Ａスレバ Ｂ」「Ａ シタラ Ｂ」すべてが「前件Ａの事態が起こった後に後件Ｂの事態が起こる」という時間順序の規則があるのです。この規則がないのは、「Ａ スルナラ Ｂ」だけなのです。

　ですから、皆さん、条件節ト、バ、タラ、ナラの使い方が面倒で嫌だな、と思ったら、とにかく何でもタラをお使いください。タラは、トのように「後件がスル形の時は恒常的真理、後件がシタ形の時は話者にとって意外な事態」などのような複雑な使い分けもないし、またバのように「前件が静態述語の場合以外は、後件に意志的表現が来てはいけない」などの面倒な規則を覚える必要もありませんよ！　タラはトやバと仲がいい、タラは人間関係（？）がいい！

　と、簡単に思ってはいけません。実は、タラはナラとはちょっと仲が悪いのです。タラは前件Ａの後に必ず後件Ｂが来るのですが、ナラはそうとも限らないからです。それはまた次回。

台灣日語 123

3. 文法的誤用—④ 接續助詞的問題（**11**）

c. 條件接續助詞的誤用（**4**）

　　那麼，最後是與たら相關的誤用。

⑰ 「お父さん、いつ、バイク買ってくれるの？」（爸爸，你什麼時候要買機車給我？）

　　×「ああ、いい成績を<u>取るなら</u>、買ってやるよ。」（好，你取得好成績，我就買給你喔。）→○「取ったら」

　　「いい成績を<u>取るなら</u>、買ってやるよ。」也沒有錯，但就會變成「いい成績を取ると約束したら買ってやる」的意思。也就是會變成：先保證會「取得好成績」就買機車給你。不過這裡父親希望的應該是「取得好成績後再買給你」對吧。（一般來說都是這樣吧。）如果是我，成績不好的話就絕不買給他。

　　如之前所說，「Ａすれば Ｂ」的句型有著「前件 Ａ 的事件發生後，發生後件 Ｂ 的事件」這種時間順序規則。而「Ａしたら Ｂ」的句型也有「前件 Ａ 事件發生後，發生後件 Ｂ 的事件」這樣的時間順序規則。不，不只如此，「Ａすると Ｂ」、「Ａすれば Ｂ」、「Ａしたら Ｂ」都有「前件 Ａ 事件發生後，發生後件 Ｂ 事件」這樣的時間順序規則。只有「Ａするなら Ｂ」沒有這種規則。

　　所以，如果大家覺得條件子句と、ば、たら、なら的用法很麻煩、很討厭的話，就請全都用たら。たら不像と那樣，有著「後件為スル形時是永恆不變的真理，後件為シタ形時，對發話者來說是意外的事件」等複雜的使用分別，也不像ば那樣，要記些麻煩的規則，如「除了前件為靜態述語外，後件不得用於表達意志」等喔！たら和と、ば感情很好，所以たら的人緣（？）很好！

　　但是不能想得那麼簡單。其實たら跟なら感情不太好。因為たら在前件 Ａ 之後，一定會發生後件 Ｂ，不過なら卻不一定。那麼就下回再詳述。

日本語

3. 文法の誤用—④ 接続助詞の問題（**12**）

c. 条件の接続助詞の誤用（**5**）

　さて、日本の警視庁が掲げている「開車不喝酒、喝酒不開車」という意味の交通標語ですが、（　　　）の動詞はナラになるでしょうか、タラになるでしょうか。

⑱　「（飲む‐　　　　）乗るな、（乗る‐　　　　）飲むな。」

　はい、答は、次のようです。

⑲　「<u>飲んだら</u>乗るな、<u>乗るなら</u>飲むな。」

　「（酒を）<u>飲んだ後には</u>、乗る（運転する）な、<u>乗る（運転する）前には</u>（酒を）飲むな。」という意味です。タラとナラを逆にすると、とんでもないことになります。「酒を飲む前には運転するな、運転した後には酒を飲むな。」これでは事故を防げませんね。本当に、日本の警視庁は日本語教育にとてもいい標語を作ってくれたものです！

　しかし、このナラとタラの性質を利用して、悪い冗談をする人がいます。

⑳　「結結婚式を挙げるなら、教会でやりたい。」

　そうですよね。結婚式は、キリスト教式の方が安いんですよ。ところが、

㉑　「結婚式を<u>挙げたら</u>、教会でやりたい。」

　と、わざと間違えて言う人がいるのです。つまり、「結婚式を挙げた後、教会でやりたい。」と言うのですが、果たして何をやりたいのか……ヒヒヒ。

　とにかく、ト、バ、タラ、ナラをまとめると、

1) ト、バ、タラ、は、前件事態の後に後件事態が来る、という時間順序がある。

2) ト、バ、は前件や後件に複雑な制約があるが、タラは一切制約がない。それ故、タラはト、バ、の代用になる。但し、ト、バ、よりもタラは多分に口語的である。

3) ナラは、前件事態の後に後件事態が来る、という時間順序がない。だから、タラとナラの使い分けに注意すれば、ト、バ、タラ、ナラの使い分けは完璧！と言うわけです。

台灣日語 124

3. 文法的誤用—④接續助詞的問題（**12**）

c. 條件接續助詞的誤用（**5**）

那麼日本警視廳揭示的「開車不喝酒，喝酒不開車」同義交通標語中，（　　　）內的動詞該用なら，還是該用たら呢。

⑱「（<u>飲む</u>-　　　）<u>乗るな</u>，（<u>乗る</u>-　　　）<u>飲むな</u>。」

答案如下：

⑲「<u>飲んだら乗るな、乗るなら飲むな</u>。」

意思是「（酒を）<u>飲んだ後には、乗る（運転する）な、乗る（運転する）前には（酒を）飲むな</u>。」（喝了 [酒] 後，就別坐車 [開車]，坐車 [開車] 前，就別喝 [酒]）。如果たら和なら相反就大事不妙了。「酒を飲む前には運転するな、運転した後には酒を飲むな。」（要喝酒前別開車，開車後別喝酒。）這樣就無法防止意外了呢。日本警視廳做的這個標語，真是適合日文教育呢！

但是也有人利用なら和たら的性質，開不好的玩笑。

⑳「<u>結婚式を挙げるなら、教会でやりたい</u>。」（要辦婚禮的話，我想在教會辦。）

對呀，婚禮的話，基督教式的比較平易便宜吧。但是有人故意這麼說：

㉑「<u>結婚式を挙げたら、教会でやりたい</u>。」（婚禮辦完的話，想在教會做。）

也就是說「婚禮辦完後想在教會做。」到底是做什麼呢……嘻嘻嘻。

總之統整一下と、ば、たら、なら：

1）と、ば、たら有著「前件事件發生後，發生後件事件」的時間順序。

2）と、ば的前件、後件有較複雜的限制，但たら就沒有任何限制。因此，たら可以替代と、ば。不過，比起と、ば、たら更加口語。

3）なら沒有「前件發生後，發生後件事件」的時間順序。所以，只要注意たら和なら的分別，就能完美分辨使用と、ば、たら、なら了！

日本語

3. 文法の誤用─④ 接続助詞の問題（**13**）

d. テ形接続の誤用（**1**）

　テ形というのは、動詞の「行って」「見て」「して」などの形です。テ形接続というのは「A シテ B スル」という構文です。このテ形は初級の比較的早い時期に習うので慣れており、使い勝手がいいもので、文と文を繋ぐ時につい濫用してしまいがちです。しかし、慣れていることをやる時にこそ落とし穴があるもの、注意が必要です。

① × 「父が犬に肉を<u>やって</u>、犬は喜んだ。」→○「やると」

　エッ、これが間違いなの？　じゃ、「やると」と「やって」の違いは何なの！

　はい、「やって」、つまり動詞のテ形は、基本的には前件と後件の主語が同じでなければなりません。しかし、この場合は前件「父が犬に肉をやって」の主語は「父」、後件「犬は喜んだ」の主語は「犬」で、主語が違います。「やると」のように条件の接続助詞トなら、主語が異なってもかまいません。また、第 451 回でも述べたように、「A スル<u>ト</u> B シタ」の場合はトは「発生 A、就発現 B。」ということなので、①の意味とも符合します。テ形で接続できるのは、「同一人物の連続動作」です。皆さん、小学校の時、国語の授業で日記を書く宿題が出されて、困ったことはありませんか。何も書くことがない時、「今日は、朝 7 時に<u>起きて</u>、顔を<u>洗って</u>、歯を<u>磨いて</u>、朝ご飯を<u>食べて</u>、学校へ<u>行って</u>、<u>勉強して</u>、家へ<u>帰って</u>、テレビを<u>見て</u>、晩ご飯を<u>食べて</u>、お風呂に<u>入って</u>、寝ました。」（この後、たいてい「とても楽しい一日でした。」なんて書いたりするんですが）などと、つまらない文を書いたことがありませんか。実は、それが、テ形の用法の基本なのです。「同一人物の連続動作」がテ形の基本の用法だということです。

台灣日語 125

3. 文法的誤用—④接續助詞的問題（**13**）

d. テ形接續助詞的誤用（**1**）

　　テ形就是動詞的「行って」、「見て」、「して」等形。テ形接續就是指「A して B する」的句型。這個テ形是初級比較早期學到的，因為用慣了又好用，在連接句子與句子時常不小心濫用。但有時做熟悉的事，反而會掉進陷阱裡，要很小心。

① ×「父が犬に肉を<u>やって</u>、犬は喜んだ。」（爸爸餵了肉給狗，狗就很高興。）

　　 →○「やると」

　　咦，這是錯的嗎？那「やると」和「やって」哪裡不一樣！

　　好的，使用「やって」，也就是動詞的テ形時，基本上前件與後件必須是同一個主語。但是這個例句中，前件「父が犬に肉をやって」的主語是「父」、後件「犬は喜んだ」的主語是「犬」，兩者主語不同。像「やると」使用條件的接續助詞と的話，就算主語不同也無所謂。此外，如第 451 回說過的「A すると B した」的狀況下，と是「發生 A，就發現 B」，所以也符合①的意思。テ形連接的是「同一人物的連續動作」。大家小時候，會不會煩惱國文課的日記作業呢？沒什麼好寫的時候，會不會寫「今日は、朝 7 時に<u>起きて</u>、顔を<u>洗って</u>、歯を<u>磨いて</u>、朝ご飯を<u>食べて</u>、学校へ<u>行って</u>、<u>勉強して</u>、家へ<u>帰って</u>、テレビを<u>見て</u>、晩ご飯を<u>食べて</u>、お風呂に<u>入って</u>、寝ました。」（今天早上 7 點起床、洗臉、刷牙、吃早餐、去學校、唸書、回家、看電視、吃晚餐、洗澡、睡覺。）（這之後，大多會寫「真是個快樂的一天。」）這種無聊的文章呢？其實這就是テ形的基本用法。「同一人物的連續動作」就是テ形的基本用法。

日本語

3. 文法の誤用─④接続助詞の問題（14）

d. テ形接続の誤用（2）

② ×「この道をまっすぐ行って、左に<u>曲がって</u>、郵便局があります。」→○「曲がると」

これは人に道を教える時の文ですね。

「この道をまっすぐ行く」「左に曲がる」のは聞き手、つまり道を教えてもらう人です。この二つは、同一人物の連続した 2 つの動作ですから、「この道をまっすぐ行って」とやっていいわけです。しかし、後件は「郵便局があります」ですから、主語は「郵便局」です。ですから、「左に曲がる」と「郵便局があります」はテ形で繋いではいけません。つまり、「左に曲がって」としてはいけません。中国語で言えば、「直走、左轉、就看得到郵局。」というわけですから、ここでもトが使われます。

③ ×「私は今でもはっきり<u>覚えていて</u>、小さい頃、毎晩父が本を読んでくれました。」→○「小さい頃、毎晩父が本を読んでくれた<u>こと</u>を、私は今でもはっきり覚えています。」

これも、前件は「私」が主語で、後件は「父」が主語ですね。これも、トで繋げばいいのでしょうか？　そうではありません。前件と後件の関係をよく考えてください。後件は、前件「覚えている」ことの内容ですね。全体の構文は、「私は、○○を覚えています」ということです。例えば、「私は<u>祖父の顔</u>を覚えています。」などのように、○○にいろいろな名詞が入るわけです。③の場合、覚えている内容は「小さい頃、毎晩父が本を読んでくれた」という長い文になりますが、その後に「こと」を付けて名詞化し、○○に当てはめて「毎晩父が本を読んでくれた<u>こと</u>」とします。以前にも書いたように、「うれしかった」「覚えている」など、心の状態を表す動詞を「うれしくて」「覚えていて」などとテ形にして前件に位置させてしまうという誤用は頻繁に起こります。中国語の母語干渉でしょう。

台灣日語 126

3. 文法的誤用─④接續助詞的問題（**14**）

d. テ形接續的誤用（**2**）

②×「この道をまっすぐ行って、左に<u>曲がって</u>、郵便局があります。」（這條路直走，左轉，就看得到郵局。）→○「<u>曲がると</u>」

這是告訴別人路時的句子吧。

「この道をまっすぐ行く」、「左に曲がる」的都是聽話者，也就是問路的人。這兩者是同一人物的兩個連續動作，所以可以用「この道をまっすぐ行って」。但是，後件為「郵便局があります」，主語是「郵便局」。因此，「左に曲がる」與「郵便局があります」不能用テ形連接。也就是說不能用「左に曲がって」。用中文說會是「直走、左轉，就看得到郵局。」所以這裡用と。

③×「私は今でもはっきり<u>覚えていて</u>、小さい頃、毎晩父が本を読んでくれました。」（小時候父親每晚都唸書給我聽的事，我現在也記得很清楚。）→○「小さい頃、毎晩父が本を読んでくれた<u>ことを</u>、私は今でもはっきり覚えています。」

這句也是前件主語為「私」，後件主語為「父」。這個也用と就好嗎？那就不對了。請好好考慮前件與後件的關係。後件是前件「覚えている」的內容。整體的構句是「私は、○○を覚えています」。例如「私は<u>祖父の顔</u>を覚えています。」（我記得祖父的臉。）等，○○裡可以填入各種名詞。③的例句中，記得的內容雖然是「小さい頃、毎晩父が本を読んでくれた」這樣的長句，但後面加上「こと」名詞化後，就能套進○○，變成「毎晩父が本を読んでくれた<u>こと</u>」。如以前所寫的，把「うれしかった」、「覚えている」等表達心理狀態的動詞變成テ形，擺在前件的誤用很常見。大概是中文的母語干涉吧。

---

3. 文法の誤用―④ 接続助詞の問題（**15**）

d. テ形接続の誤用（**3**）

④ ×「道に迷った時は、交番で聞いて、親切に教えてくれますよ。」→○「聞けば」

　「交番で道を聞く」のは「道がわからない人」ですが、「親切に教えてくれる」のは交番のお巡りさんですね。これも、前件と後件の主語が違いますね。また、前件と後件の関係は、条件と帰結ですね。ですから、バを使います。

⑤ ×「わからない言葉は、辞書を引いて、すぐわかります。」→○「引けば」「引くと」

　これは、前件の主語も後件の主語も同じだから、「同一人物の連続動作」になるんじゃないか、と考える人もいるかと思いますが、「動作」というのは「意図的動作」のことです。「わかります」というのは、自分の意志で行う動作ではなく、状態に近いものです。例えば、「歩く」「話す」などの動作は「さあ、歩こう。」「さあ、話そう。」と意図して実現することのできるものですが、「わかる」ということは「×さあ、わかろう。」と意図するだけでは実現しませんね。このような動詞を「非意図的な動詞」と言います。ですから、「辞書を引く」と「わかる」は連続動作とは言えません。

⑥ ×「私は兄弟が欲しいです。弟や妹がいて、寂しくないです。」→○「いれば」

　「弟や妹がいて、寂しくないです」と言ったら、既に「弟や妹」がいて、作者は寂しくないことになってしまいます。このように、「Ａ シテ Ｂ スル」と言う時は、既にＡが発生し、その後でＢという事態が起こる、という時間順序があります。「弟や妹がいる」ことは「寂しくない」ことの条件なのですから、この場合はバを使います。

⑦ ×「昨日新宿に行って、偶然に高校時代の友達に出会った。」→○「行ったら」

　「偶然に出会った」のなら、これは「非意図的な動作」ですね。「我昨天去新宿、就碰到高中時候的朋友。」というのだから、タラを使います。友達と新宿で会う約束をしていたのなら、「新宿に行って、高校時代の友達に会った。」と言えるのですが。

3. 文法的誤用─④接續助詞的問題（**15**）

d. テ形接續的誤用（**3**）

④ ×「道に迷った時は、交番で<u>聞いて</u>、親切に教えてくれますよ。」（迷路的時候，只要到派出所問，他們就會親切地告訴你喔。）→○「聞けば」

　　「交番で道を聞く」的是「不知道路的人」，而「親切に教えてくれる」的是派出所的警察。這句前件和後件的主語也不一樣呢。此外，前件和後件的關係是條件和總結，因此要使用ば。

⑤ ×「わからない言葉は、辞書を<u>引いて</u>、すぐわかります。」（有不懂的生詞，只要查詞典，馬上就會懂了。）→○「引けば」、「引くと」

　　這句，前後件的主語相同，所以也許有人會認為，不就是「同一人物的連續動作」嗎？但是「動作」是指「意圖性的動作」。「わかります」並不是以自己的意志進行的動作，而比較接近狀態。例如「歩く」（走）、「話す」（說）等動作，是如同「來，走吧。」、「來，說吧。」這樣，能夠以意志實行的動作。但是「わかる」（懂）沒辦法像「×さあ、わかろう。」（×來，懂吧。）這樣以意志實行呢。這類動詞稱為「非意圖性的動詞」。因此，「辞書を引く」和「わかる」不能稱為連續動作。

⑥ ×「私は兄弟が欲しいです。弟や妹が<u>いて</u>、寂しくないです。」（我想要兄弟姐妹。有弟妹的話，就不會孤單了。）→○「いれば」

　　說「弟や妹がいて、寂しくないです」的話，會變成是表達作者已經有「弟弟和妹妹」而不孤單。像這樣說「Ａいて Ｂする」時，有著 Ａ 已經發生，之後發生 Ｂ 事件的時間順序。「弟や妹がいる」是「寂しくない」的條件，所以這時會使用ば。

⑦ ×「昨日新宿に<u>行って</u>、偶然に高校時代の友達に出会った。」（我昨天去新宿，就偶然碰到高中時候的朋友。）→○「行ったら」

　　「偶然に出会った」的話，就是「非意圖性的動作」。也就是「我昨天去新宿，就碰到高中時候的朋友。」因此使用たら。如果是和朋友約在新宿，會說「新宿に行って、高校時代の友達に会った。」（我去新宿見了高中時候的朋友。）

3. 文法の誤用—④接続助詞の問題（16）

d. テ形接続の誤用（4）

　このように、最もよくテ形と間違えられるのは、条件節のト、バ、タラ、ナラです。どうも条件節は使うのが難しいようで、ついテ形を使ってしまいがちですね。

　しかし、間違えられるのはト、バ、タラ、ナラだけではありません。

⑧ ×「最初は難しいと<u>思って</u>、後はだんだん慣れてきました。」→○「思ったけど」

　これは、前件 A と B は逆接の関係ですね。逆接というのは、最もわかりやすい単純な関係です。でも、テ形接続の方がもっと単純なので、みんなテ形に飛びついてしまうのでしょう。

　次は、同じ連続動作を表すタリ、シ、ナガラ、テカラとの誤用です。

⑨ ×「日曜日は、<u>洗濯して</u>、<u>買い物して</u>、友達とおしゃべり<u>して</u>、過ごします。」

　　→○「洗濯したり」「買い物したり」「おしゃべりしたりして」

　「A シタリ B シタリ C シタリ……スル」は、A、B、C など複数の動作の列挙です。これらの動作を A、B、C の順番にしたわけでもなく、A と B と C を同時にしたわけでもなく、また毎日曜日に A と B と C の動作を必ず全部するわけでもなく、ただバラバラに思いつくままに列挙しただけのものです。ある日曜日は洗濯だけしてその後ずっと寝ていたかもしれないし、ある日曜日は友達とおしゃべりしながら買い物をしたかもしれないのです。しかし、「A シテ B シテ C シテ……」と言うと、A、B、C のことを全部したことになります。その場合は、

⑩ 「先週の日曜日は……<u>洗濯して</u>、<u>買い物して</u>、……あ、それから、友達と<u>おしゃべりした</u>。」

などのように、テ形を使って日曜日にしたことを残らず思い出して列挙するわけです。

台灣日語 128

3. 文法的誤用―④接續助詞的問題（**16**）

d. テ形接續的誤用（**4**）

　　像這樣，最常和テ形搞錯的，就是條件子句と、ば、たら、なら。大家總因條件子句實在太難使用，就忍不住使用テ形呢。

　　但是，容易和テ形弄錯的不只と、ば、たら、なら。

⑧ ×「最初は難しいと<u>思って</u>、後はだんだん慣れてきました。」（一開始我覺得很難，但之後就慢慢熟練了。）→○「思ったけど」

　　這句的前件 A 和 B 是逆接的關係吧。逆接是最單純易懂的關係。但是，テ形接續更單純，所以大家才會都投奔テ形吧。

　　接下來的誤用，是與テ形同樣表達連續動作的たり、し、ながら、てから。

⑨ ×「日曜日は、<u>洗濯して</u>、<u>買い物して</u>、<u>友達とおしゃべりして</u>、過ごします。」（禮拜天，我總是洗衣服、買東西、和朋友聊天度過。）→○「洗濯したり」、「買い物したり」、「おしゃべりしたりして」

　　「AしたりBしたりCしたり……する」是列舉 A、B、C 等複數動作。這些動作不是照 A、B、C 的順序做的，也不是 A、B、C 同時做的，更不是每個禮拜天都一定會做 A、B、C 所有動作，只是零散地把想到的都列舉出來而已。也許某個禮拜天只洗了衣服，之後就一直睡覺，也許某個禮拜天邊和朋友聊天邊買東西。但是如果說「AしてBしてCして……」，就是 A、B、C 全部都做。那麼就會像這樣：

⑩ 「先週の日曜日は……<u>洗濯して</u>、<u>買い物して</u>、……あ、それから、<u>友達とおしゃべりした。</u>」（上禮拜天……我洗了衣服、買了東西……啊，然後和朋友聊了天。）」

　　像這樣，是用テ形把禮拜天做過的事毫無缺漏地列舉出來。

日本語

3. 文法の誤用—④接続助詞の問題（**17**）

d. テ形接続の誤用（**5**）

⑪ Ａ「班長は誰がいいと思う？」

　Ｂ「もちろん蕭さんですよ。」

　Ａ「どうして？」

　Ｂ×「だって、蕭さんは、<u>親切で</u>、<u>冷静で</u>、日本語が<u>上手で</u>、人の話をよく<u>聞いて</u>、リーダーシップがあるから。」→〇「親切だし」「冷静だし」「上手だし」「聞くし」

　第 448 回をご覧ください。「Ａシ、Ｂシ、Ｃカラ→結論」という文型で、シは理由の列挙を表します。ここではシで接続されることは、「班長にふさわしい資質」という同一の観点で述べられています。

⑫「食事も<u>済んだし</u>、雨も<u>降って来たし</u>、夜も<u>更けて来たし</u>、そろそろ帰ろうか。」という文では、「そろそろ帰ろうか」という結論を導く理由がシで結ばれています。これを「×食事も<u>済んで</u>、雨も<u>降って来て</u>、夜も<u>更けて来て</u>、そろそろ帰ろうか。」とやったのでは、ピンと来ない文になってしまいます。

⑬ ×「あの人は行儀が悪いですね。パンを<u>食べて</u>歩いています。」→〇「食べながら」

　「ＡシナガラＢスル」という文型は、ＡとＢを同時に行うということです。これに対して、「ＡシテＢスル」は、「Ａした後にＢスル」という、継起動作を表します。ですから、「テレビを<u>見ながら</u>勉強した。」はよくない勉強の態度ですが、「テレビを<u>見て</u>勉強した。」は「テレビを見た後で勉強した」または「テレビを教材にして勉強した」ということになり、まあまあの勉強態度ですね。

台灣日語 129

3. 文法的誤用—④接續助詞的問題（**17**）

d. テ形接續的誤用（**5**）

⑪ A「班長は誰がいいと思う？」（你覺得誰當班長好？）

　 B「もちろん蕭さんですよ。」（當然是蕭同學啊。）

　 A「どうして？」（為什麼？）

　 B×「だって、蕭さんは、<u>親切で</u>、<u>冷静で</u>、日本語が<u>上手で</u>、人の話をよく<u>聞い</u><u>て</u>、リーダーシップがあるから。」（因為蕭同學很親切、冷靜，日文又很好，願意傾聽人説話，又有領導能力。）→○「親切だし」、「冷静だし」、「上手だし」、「聞くし」

　　 請看第 448 回。「Ａし、Ｂし、Ｃから→結論」這樣的句型中，し表達列舉理由。這裡し連接的是同樣在「適合當班長的資質」觀點下的論述。

⑫「<u>食事も済んだし</u>、雨も<u>降って来たし</u>、夜も<u>更けて来たし</u>、そろそろ帰ろうか。」

　　（飯也吃了，還下起雨了，夜也晚了，差不多該回家了吧。）

　　 這個句子中，し連接導出「そろそろ帰ろうか」這個結論的理由。要是寫成「×食事も済んで、雨も<u>降って来て</u>、夜も<u>更けて来て</u>、そろそろ帰ろうか。」的話，就會變成有點莫名其妙的句子。

⑬ ×「あの人は行儀が悪いですね。パンを<u>食べて</u>歩いています。」（那個人真沒規矩呢。邊吃麵包邊走路。）→○「食べながら」

　　「ＡしながらＢする」這個句型Ａ和Ｂ是同時進行的。相反地，「ＡしてＢする」則是表達「Ａした後にＢする」（做了Ａ後再做Ｂ）這種相繼發生的動作。所以「テレビを<u>見ながら</u>勉強した。」（我邊看電視邊學習。）是不好的學習態度，但是「テレビを<u>見て</u>勉強した。」會是「テレビを見た後で勉強した」（我看了電視後學習了）或是「テレビを教材にして勉強した」（把電視當教材看學習了），學習態度還算可以呢。

日本語

3. 文法の誤用―④接続助詞の問題（**18**）

d. テ形接続の誤用（**6**）

⑭ ×「私は目を覚ましてからびっくりしました。何と10時半だったのです。」
　　→○「目を覚まして」

　そうですね。テとテカラは似ていますね。でも、「A シテ B スル」が動作 A と動作 B の自然の順序であるのに対し、「A シテカラ B スル」は動作 A と動作 B の意図的な計画による順序です。これでは、「目を覚ます」ことが、わざとやったことのようです。普通、目を覚ますのは自然に起こることですからね。

⑮ 「西洋人はスープを飲んでからご飯を食べるが、中国人はご飯を食べてからスープを飲む。」

　スープが先かご飯が先か、というのは自然の順序でなく、自由に選択された順序ですね。例えば、「朝起きて、顔を洗った。」などのように、自然の順序なら、国が違っても同じはずです。どんな国の人でも、先に顔を洗ってその後で起床することはできないでしょう。

　　しかし、テもテカラも使える場合があります。

⑯ 「さあ、手を洗って、ご飯を食べましょう。」

　　「手を洗う→ご飯を食べる」というのは自然の順序で、ご飯を食べた後で手を洗っても意味がありませんね。しかし、やんちゃな子供が手を洗わずにごはんにかぶりついた時、母親は怒って、

⑰ 「いけません！　手を洗ってから食べなさい！」

と言うでしょう。つまり、「A シテカラ B スル」は「做 A 之后才做 B」となり、A と B の順序の強調ということになります。ですから、「結婚して子供を産もう。」となれば自然のライフサイクルを述べていることになりますが、「結婚してから子供を産もう。」では、できちゃった結婚に反対する意志が感じられます。

　　皆さん、知っていますか？　台湾の MRT は「行き先のボタンを押してからお金を入れる」のですが、日本の電車は「お金を入れてから行き先のボタンを押す」ということを。

　　さて、誤用の問題はキリがありません。台湾人の数だけ誤用があると言えます。誤用はひとまずこれで終わりにします。

台灣日語 130

3. 文法的誤用─④接續助詞的問題（**18**）

d. テ形接續的誤用（**6**）

⑭ ×「私は<u>目を覚まして</u>からびっくりしました。何と 10 時半だったのです。」（我醒來嚇了一跳。竟然已經 10 點半了。）→○「目を覚まして」

    的確呢，て和てから很像呢。但是相對於「ＡしてＢする」是動作Ａ和動作Ｂ的自然順序，「ＡしてからＢする」的動作Ａ和動作Ｂ順序則是刻意計畫的。這樣的話，就像「目を覚ます」（醒來）是刻意的一樣。一般來說，醒來應該是自然發生的事情。

⑮ 「<u>西洋人はスープを飲んでから</u>ご飯を食べるが、中国人は<u>ご飯を食べてから</u>スープを飲む。」（西方人先喝湯再吃飯，中國人先吃飯再喝湯。）

    先喝湯還是先吃飯並非自然順序，而是自由選擇的順序。例如「朝起きて、顔を洗った。」（我早上起床後，洗了臉。）等，自然順序的話即便不同國家也應該相同。任何國家的人，都不會先洗臉才起床吧。

    但是，也有て和てから都能使用的狀況。

⑯ 「さあ、<u>手を洗って</u>、ご飯を食べましょう。」（來，洗手吃飯吧。）

    「手を洗う→ご飯を食べる」這是自然順序，吃完飯再洗手也沒什麼意義呢。但如果是頑皮的孩子不洗手就想大口吃飯時，母親生氣應該會說：

⑰ 「いけません！<u>手を洗ってから</u>食べなさい！」（這樣不行！先洗手才能吃飯！）

    也就是說，「ＡしてからＢする」是「做Ａ之後才做Ｂ」，變成是強調Ａ和Ｂ的順序。所以「<u>結婚して</u>子供を産もう。」（結婚生子吧）的話就是在說明自然生命過程，然而「<u>結婚してから</u>子供を産もう。」（結婚後再生孩子吧。）的話，就令人感受到反對先有後婚的意志。

    大家知道這件事嗎？台灣的捷運是「<u>行き先のボタンを押してから</u>お金を入れる」（先按目的地的按鈕才投錢），日本的電車卻是「<u>お金を入れてから</u>行き先のボタンを押す」（先投錢才按目的地的按鈕）。

    總之，誤用的問題真是無窮無盡。可以說，有多少台灣人就有多少誤用。誤用的部分就先到這裡結束。

12

和製英語

和製英語

日本語

　外国人の皆さんは、日本語に多出する「和製英語」に辟易していらっしゃるのではないでしょうか。「モーニングサービス」って何？　「ワンマンカー」って何のこと？　えっ、これ、英語なの？　いや、私はアメリカ人だけど、こんな英語、聞いたことありませんよ！　「カレーライス」は何となく意味がわかるけど、アメリカでは違う言い方するよ！　など、いろいろな文句が聞こえてきます。それらの中には、本物の英語もありますが、日本人が勝手に作った和製英語、乃至は日本人が英語を利用して作った「和風英語」などもあるからです。いやはや、新聞やテレビなどのマスコミ報道に乗っかって毎日インプットされる外来語の数々には、私たち日本人でさえわからない言葉がいっぱいあるのです。

　まず、言いたいことは、「和製英語」「外来語」「片仮名語」は意味が違うということ、そして、どれも本来の英語とは無縁のものだということです。次に言いたいのは、日本語の中にどうしてこんな変てこりんな英語が紛れ込んできたかということ、それは日本語のどのような言語事情・言語意識に由来するものか、ということです。

　これから数回、次のようなコースを設けたいと思います。

1. 和風英語
2. イメージ造語
3. 習慣の違いを無視して作られた英語
4. 日本人の主観を挿入して作られた英語
5. 日本人の価値観を挿入して作られた英語

和製英語 1

外國人的各位，會不會對日文裡出現的許多「和製英語」束手無策呢。「モーニングサービス」是什麼？ 「ワンマンカー」又是指什麼？ 咦，這是英文嗎？ 不，我是美國人，但從沒聽過這種英文啊！ 「カレーライス」的意思是懂，但美國不這麼說啊！諸如此類，可以聽見各種抱怨。因為當中有真正的英文，不過也有日本人擅自創造的和製英語，甚至有日本人利用英文創造的「和風英語」等。唉呀唉呀，透過報紙、電視等媒體報導每天輸入的許多外來語中，也有很多連我們日本人都不懂的詞彙。

首先我想說的是「和製英語」、「外來語」、「片假名語」的意義不同，且都與原本的英文沒有關係。接著想說的是，為什麼日文中會混雜這種古怪的英文，是因為日文中什麼樣的語言狀況、語言意識呢？

接下來的數回，我想設置以下的主題。

1. 和風英語
2. 印象造語
3. 無視習慣不同而造的英語
4. 加入日本人主觀而造的英語
5. 加入日本人價值觀而造的英語

日本語

1. 和風英語（1）

「和風英語」とは、「和製英語」ではありません。英語ではなく、英語らしく見せかけた日本語、「英語風日本語」と言った方が近いでしょうか。次のようなものがあります。

ハムエッグ（ham egg）→ hams and eggs

ゲームソフト（game soft）→ soft wear for games

ダイアルイン（dial in）→ direct inward dialing

ポケットベル（pocket bell）＞ポケベル → beeper

これらの語を見てください。「ハム」「エッグ」「ポケット」「ベル」「ゲーム」「ソフト」「ダイアル」など、いずれも日本語になっている名詞ばかりを並べたものです。「ハムエッグ」は、本来の「hams and eggs」の「and」と、「eggs」の「s」を省略しています。「ゲームソフト」は、本来の「soft wear for games」の「wear」「for」と、「games」の複数語尾「s」を省略しています。また、「ダイアルイン」は、「direct」という形容詞と「dialing」の進行形語尾「ing」を省略し、前置詞の「inward」は簡単な「in」になっています。「ポケットベル」に至っては、全く違う「beeper」という原語を全く無視して「pocket」と「bell」という、日本語になっている外来語を羅列した語になっています。これらは、「実質語」、しかも外来語の実質語を羅列しただけの安易な英語です。どうしてでしょうね。

和製英語 2

1. 和風英語（1）

　　「和風英語」並不是「和製英語」。應該說不是英文，而是裝得像英文一樣的日文，說是「英語風日語」比較貼切吧。有下列例子。

ハムエッグ（火腿蛋；hams egg）→ ham and eggs

ゲームソフト（遊戲軟體；game soft）→ soft wear for games

ダイアルイン（直接播入；dial in）→ direct inward dialing

ポケットベル（呼叫器；pocket bell）＞ポケベル → beeper

　　請看這些詞彙，都只排列「ハム」、「エッグ」、「ポケット」、「ベル」、「ゲーム」、「ソフト」、「ダイアル」等已經成為日文的名詞。「ハムエッグ」省略了原本「hams and eggs」的「and」和「eggs」的複數語尾「s」。「ゲームソフト」則是省略了原本「soft wear for games」的「wear」、「for」和「games」的複數語尾「s」。此外，「ダイアルイン」省略了「direct」這個形容詞與「dialing」的進行式語尾「ing」，前置詞「inward」則簡略為「in」。「ポケットベル」則甚至完全忽視「beeper」這個原文，羅列「pocket」和「bell」這些已經變成日文的外來語而成。這些是只羅列「實詞」，而且是外來語的實詞而成的簡單英文。究竟為什麼會這樣呢？

日本語

1. 和風英語（2）

　語は、「実質語」と「機能語」に分けられます。例えば、「公園をかわいい犬が歩いている」という文を考えてみましょう。実質語とは名詞、形容詞、動詞などで、例えば「犬」という名詞を言われれば、私たちは犬のイメージが浮かび上がるし、「公園」と言われれば、樹木や花が植えられていて子供たちが遊具で遊んでいる広場を頭に思い浮かべるし、「かわいい」という形容詞を聞けば、私たちは女の子や犬や猫など、小さくて害のない愛くるしい姿を思い浮かべます。そして、「歩く」という動詞を聞けば、私たちは、人間なら2本の足を交互に出して前進する姿を、犬や猫なら4本の足を交差前進させる姿を思い浮かべることができます。しかし、助詞の「を」「が」、または助動詞の「ている」などを言われても、私たちは何も思い浮かべることができません。

　言葉を変えていえば、私たちが道を歩きながら「犬、犬、犬」とか「かわいい、かわいい、かわいい」とか「歩く、歩く、歩く」とか独り言を言っているとしましょう。傍で聞いている人は、「ああ、この人は犬のことを考えているんだな。」とか、「ああ、この人は何かかわいい人のことを考えながら歩いているんだな。」とか、「ああ、この人は歩き方について考えているんだな。」などと思ってくれるでしょう。しかし、「を、を、を」とか「が、が、が」とか「ている、ている、ている」などと言いながら歩いているとしたらどうでしょうか。直ちに「キチガイが歩いている！」と思われて、警察か病院に通報されてしまうでしょうね。「が」は名詞に付いて文の主語を示すマーカー、「を」は名詞に付いて文の目的語を表すマーカーに過ぎないし、「ている」は何かの動詞と結びついて進行中の動作を表すことができるだけで、具体物を表さないからです。　名詞、動詞、形容詞、副詞など単独で概念を持つ語を「実質語」と言い、助詞、助動詞など単独では使われず、文法的な役割しか果たせない語を「機能語」と言います。

和製英語 3

1. 和風英語（2）

　　語詞可以分成「實詞」和「虛詞」。用「公園をかわいい犬が歩いている」（可愛的小狗在公園裡散步）來舉例吧。實詞是名詞、形容詞、動詞等，比如聽到「犬」這個名詞，我們馬上就能浮現狗的形象；聽到「公園」，就能浮現種著花木、孩子們玩著遊樂器材的廣場；聽到「かわいい」這個形容詞，我們就會浮現女孩、貓狗等嬌小無害、天真令人憐愛的樣貌。然後，聽到「歩く」這個動詞，就能浮現我們人類交互伸出雙腳前進，或貓狗四腳交叉前進的樣子。但是，聽到助詞「を」、「が」，或是助動詞「ている」等，我們卻不會浮現任何景象。

　　換個說法，假設我們走路的同時自言自語說著「犬、犬、犬」、「かわいい、かわいい、かわいい」、「歩く、歩く、歩く」之類的，旁邊聽到的人大概會認為「喔喔，這個人在想狗的事啊」、或是「喔喔，這個人在邊想著某個可愛的人邊走路啊」、或是「喔喔，這個人在想跟走路方式有關的事啊」等吧。但是走路的同時說著「を、を、を」、「が、が、が」、「ている、ている、ている」等的話會怎麼樣呢？大概馬上就會被認為「有神經病在走路！」並通報警察或醫院吧。因為「が」不過是個接在名詞後以標示句子主語的記號，「を」不過是個接在名詞後以標示句子目的語的記號，「ている」則只是能夠與某個動詞連接，表達進行中的動作，不會表達具體的東西。名詞、動詞、形容詞、副詞等擁有獨立概念的語詞稱作「實詞」，助詞、助動詞等不能單獨使用的，只有文法上功用的稱作「虛詞」。

日本語

1. 和風英語（3）

　外国語人にとっては、「犬」「かわいい」「歩く」などの実質語は学びやすいのですぐ覚えることができますが、機能語はなかなか覚えることができません。英語を学ぶ時も、'dog' 'cute' 'walk' などの実質語はすぐ覚えますが、'in' 'to' などの前置詞や 'a' 'the' などの冠詞、複数形語尾の 's'、過去形語尾の '-ed' などの機能語は使い方がなかなか頭に入りませんね。

　日本人が勝手に和製英語を作ろうとするときは、まず語の根幹を作っている実質語だけに目が行きます。それで、'hams and eggs' の 'and' や複数語尾の 's' など日本語では使わない機能語を取り除いて「ハムエッグ」とやってしまうわけです。

　では、なぜ 'and' を取り除くのでしょうか。'and' は日本語の「と」という助詞と対応しますね。しかし、「ハム」と「エッグ」の間に「と」を入れて「ハムとエッグ」とやると、まとまりがない、つまり一つの名詞という感じがなくなるのです。語の中に助詞などの機能語を挟むと語としてのまとまりが失われるのです。「家庭で教育すること」は「家庭教育」、「世界の平和」は「世界平和」、「食べながら歩くこと」は「食べ歩き」、「絵を描く人」は「絵描き」などと、機能語を一切挟まない表現の方が一語性が高く、一つの物体であることがイメージされやすいのです。このような語のまとまり方、一語としての自己完結性の高さを、「一語性」と言います。

　かくして、'hams and eggs' は「ハムエッグ」となりました。

和製英語 4

1. 和風英語（3）

　　對說外文的人而言，「犬」、「かわいい」、「歩く」等實詞容易學，馬上就能記得，卻記不太得虛詞。學英文的時候也是，'dog' 'cute' 'walk' 等實詞馬上就能記得，但是 'in' 'to' 等前置詞或 'a' 'the' 等冠詞、複數形語尾的 's'、過去形語尾 '-ed' 等虛詞的用法卻記不太起來。

　　日本人想擅自創造和製英語時，會先只注目形成語詞基幹的實詞。因此，會去除 'hams and eggs' 的 'and' 和複數語尾的 's' 等日文中不使用的虛詞，變成「ハムエッグ」。

　　那麼，為什麼要去除 'and' 呢？'and' 對應日文中的助詞「と」。但是，如果在「ハム」和「エッグ」之間加入「と」，變成「ハムとエッグ」的話，就會沒有一體感，也就是失去「一個名詞」的感覺。要是在語詞中插入助詞等虛詞，就會失去作為一個詞的一體感。像是「家庭で教育すること」（在家庭教育）化為「家庭教育」、「世界の平和」（世界的和平）化為「世界平和」、「食べながら歩くこと」（一邊走路一邊吃）化為「食べ歩き」、「絵を描く人」（畫畫的人）化為「絵描き」等，完全不夾雜虛詞的表現方式比較有一詞性，容易有「一個物體」的感覺。像這樣簡要語詞的方式、作為一個語詞本身完整性的高低，稱作「一詞性（cohesion）」。

　　所以，'hams and eggs' 才會變成「ハムエッグ」。

日本語

1. 和風英語 (4)

　前回お話しした「一語性」ということについて、もう少しお話しします。「一語性」とは、2つ以上の語が合成されてできる語のまとまり具合を問題にする言葉です。2つ以上の語が合成されてできる語を「複合語」と言いますが、外来語の多くは複合語の規則に則って作られています。

　助詞のシリーズでお話ししたかと思いますが、ガ、ヲ、ニ、デ、カラ、マデなどの格助詞、及び副詞は、すべて文末の動詞との結合を目指します。「太郎ガ　昨日　学校デ　花子ニ　本ヲ　3冊　貸シタ。」という文の中の「太郎ガ」「昨日」「学校デ」「花子ニ」「本ヲ」「3冊」はすべて後部の「貸シタ」を目指しています。つまり、「太郎ガ→貸シタ」「昨日→貸シタ」「学校デ→貸シタ」「花子ニ→貸シタ」「本ヲ→貸シタ」「3冊→貸シタ」という結びつきになるわけです。それ故、語の中にガ、ヲ、ニ、デ、カラ、マデなどの格助詞や副詞があると、動詞の存在が想定されてしまいます。動詞が存在すれば、それは語でなく文になってしまいます。それで、一語性を高め、語を名詞らしくするためには、これらの助詞や副詞を取り除く作業が必要になってきます。また、動詞の動詞性を漂白して名詞化することが必要になってきます。

　では、どうしたら語が名詞らしくなるでしょうか。唯一名詞と名詞をつなぐ助詞は、ノです。邪魔な格助詞の代わりに、ノを多用するのです。動詞は、連用形にすれば名詞になります。

　皆さんは、レストランで料理の日本語版のメニューをご覧になったことがあるでしょう。「蜆のもろみ漬け」「鮭のマリネ」「カボチャのベーコン煮」「アサリの酒蒸し」「コーヤ豆腐の含め煮」など、ノ以外の助詞が入っていないことに気づくでしょう。また、動詞部分は「－漬け」「－煮」「－蒸し」「－含め煮」など。これらを正式な文で書くと、それぞれ「蜆をもろみに漬けた料理」「鮭を甘酢に漬けた料理」「カボチャをベーコンと一緒に煮た料理」「アサリを酒で蒸した料理」「コーヤ豆腐を煮含めた料理」などとなりますが、それでは長々しくて一語性に欠けます。そこで、格助詞をノに変えて動詞を連用形にして、一語性を確保しているわけです。

　和風英語を作る場合には前置詞や副詞を極力排除し、動詞は -ing や -ed を取って名詞らしくする作業が行われるのです。

和製英語 5

1. 和風英語（4）

　　我想再稍微談談前一回說過的「一詞性」。所謂的「一詞性」，用來檢視兩個以上語詞複合的語詞之一體感。複合兩個以上語詞製成的稱作「複合詞」，外來語的大多數都是依照複合詞的規則而造的。

　　我想，在助詞的系列已經說過，が、を、に、で、から、まで等格助詞和副詞，都以和句尾的動詞結合為目標。「太郎が　昨日　学校で　花子に　本を　3冊　貸した。」（太郎昨天在學校借給花子3本書。）的句子中，「太郎が」、「昨日」、「校で」、「花子に」、「本を」、「3冊」都是針對「貸した」。也就是「太郎が→貸した」、「昨日→貸した」、「学校で→貸した」、「花子に→貸した」、「本を→貸した」、「3冊→貸した」這種連結。因此，要是語詞中有が、を、に、で、から、まで等格助詞或副詞，就會讓人預設動詞存在。只要動詞存在，那就不是語詞而是句子了。因此，為了加強一詞性，讓語詞變得像名詞，就必須除去這些助詞或副詞。此外，還必須把動詞的動詞性漂白名詞化。

　　那麼，語詞要怎麼樣才會像個名詞呢。唯一連接名詞和名詞的助詞是の。因此大量使用の取代麻煩的格助詞。而動詞則只要轉為連用形就能變成名詞。

　　大家在餐廳看過料理的日文版菜單吧。「蜆のもろみ漬け」（醪糟漬蜆）、「鮭のマリネ」（醃泡鮭魚）、「カボチャのベーコン煮」（南瓜燉培根）、「アサリの酒蒸し」（酒蒸蛤蜊）、「コーヤ豆腐の含め煮」（燉高野豆腐）等，會注意到當中沒有除了の以外的助詞吧。而動詞部分則是「－漬け」、「－煮」、「－蒸し」、「－含め煮」等。要是用正式的句子寫，分別會是「蜆をもろみに漬けた料理」（用醪糟醃漬蜆仔的料理）、「鮭を甘酢に漬けた料理」（將鮭魚浸泡甜醋的料理）、「カボチャをベーコンと一緒に煮た料理」（把南瓜與培根一起煮的料理）、「アサリを酒で蒸した料理」（把蛤蜊用酒蒸的料理）、「コーヤ豆腐を煮含めた料理」（把高野豆腐燉煮過的料理）等，這樣就會太冗長，缺乏一詞性。所以，才把格助詞改成の，動詞改成連用形，以確保一詞性。

　　因此製造和風英語時，要盡力排除前置詞、副詞，動詞則去除 -ing 或 -ed，讓它變得像名詞。

日本語

1. 和風英語 (5)

　さて、話を和風英語に戻しましょう。

　「ゲームソフト」はどうでしょうか。元々の英語は 'software for games' ですが、これを直訳すると「ゲームのためのソフトウェア」となって、一語性が薄くなります。それで、前置詞の 'for' を取り除き、'software' と 'games' だけにします。

　さらに、日本語の語順も関係してきます。日本語では、例えば「太郎と結婚した花子」のように、中心となる名詞「花子」を最後に位置させますね。しかし、英語では 'Hanako who married Taro' のように、Hanako を最初に位置させます。英語などのゲルマン語は主要な部分が先頭に来るので「主要部前置言語」と言います。これに対して、日本語や韓国語などは主要な部分が後尾に来るので「主要部後置言語」と言います。「ゲーム」と「ソフトウェア」では「ソフトウェア」の方が主要な語ですから、日本風の語順にすると「ゲームソフトウェア」になりますね。そこへ、さらに「ソフトウェア」を短くして「ソフト」とやり、「ゲームソフト」となってしまうわけです。

　このように、英語と日本語では語構成や語順が違います。元の英語を日本語の語構成に無理やり押し込めて作ったのが、「ハムエッグ」や「ゲームソフト」などの和風英語です。これでは、アメリカ人やイギリス人が聞いても何のことかわからないわけですね。もっとも、今では英語でも簡略化して 'game software' と言っているようですが。

和製英語 6

1. 和風英語（5）

接下來，話題回到和風英語吧。

「ゲームソフト」的例子怎麼樣呢？原本的英文是 'softwear for games'，如果直接翻譯就會變成「ゲームのためのソフトウェア」（遊戲所需的軟體），一詞性薄弱。因此將前置詞 'for' 去除，只留下 'soft wear' 和 'games'。

另外，和日文的語順也有關係。在日文中，例如「太郎と結婚した花子」（和太郎結了婚的花子），中心的名詞「花子」會放在最後的位置。但是，英文卻會像 'Hanako who married Taro'，把 Hanako 放在最前的位置。英文等日耳曼語會把主要的部分放在前頭，稱作「中心語前置語言」。相對地，日文或韓文等會把主要部分放在後尾，所以稱作「中心語後置語言」。「ゲーム」和「ソフトウェア」中「ソフトウェア」是比較主要的語詞，所以調整成日式的語順就會是「ゲームソフトウェア」，然後再進一步把「ソフトウェア」縮短成「ソフト」，就成了「ゲームソフト」。

如上述例子，英文和日文的語詞結構和語順不同。「ハムエッグ」、「ゲームソフト」等和風英語就是將原本的英文硬塞入日文的語詞結構而造的。難怪美國人、英國人聽了也不懂是在說什麼。不過現在英文也簡化為 'game softwear' 就是了。

日本語

2. 和風英語からイメージ造語へ（1）

　「ダイアルイン（dial in）」とは、多数の内線を有する会社などで、内線番号を押さずに直接内線に通じる方式です。英語では 'direct inward dialing' と言いますが、直訳すれば「直接内部接続電話方式」とでも言うのでしょうが、要するに「直通電話」です。'direct inward dialing' は長くて複雑な構文なので、もっと短い簡単な名詞にしなくてはなりません。そこで事態についてのイメージ化を図ります。'direct inward dialing' という事態について、日本人は「電話を掛ける」という最初の行為と、「内部に繋がる」という行為の結果という 2 つのイメージに簡略化します。「電話を掛ける」という行為は 'dial' ですね。英語では 'dial' が「電話をする」という動詞で 'dialing' は「電話すること」という動名詞になりますが、日本語ではどちらも「ダイヤル」で済ませてしまいます。さらに、「内部に繋がる」という結果は 'inward' に当たりますが、耳慣れない 'inward' という副詞よりも使用頻度の高い 'in' いう前置詞で代用してしまいます。'inward' と 'in' の細かい区別などお構いなしです。かくして「ダイヤルイン」ができあがります。ここまで来ると、相当乱暴な和風化と言わざるを得ませんね。

　「ポケットベル（pocket bell）」とは、ポケットに入る小型の無線受信機の端末で、携帯電話のなかった昔に外回りをしている社員が会社からの連絡を受けるために使っていたものですが、元の 'beeper' という英語の影も形もありませんね。これも、「ポケットに入る」と「ベルが鳴る」という二つのイメージをくっつけて「ポケット」と「ベル」という 2 つの英単語を並べたものです。ここまで来ると、和風英語と言うよりも「造語」ですね。

和製英語 7

2. 從和風英語到印象造語（1）

　　「ダイアルイン（dial in）」是指在有許多內線的公司等中，不按內線號碼而直接播通內線的方式。英文是 'direct inward dialing'，要是直接翻譯，應該可以說成「直接內部接続電話方式」（直接接通內部電話方式），簡稱為「直通電話」。'direct inward dialing' 的組成又長又複雜，必須化為更短且簡單的名詞才行。於是設法將該狀況印象化。日本人將 'direct inward dialing' 這個狀況，簡化為最初的行為「打電話」和行為的結果「接通內部」這兩個印象。「打電話」的行為是 'dial'。英文中 'dial' 是「打電話」的動詞，'dialing' 是「打電話這件事」的動名詞，但是日文兩個都用「ダイヤル」解決。而「接通內部」這個結果是 'inward'，但是比起聽不慣的 'inward' 這個副詞，還是用使用頻率較高的前置詞 'in'。忽略掉 'inward' 和 'in' 的細微差別等。這樣就造出「ダイヤルイン」了。做到這種程度，只能說是相當強硬的和風化。

　　「ポケットベル（pocket bell）」是放在口袋的小型無線接受器終端機，以前沒有手機的時候，跑業務的職員用以接收公司聯絡，已經連原本英文 'beeper' 的影子都沒有了。這也是組合「放口袋裡」和「鈴響」兩個印象的兩個英文單詞「ポケット」與「ベル」而成。到這種程度的話，與其說是和風英語，不如說是「造語」。

2. 和風英語からイメージ造語へ（2）

　もう皆さんはお気づきかと思います。和製英語の問題は、決して「日本人は英語が下手だ」という問題ではないということが。そう、これは「名付け（naming）」の問題なのです。

　今まで誰も知らなかったものが現れたとしましょう。皆さんは、それにどんな名前を付けますか。例えば、私は台湾に来て初めて「電蚊拍」というものを知りました。とても便利なもので、簡単に清潔に蚊や蠅を殺せます。日本人の友達のお土産にとてもいいのです。この電蚊拍は日本にはないので、日本語の名前が必要です。私は見たとたんにすぐに「蚊取りラケット」と口に出しました。「蚊香」を日本語では「蚊取り線香」と言うし、形状がテニスやバドミントンのラケットに似ているからです。「蚊取り＋ラケット」は「機能＋形状」という構造になっています。中国語の「電蚊拍」は日本語で言えば「電気蚊叩き」、機能だけですね。因みに、英語でも「electric mosquito swatter（USA）」または「electric mosquito shooting（UK）」と言うそうです。

　また、電車の「博愛座」は日本語では「シルバーシート（silver seat）」です。「博愛座」がこの座席が設けられた精神とかスローガンを掲げているのに対し、「シルバーシート」は老人の白髪を連想させ、この座席に座る対象がより具体的にイメージされます。英語では「priority seat」で、やはり中国語に近い名付けですが、「弱者を守る」という精神がより強く感じられますね。

　このように、名付けのセンスは国によってさまざまです。「和製英語」と呼ばれるものも、問題は日本人が作った英語が本物の英語らしいかどうかではなく、日本語の「名付け」の構成がどうであるかなのです。つまり、日本人は英単語を使った「名付け」をしているに過ぎないのです。

和製英語 8

2. 從和風英語到印象造語（2）

　　我想大家應該已經注意到，和製英語的問題絕對不是「日本人英文不好」。是的，這是「命名（naming）」的問題。

　　要是現在出現了過去沒有人知道的東西，大家會怎麼命名呢？例如我來到台灣才第一次知道「電蚊拍」這種東西。電蚊拍是很方便的東西，能夠簡單、清潔地殺掉蚊子和蒼蠅，很適合送給日本朋友當禮物。因為日本沒有電蚊拍，所以需要幫它取個日文名字。我一看到它就想出「蚊取りラケット」。「蚊香」的日文是「蚊取り線香」，而電蚊拍的形狀很像網球或羽毛球的球拍（racket）。「蚊取り＋ラケット」是「功能＋形狀」的構造。中文的「電蚊拍」在日文會變成「電気蚊叩き」（電氣打蚊子），只有功能而已。因此英文也是「electric mosquito swatter（USA）」或「electric mosquito shooting（UK）」。

　　另外，電車的「博愛座」在日文是「シルバーシート（silver seat）」。相對於「博愛座」揭示了設置該座位的精神或口號，「シルバーシート」更令人直接聯想到白髮的老人，能夠更具體浮現該座位的對象之形象。英文中是「priority seat」，命名與中文相近，但更能強烈感受到「保護弱者」的精神。

　　如此這般，命名的語感各國不同。被稱作「和製英語」的詞也是，重點不在日本人創的英文像不像真正的英文，而是日文如何構成「命名」。也就是說，日本人不過是使用英文單詞來「命名」罷了。

日本語

2. 和風英語からイメージ造語へ（3）

　日本語で「名付け」をする場合、それは日本語の語構成という枠に嵌められることになります。

　名詞にならない語を、日本語の語構成規則に無理やり押し込めて作ってしまった名詞があります。それが「ペーパードライバー（paper driver）」です。これは、運転のライセンスを持っているけど一度も車を運転したことがない人のことで、英語で言えば 'person with a driver's license who never drives' で、見事に一語性の欠ける名詞句になってしまいます。しかし、英語で動詞性の名詞を修飾することができるのは、その名詞の性質を表す形容詞か、または動詞の目的語です。もし 'paper driver' と言ったら「紙で作った運転手」とか「紙を運転する運転手」とか「新聞配達をする運転手」などの意味に解されてしまうでしょう。

　しかし、日本語の動名詞を修飾する語は形容詞や目的語だけではなく、もっと自由です。例えば、焼き物の種類を表す「－焼き」と言う場合、前部要素の種類はいろいろです。

焼く食材：「卵焼き（卵を焼く）」「蛸焼き（蛸を焼く）」「もつ焼き（臓物を焼く）」

焼く時に使う調味料：「塩焼き（塩をつけて焼く）」「西京焼き（西京味噌をつけて焼く）」

焼く燃料：「石焼き（石で焼く）」「直焼き（直火で焼く）」「炭焼き（炭で焼く）」

焼く時の道具：「網焼き（網で焼く）」「すき焼き（鋤で焼く）」「鉄板焼き（鉄板で焼く）」

焼き方：「串焼き（串に刺して焼く）」「蒸し焼き（蒸して焼く）」「丸焼き（切らないで丸ごと焼く）」

焼く時の形：「銅鑼焼き（銅鑼の形に焼く）」「目玉焼き（目玉の形に焼く）」

焼いた後の様子：「黒焼き（黒くなるまで焼く）」「固焼き（固く焼く）」「薄焼き（薄く焼く）」

焼く場所：「浜焼き（浜で焼く）」「炉端焼き（炉端で焼く）」

原産地：「今川焼き（江戸今川橋で焼いたのが発祥）」

和製英語 9

2. 從和風英語到印象造語（3）

　　用日文「命名」的話，就必須符合日文的語詞組成的規制。

　　也有將無法成為名詞的語詞，勉強套用日文的語詞組成規則而造的名詞。那就是「ペーパードライバー（paper driver）」。這是指有駕照，卻從沒開過車的人，用英文說就是 'person with a driver's license who never drives'，完全是缺乏一詞性的名詞詞組。但是，英文中能修飾動詞性名詞的，只有表達該名詞性質的形容詞或動詞的目的語。如果說 'paper driver' 會被理解成是「紙做的駕駛」、「駕駛紙的駕駛」或「配送報紙的駕駛」等意思吧。

　　但是，日文中修飾動名詞的不只形容詞和目的語，而是更加自由。例如「－燒き」說明燒烤類食物的種類時，前部要素的種類很多。

燒烤食材：「卵焼き（卵を焼く）」（玉子燒；煎雞蛋）、「蛸焼き（蛸を焼く）」（章魚燒；煎燒章魚）」、「もつ焼き（臓物を焼く）」（烤雞雜；燒烤內臟類）

燒烤時使用的調味料：「塩焼き（塩をつけて焼く）」（鹽烤；沾上鹽燒烤）、「西京焼き（西京味噌をつけて焼く）」（西京燒；沾上西京味噌燒烤）

燒烤的燃料：「石焼き（石で焼く）」（石燒；用石頭燒）、「直焼き（直火で焼く）」（直接烤；直接火烤）、「炭焼き（炭で焼く）」（碳烤；用碳烤）

燒烤時的道具：「網焼き（網で焼く）」（網烤；用網子烤）、「すき焼き（鋤で焼く）」（壽喜燒；用鋤頭煎）、「鉄板焼き（鉄板で焼く）」（鐵板燒；用鐵板燒烤）

燒烤方式：「串焼き（串に刺して焼く）」（串燒；用竹籤串著烤）、「蒸し焼き（蒸して焼く）」（悶煎；加鍋蓋煎）、「丸焼き（切らないで丸ごと焼く）」（整個烤；不切整個烤）」

燒烤時的形狀：「銅鑼焼き（銅鑼の形に焼く）」（銅鑼燒；煎烤成銅鑼的形狀）、「目玉焼き（目玉の形に焼く）」（荷包蛋；煎烤成眼珠的形狀）

燒烤後的樣子：「黒焼き（黒くなるまで焼く）」（燒到變黑）、「固焼き（固く焼く）」（煎到硬）、「薄焼き（薄く焼く）」（薄薄地煎）

燒烤的地點：「浜焼き（浜で焼く）」（海濱燒；在海濱燒烤）、「炉端焼き（炉端で焼く）」（爐端燒；在爐端烤）

原產地：「今川焼き（江戸今川橋で焼いたのが発祥）」（今川燒；起源自江戸今川橋燒烤）

日本語

2. 和風英語からイメージ造語へ（4）

　さて、前回長々と焼き物料理の名前の語構成を述べましたが、要するに「－焼き」の前の名詞は、食材、調味料、燃料、道具、焼き方、形、焼いた後の様子、焼く場所、原産地、何でもござれなのです。つまり、当該の焼き物料理で最も特徴的な、他の料理と違った側面を取り立てて表現することができるのです。例えば、魚や貝を焼いた料理はどこにでもありますが、「浜焼き」となると、「取れたばかりの魚貝を浜で焼く新鮮な料理」という特別なイメージを訴えることができるというわけです。

　このように、他のものと違って目立つ特徴を、言語学では「有標」と言います。反対に、平凡で当たり前のものを「無標」と言います。例えば、私は授業の時学生の名簿を見ると、中国人の名前は男か女かわかりません。そこで、学生の名前を呼んで男か女かわかるように印を付けたいと思います。日本語学科には女子が圧倒的に多いですね。日本語学科では、男子に印を付ける方が女子に印を付けるよりも印が少なくて効率がいいですね。このような場合、印を付けられた男子を「有標」と言います。男子の方が少なくて希少価値があって目立つからです。教師の方も、数が少ないグループの方が早く名前を覚えます。だから、特に美人・イケメンの学生、特に優秀な学生、反対に特にデキの悪い学生、非常に変わった名前の学生など、特徴の際立った学生は比較的早く名前を覚えてしまいます。

　有標の特徴を当該物のイメージとする認知操作、そして、イメージの結びつくもの同士なら何でもくっつけてしまう日本語のゆるい語構成規則。この二つが作用して、「卵焼き」「塩焼き」「石焼き」「鉄板焼き」「串焼き」「目玉焼き」「固焼き」「炉端焼き」「今川焼き」などの語ができあがるわけです。

和製英語 10

2. 從和風英語到印象造語（4）

　　那麼，上一回說了那麼多燒烤料理名稱的語詞構成，簡單地說就是「－燒き」前的名詞可以是食材、調味料、燃料、道具、燒烤方式、形狀、燒烤後的樣子、燒烤的地方、原產地等，任何東西都可以加。也就是說，能夠選用該燒烤料理最具特色、與其他料理不同的一面來表達。例如燒烤魚或貝類的料理各處都有，但是用「浜燒き」的話，就能強調「將捕獲到的魚貝立刻在海邊燒烤的新鮮料理」這個特別的印象。

　　像這樣不同於他者的醒目特徵，在語言學上稱「有標」。相反地，平凡理所當然的東西稱為「無標」。舉例來說，我上課時看學生的名單，分不清楚中文名是男是女。於是想叫學生的名字，加上記號以分辨男女。日語學系中，女生壓倒性地多。所以在日語學系，給男生加上記號比給女生加上記號來得少，有效率。這種情況下，加上了記號的男生就叫「有標」。因為男生比較少，具稀有價值而顯眼。對老師而言也是，數量少的群體較容易記得名字。所以，特別漂亮／帥的學生、特別優秀的學生、相反地，表現特別差的學生、名字非常奇特的學生等，特徵明顯的學生名字比較容易記住。

　　把有標特徵化為印象的認知操作，加上日文鬆散的構詞規則——只要彼此皆能與其印象連結，任何東西都能結合，這兩項發揮了作用，才會造出「卵燒き」、「塩燒き」、「石燒き」、「鉄板燒き」、「串燒き」、「目玉燒き」、「固燒き」、「炉端燒き」、「今川燒き」等語詞。

日本語

2. 和風英語からイメージ造語へ（**5**）

　さて、それでは、「ペーパードライバー（paper driver）」の「ペーパー（paper）」は、後の「ドライバー（driver）」とどのように結びついているのでしょうか。「ペーパー（ライセンス）を持っているドライバー」と、プラスの意味に解釈されてもよさそうです。しかし、これは「ペーパーだけのドライバー」と、マイナスの意味に使われていますね。

　ここで、「有標」「無標」が問題になってきます。ドライバーがライセンスを持っているのは当たり前のことです。新聞やテレビでは、当たり前のことはニュースになりません。「犬が人を噛んでもニュースにならないが、人が犬を噛んだらニュースになる」と言われる通り、少なくて目立つからこそニュースになるのです。（それ故、新聞にはめったにないことが記事になるんですよ。イスラム教の人が大量虐殺をしたからと言って、イスラム教徒全体が犯罪者だと考えるのは間違いですね。）ですから、ライセンスを持っているのに運転しない人というのは「有標」であり、特記される存在になります。それで、「ペーパードライバー」と言うと、「ペーパーだけのドライバー」という「ペーパー」のマイナスの意味をイメージさせるのです。

　また、日本語には「絵に描いた餅」と言う言葉があります。空想上の餅、現実には存在しないので食べられない餅、という意味で、実在性に乏しい「紙の上の餅」がイメージされます。英語でも 'paper plan'（机上の空論）とか 'paper profit'（帳簿上の利益）という言葉がありますが、'paper driver' には、リアルな実情に対する空疎な観念を表すこの 'paper' のイメージが適用されているものと思われます。これは、立派な「和製英語」ですね。

和製英語 11

2. 從和風英語到印象造語（5）

　　那麼，來談談「ペーパードライバー（paper driver）」的「ペーパー（paper）」，是怎麼和後面的「ドライバー（driver）」結合的呢。好像也能解釋為「ペーパー（ライセンス）を持っているドライバー」（持有駕照的駕駛）這樣正面的意思。但是，卻用於「ペーパーだけのドライバー」（空有駕照的駕駛）這樣負面的意思。

　　這就是跟「有標」、「無標」有關的問題了。駕駛擁有駕照是理所當然的。報紙和電視都不會把理所當然的事當成新聞。如「狗咬人不會成為新聞，但是人咬狗的話就會變成新聞」所說，稀少而引人注目的才會成為新聞。（所以報紙寫的是很少發生的事喔！就算伊斯蘭教的人進行大量屠殺，也不能把伊斯蘭教徒全都當成犯罪者。）因此，有駕照卻不開車的人才是「有標」，是要特別註明的對象。所以說到「ペーパードライバー」，才會令人聯想到「ペーパーだけのドライバー」（空有駕照的駕駛）這種「ペーパー」負面意思的印象。

　　此外，日文還有「絵に描いた餅」這樣的詞。意思是幻想的餅，不存在於現實，所以不能吃，擷取的是非實際存在的「紙上的餅」之印象。英文也有 'paper plan'（紙上談兵的計畫）、'paper profit'（帳面利潤）這樣的詞，而一般認為 'paper driver' 正是採用了 'paper' 一詞「對實際情形感到空虛」的觀念。這可說是很棒的「和製英語」呢。

日本語

3. イメージ造語―（1）原語の意味拡張

　イメージ造語の英語こそ純然たる（?）和製英語。和製英語の本領です。本来の英語表現とは全く違った角度から表現したもので、いずれの語も日本語の語構成規則に則って作られたものであり、また日本人の発想、日本事情が反映されています。また、もともとの英語の意味を日本人が勝手に拡大解釈して生まれた和製英語もあります。英語話者にとっては迷惑な話でしょうが、これも和製英語の形成過程に大いに貢献（?）しています。

　例えば、「サービス」という言葉です。スーパーなどでは、一定の時間になると一部の商品を安く売る「タイムサービス」という販売法があります。しかし、この「タイムサービス」には対応する英語はありません。アメリカにはそもそも「タイムサービス」などという商法がないからです。（もしあったとしても、'time service'とは言わないでしょう。）'service'という語は本来は、医療などの専門業務の勤務や勤務態度一般、または公共業務におけるガスや電気や水などの供給もしくは接客方法を意味するものですが、日本語では何故か「値引き」「おまけ」（台湾なら「買一送一」のような販売法）「無料奉仕」などの意味で使われています。つまり、「タイムサービス」ということばを英語風に解釈すれば「一定の時間だけ電気や水を供給する」ということになり、給水制限のような意味になってしまうわけですね。

和製英語 12

3. 印象造語—（1）擴張原詞意

　　印象造語的英文才更是純粹（？）的和製英語。是和製英語的固有特色。這些詞從與原英文完全不同的角度表達，都是依照日文的構詞規則所造，並反映日本人的想法、日本的情況。也有日本人擅自擴大解釋英文原意而成的和製英語。雖然對說英文者而言可能很困擾，但這也對和製英語的製程有很大貢獻（？）。

　　例如「サービス」這個詞。在超級市場等，有一種販賣手法是到了特定時間，就會便宜販售部分商品，叫「タイムサービス」（限時特賣）。但是這個「タイムサービス」卻沒有相對應的英文。因為美國根本沒有「タイムサービス」等商業手法。（就算有，大概也不會叫 'time service' 吧。）'service' 這個詞原本是指醫療等專業業務的工作、工作態度整體，或是公共業務方面的瓦斯、水電供給等，又或是接待客人的方式，日文不知道為什麼，用作「打折」、「附贈」（像台灣的「買一送一」這種販賣手法）、「免費服務」等意思。把「タイムサービス」這個詞用英文風格解釋的話，就會變成「只有特定時間供給水電」，意即類似限水、限電的意思。

日本語

　同じ「サービス」という語を含む言葉に「アフターサービス（after service）」が
あります。商品購入後のメンテナンスや無料修理などの服務のことで、英語では
warranty と言います。そもそも売った商品に欠陥がないかどうか責任を持つのは当
然の商道徳でしょう。それを「サービス」という言葉でいかにも無料奉仕のように
感じさせてしまいます。実はこれも商品の値段の中に入っているのですから（従業
員は単に月給内の仕事をしているだけ）、「サービス」という言葉で何か得をした
ように感じさせてしまう、これも一種の心理商法でしょうか。

　もう一つ、「モーニングサービス（morning service）」という言葉があります。
これを英語話者が聞いたら、まるで朝だけ仕事をする公務員みたいですね。しかし、
この言葉は実は、喫茶店でコーヒーとトーストなどの朝食セットを割引料金で提供
することで（例えば、普通ならコーヒー 600 円、トースト 400 円のところを、コー
ヒー＋トースト＋ゆで卵で 800 円にする）、英語では 'breakfast special' です。これ
は、語と語の結びつきがラフな日本語の語構成と、「サービス」という語の日本風
意味拡張による和製英語と言っていいでしょう。

和製英語 13

　　同樣使用了「サービス」這個詞的還有「アフターサービス（after service；售後服務）」。是指購買商品後的維護和免費維修等服務，在英文叫作 warranty（保固）。對出售的商品有無缺陷負責，本來就是理所當然的商業道德吧。「サービス」這個詞則讓人有種免費服務的感覺。其實這也包含在商品的價格內（員工不過是做他們月薪內該做的工作），「サービス」這個詞卻讓人有賺到了的感覺，這也是一種心理商業手段吧。

　　還有一個是「モーニングサービス（morning service）」。說英文者聽到的話，會覺得像是只有早上工作的公務員呢。但其實這個詞，是指咖啡店以優惠的價格提供咖啡與吐司等早餐套餐（例如平常咖啡 600 日圓，吐司 400 日圓，變成咖啡＋吐司＋白煮蛋 800 日圓），英文會說 'breakfast special'。這可以說是日文詞和詞能輕易結合的構詞規則，以及日本式擴張「サービス」的意思所形成的和製英語吧。

3. イメージ造語―（1）原語の意味拡張

　では、どうして「サービス」という語が英語の元の意味を離れて「値引き」「おまけ」「無料奉仕」のような意味に変質してしまうのでしょうか。

　トランプ（あのアメリカの大統領のことではなく「撲克牌」のこと）をシャッフル（shuffle：ごちゃまぜにする）することを、日本語では「トランプを切る」と言い、中国語では「洗牌」と言いますね。「shuffle」「切る」「洗」という全く違う動詞が、どうして同じ動作を指すことになるのでしょう。言葉には必ず原義（元々の意味）と拡張義（元の意味から派生した意味）があります。（英語の辞書を引いてごらんなさい。take、get などの短い言葉ほど多くの意味項目が見つかるでしょう。短い言葉の方が早く発生したから、それだけ歴史の中で変容を受けてきたのだと思われます。）shuffle は、カードを 2 つの山に分けて互いに咬み合わせて混ぜる動作をするところから来たもので、最も比喩の入らない原義であろうかと思います。「洗牌」は「clean にする」という派生意味から来たもので、「それまでのゲームで決まってしまった牌の配列をリセットする」という意味だとわかります。これに対して「切る」というのは、手の中でトランプを混ぜていく行為を表現したもので、その動作から「それまでの牌の関係を切り離す」という派生意味が起こったのだと考えられます。また、シャッシャッという歯切れのいい音が物を切るような音に感じられるのかもしれませんね。このように、私たちの頭は意味を敷衍していく能力を持っています。ですから、「洗牌」と言われてトランプを洗濯機に放り込んだり、「トランプをよく切って」と言われて鋏を持ってきたりする人はいないわけです。

　元々は「何かを提供する」という意味の「サービス」が「プレミアム（premium）」の意味に転化してしまったのも、英語に対する日本人流の意味拡張が作用したものでしょう。物を売る時にプレミアムを付けるという商法は、どうやら日本の方が多いようです。

和製英語 14

3. 印象造語─（1）擴張原詞意

　　那麼，為什麼「サービス」這個語詞會脫離英文原本的意思，變成「優惠價格」、「附贈」、「免費服務」的意思呢？

　　「トランプ（不是指美國那位總統，而是「撲克牌」）をシャッフル（shuffle；弄亂）する」在日文說「トランプを切る」，中文叫「洗牌」。「shuffle」、「切る」（切、剪）、「洗」都是不一樣的動詞，為什麼指的卻是同一個動作呢。語詞必有其原義（原本的意思）和衍生義（從原義衍生的意思）。（請查查看英文的字典。像 take、get 等越是簡短的詞，能找到的意思項目越多對吧。一般認為，這是因為簡短的詞比較早出現，所以會在那麼長的歷史中不斷變化。）shuffle 原本就是由將牌分成兩疊，互相交錯混合的動作而來，我想是最不含比喻的原義。「洗牌」是由「clean にする」（把某物變乾淨）的意思衍生而來，是「牌會因先前的遊戲有一定的排列，所以將排列重設」的意思。相對地，「切る」則是表現了在手中混合撲克牌的動作，研判是由該動作衍生出「切斷過去的牌的關係」這種意思。此外，洗牌時刷刷的俐落聲音，很像切、剪東西的聲音也許也是原因之一。像這樣，我們的頭腦有著延伸意思的能力。因此，聽到「洗牌」不會有人把撲克牌放進洗衣機裡，聽到「トランプをよく切って」不會有人拿剪刀來。

　　「サービス」原本是「提供什麼」的意思，會轉為「プレミアム（premium；優惠）」的意思，也是日本人式擴張英文意思的結果吧。賣東西附帶優惠的商業手法似乎在日本比較常見。

日本語

3. イメージ造語—（2）事柄の一側面の特化

　年を取ってくると高血圧や糖尿病が心配ですね。高血圧になると塩辛い物やお酒を食することは医者から禁じられるし、糖尿病になると甘い物や糖質の食べ物は禁じられますね。これらのことは日本人は「ドクターストップ（doctor stop）」と言っていますが、正しくは 'doctor's order' です。私は高血圧や糖尿病は大丈夫ですが、中性脂肪が多いとのことで医者から毎日薬を飲むよう指示されています。また、目が白内障の予備軍だということで、毎日3回目薬を差すように言われています。肥満の人は、運動を命じられるかもしれません。これらも 'doctor's order' ですね。'doctor's order' には、ある行為を禁ずることも促すこともあります。それなのに、（しかも所有を表す 's を省略して）「ドクターストップ」とやってしまうのは、医者の命令の中で禁止事項が特に苦痛だからでしょう。禁止事項の方が「有標」なので、禁止命令だけを特化して「ドクターストップ」と言ってしまうのでしょう。

　同じように、事柄の一側面だけを特化した和製英語に「シルバーシート（silver seat）」があります。英語では 'priority seat' ですね。「シルバー」は中国語で言えば「銀髪族」ですから、「シルバーシート」は「老人優先席」になりますが、しかし座席を必要としているのは老人だけでなく、病人、怪我人、妊婦などさまざまな弱者がいるはずです。優先対象を老人に特化したこの表現は、高齢化社会の悩みを反映したものでしょうか。

和製英語 15

3. 印象造語—（2）特化事物的某一面

　　年紀大了就會擔心高血壓、糖尿病。高血壓會被醫生禁止高鹽分的食物和酒；糖尿病則會被禁止甜食或碳水化合物類的食物。這些日本人稱為「ドクターストップ（doctor stop）」，正確的應該是 'doctor's order'。我雖然還沒什麼高血壓、糖尿病的問題，但是中性脂肪多，所以接到醫生指示，必須每天吃藥。而眼睛方面，則是白內障的預備軍，醫生說我每天必須點三次眼藥水。肥胖的人可能被命令必須運動。這些也是 'doctor's order' 呢。'doctor's order' 可能是禁止，也可能是督促某些行為。然而，卻（還省略表示所有的 's）改成「ドクターストップ」，大概是因為在醫生的命令中，被禁止的事項特別痛苦吧。因為禁止事項比較「有標」，所以才單強調禁止命令，說成「ドクターストップ」吧。

　　同樣地，單強調事物其中一面的和製英語還有「シルバーシート（silver seat）」。英文是 'priority seat'。「シルバー」在中文稱「銀髮族」，因此「シルバーシート」會變成是「老人優先席」，但需要座位的不只是老人，還有病人、傷者、孕婦等各種弱勢群體。單強調老人為禮讓對象，也許也是反映了高齡化社會的煩惱吧。

日本語

3. イメージ造語—（2）事柄の一側面の特化

　もう一つ、事柄の一側面を特化した和製英語に「ミスコンテスト（miss contest）」があります。独身女性の美を競うコンクールですが、英語では 'beauty contest' ですね。以前は「美人コンテスト」と言っていましたが、優勝者が「ミス〇〇」の称号を得ることから、最近では「ミスコンテスト」、略して「ミスコン」と言われているようです。このコンテストは、美に自信のある人が集まる → 審査員が審査する → 優勝者が決定される → 優勝者に「ミス〇〇」の称号が送られる、という過程を経るものですが、この最後の段階の称号が特化されて「ミスコン」と言われるようになったものです。「美人コンテスト」より「ミスコン」の方が短くて言いやすいという言語経済（？）の理由もあるでしょうが。

　しかし、美を競うコンテストの参加者が必ずしも独身女性だとは限らないのではないでしょうか。ゲイの美しさを競う「ゲイコンテスト」、眼鏡の会社が催す「眼鏡美人コンテスト」、肥満系の女性の「太め美人コンテスト」、看護師さんたちの「白衣美人コンテスト」など、最近のミスコンはバラエティに富んでいます。「ゲイコンテスト」は女性は参加できないし、「太め美人コンテスト」や「白衣美人コンテスト」は既婚者でも参加できそうです。また、イケメンを競う「ミスターコンテスト」や、男性の筋肉美を競う「マッチョコンテスト」など、男性のためのコンテストもあります。独身女性以外の美を競うコンテストでも「ミスコン」というのは、男性の処女願望を特化したものだと言えるでしょうか。中国語の「選美」の方がよほど原語に忠実ですね。

和製英語 16

3. 印象造語—（**2**）特化事物的某一面

　　還有一個單強調事物某一面的和製英語「ミスコンテスト（miss contest）」。這是單身女性的選美比賽，在英文中叫 'beauty contest'。以前會用「美人コンテスト」，冠軍會獲得「ミス○○」的稱號，所以最近會使用「ミスコンテスト」的簡稱「ミスコン」。這個比賽雖然會經過以下過程：召集充滿對美有自信的人 → 由評審評比 → 決定冠軍 → 贈予冠軍「ミス○○」的稱號，不過單純強調最後一個階段的稱號，變成「ミスコン」。而且「ミスコン」比「美人コンテスト」更短而好唸，這樣言語上比較經濟實惠（？）也是原因之一吧。

　　不過，選美比賽的參賽者未必是單身女性對吧。比賽 Gay 中誰美的「ゲイコンテスト」、眼鏡公司舉辦的眼鏡「眼鏡美人コンテスト」、棉花糖女孩的「太め美人コンテスト」、護士們的「白衣美人コンテスト」等，最近的選美比賽類型豐富。女性不能參加「ゲイコンテスト」，已婚者好像也能參加「太め美人コンテスト」、「白衣美人コンテスト」。此外，也有比誰帥的「ミスターコンテスト」、比賽男性肌肉美的「マッチョコンテスト」等針對男性舉辦的比賽。單身女性以外的女性選美比賽也稱「ミスコン」，大概可以說是單獨特化男性的處女情節吧。中文的「選美」更貼近原詞呢。

3. イメージ造語—（3）原語と違った観点で作られた語

今回は、アヤシイ二人に関する和製英語の話です。

① ツーショット（two shot） → picture together

shot とは「写真を撮ること」との意味がありますから、「ツーショット」と言ったら「2回の撮影」と解釈されてしまいそうですが、実は「2人の人間が一緒に写っている写真」のことなんです。しかし、3人の人間が一緒に写っている写真のことを「スリーショット（three shot）」とは言いませんから、どうやら「2人」というところに意味がありそうです。ウワサになっている二人、特に意味のある二人、アヤシイ関係の二人が一緒にいるところを捉えてシャッターを切った、という意味が込められているのかと思われます。shot というのは写真そのものでなく、撮影行為とか写真の内容を指すものですから、「ツーショット」は「2人の写真」と言うよりは「2人が一緒にいるところを捉えた」と言うタイミング性を表した造語と言った方がいいかもしれません。「2人」と「捉えた」ということを特化したイメージ和製英語ですね。

② ペアルック（pair look） → matching clothes

二人が同じデザインの服（或いは色違いで同じ柄・同じデザインの服）を着ることですが、英語の方は 'matching clothes'（組み合わせの服）と、「服」を中心とした表現ですが、和製英語の pair look の方は「一対の外観」という表現になっています。これには、同じ服を着ることによって二人が特別な仲であることを人に見せるという意図が感じられますね。「同じ服」より、「同じ服を着る人」を特化した表現です。'look' という言葉に、人に見られることを気にする日本人の意識が感じられないでしょうか。

和製英語 17

3. 印象造語—（**3**）以不同於原詞觀點造成的語詞

這一回，要說的是關於可疑二人的和製英語。

① ツーショット（two shot；雙人照）→ picture together

shot 有「拍照」的意思，所以「ツーショット」可能會解釋成「拍攝兩次」，但其實是「兩個人一起入鏡的照片」。但是三個人一起拍的照片不叫「スリーショット（three shot）」，看來「兩個人」是有特別意義的。應該隱含著捕捉到有八卦的兩個人、有特殊意義的兩個人、關係可疑的兩個人在一起的時候，並按下快門的意思。shot 所指的不是照片本身，而是拍攝的動作或照片的內容，所以與其說「ツーショット」是「雙人照」，不如說是「拍到兩個人在一起的時候了」這種表現了時機性的造語比較恰當。這是特別強調「兩個人」和「拍到了」的印象和製英語。

② ペアルック（pair look；情侶裝）→ matching clothes

意思是兩個人穿著同款式的衣服（或不同色的同花紋／同款式衣服），英文稱 'matching clothes'（配合好的衣服），這是以「衣服」為中心表達，而和製英語的 pair look 則表達「成對的外觀」。這能使人感受到藉由穿同樣的衣服，展現兩個人特殊關係的意圖。這種表達方式強調「穿同樣衣服的人」，而不是「同樣的衣服」。'look' 一詞中，是不是能感受到日本人在意他人目光的意識呢。

第12部 和製英語

日本語

3. イメージ造語―（3）原語と違った観点で作られた語

今回は、車に関する和製英語の話です。

③ **オープンカー**（open car）→ convertible car

原語 'convertible car' は「折り畳み幌付き自動車」なんですが、この車の特徴は「屋根無しで走ることができるが、必要な時には屋根を付けて走ることができる」ということです。屋根付きで走るのは普通の車と同じですから、「屋根無しで走ることができる」というのがこの車の他と違った特徴、つまりこの車が「有標」である部分ですね。（有標、無標については、第472回「和製英語-10」でお話しました。）人間の目は、有標のものに引かれます。

ところで、「屋根無しで走る」目的は何でしょうか。天気のいい日には外気に当たって気持ちがいいでしょうが、その他には相撲で優勝した力士のパレード、古くは1959年、平成天皇（現上皇）が皇太子の時、当時民間人だった美智子皇后（現上皇后）と結婚された日に街道をパレードしたことが思い出されます。日本におけるconvertible car の目的は「車の中を見せる」ということだったようです。そのイメージから 'open' という概念が出てきたのだと思われます。

④ **ドライブイン**（drive in）→ roadside restaurant

原語の 'drive in' は「車に乗ったまま用の足せる食堂・映画館・商店・銀行など」というもので、1990年代にアメリカで流行ったものですが、そんな便利な施設は日本では聞いたことがありませんね。日本語の「ドライブイン」にあたる対象は 'roadside restaurant' で、台湾で言えば高速道路の休息站のようなレストラン、日本で言えば、大きな道路の脇にある深夜営業のレストランのことです。これはもちろん車に乗ったまま食事ができるわけではなく、単に「好きな時間にドライブの途中で立ち寄ることができるレストラン」ということで「車に乗ったまま」ということが捨象され、「食事」ということが有標化されています。「車に乗ったまま」食事ができる便利なレストランがないから、'roadside restaurant' にこのような名付けをしたのでしょうね。

和製英語 18

3. 印象造語—（**3**）以不同於原詞觀點造成的語詞

　　這一回，要談跟車有關的和製英語。

③ オープンカー（open car；敞篷車）→ convertible car

　　原詞 'convertible car' 是「附有摺疊式車棚的汽車」，這種車的特徵是「能夠在沒有屋頂的狀態下行駛，必要的時候也能在有屋頂的狀態下行駛」。在有屋頂的狀態下行駛和普通的車一樣，「在沒有屋頂的狀態下行駛」才是這種車和其他車不同的特徵，也就是這種車「有標」的部分。（有關有標、無標，在第 472 回「和製英語 -10」說明過了。）有標的東西比較容易吸引人的目光。

　　不過，「在沒有屋頂的狀態下行駛」的目的是什麼呢？天氣好的日子能呼吸外面的新鮮空氣應該很舒服，此外還能讓人聯想到力士贏得相撲比賽時的遊行，再早一點 1959 年，平成天皇（現在的上皇）在皇太子時期，迎娶當時為平民的美智子皇后（現在的上皇后）那天在街道上遊行。在日本，convertible car 的目的似乎是展現「車子內部」給人看。一般認為應該是這樣的形象衍生出 'open' 的概念。

④ ドライブイン（drive in；公路餐廳）→ roadside restaurant

　　原詞 'drive in' 是 1990 年代流行於美國的用語，意思是「坐在車內就能完事的餐廳、電影院、商店、銀行等」，但在日本卻沒聽過這麼方便的設施呢。日文中的「ドライブイン」是指 'roadside restaurant'，在台灣就是像高速公路休息站中的餐廳，在日本是大條道路旁於深夜營業的餐廳。當然坐在車上是沒辦法吃的，不過是「能夠隨時在駕駛途中順路去吃一下的餐廳」，捨棄了「坐在車內」的概念，把「用餐」有標化。因為日本沒有「坐在車內」就能吃東西的方便餐廳，才會把 'roadside restaurant' 取上這樣的名字吧。

日本語

3. イメージ造語—（3）原語と違った観点で作られた語

　今回は、住まいに関する和製英語の話です。

⑤ ワンルームマンション（one room mansion）→ studio apartment

　原語を知って私も驚きました。「ワンルームマンション」とは、まさに「キッチン・浴室付きの一室アパート」のことですが、英語の方は 'studio apartment' です。これは、日本の住宅事情、或いは住宅に対する日本人のコンプレックスが反映していると思われます。

　まず、日本で「アパート」と言うと、大家族が住む一戸建ての家でなく、独身が住むような4畳半一室だけの木造賃貸集合住宅を連想します。戦後、地方から大都市に向かって労働人口が流入し、一人住まい用の住宅が大量に必要とされました。そこで、安価な独身用木造賃貸集合住宅が建設されました。ですから、「アパート」と言うと一室だけの風呂無し・トイレ共同の貧しい木造集合住宅がイメージされます。それに対して、「マンション（mansion）」と称する家屋が1960年代の終わり頃から聞かれるようになりました。「マンション」は文字通りには「豪邸」という意味ですから、3LDK風呂・トイレ付きの豪華な集合住宅を意味するようになりました。（当時は、賃貸住宅に何でもかんでも「マンション」という名を付けると、よく売れたようです。）

　しかし、経済構造が変わって「キッチンやリビングは不要、風呂・トイレと一室あればいい」という独身者や単身赴任の人たちが増えたので、「キッチン・浴室付きの1室アパート」が現れ、それに「ワンルーム（one room）」の名が冠されました。実は、これは風呂・トイレとセキュリティが保証されていること以外は「アパート」と同じなのですが、豪華さをイメージづけるために「マンション」というネーミングが残されたようです。

　このように、日本事情に即して作られた和製英語には、原語の影も形もありません。

和製英語 19

3. 印象造語—（**3**）以不同於原詞觀點造成的語詞

　　這一回，是關於居住的和製英語。

⑤ ワンルームマンション（one room mansion；單身公寓）→ studio apartment

　　我知道原詞後也很驚訝。「ワンルームマンション」正是「有廚房、浴室的單間公寓」，英文叫 'studio apartment'。一般認為這個和製英語反應了日本的居住情況，或日本人對於住宅的自卑感。

　　首先，在日本說到「アパート」，聯想到的就是非大家庭住的獨棟房屋，而是單身者所住，只有 4 疊半（2.11 坪）的單間木造租賃集合住宅。戰後，勞動人口自各地往大都市流動，需要大量單人居住的住宅。因此，建設了便宜的單身用木造租賃集合住宅。所以，聽到「アパート」所浮現的印象，就會是僅單間房，無浴室、廁所共用的窮酸木造集合住宅。相對地，1960 年代快結束時，開始聽到稱作「マンション（mansion）」的房屋。就如「マンション」的字面「豪邸」，意思變成是 3 房 1 廳 1 廚，附浴室、廁所的豪華集合住宅。（聽說當時的租賃住宅，不分青紅皂白都加上「マンション」命名的話，就會賣得很好。）

　　但是經濟結構改變，單身或隻身去外地工作，「不需要廚房、客廳，只需要有浴室、廁所的單間就行」的人增加，所以出現「附廚房、浴室的單間公寓」，於是冠上了「ワンルーム（one room）」的名稱。其實這除了有浴室、廁所，且安全比較有保障以外，和「アパート」是一樣的，不過為了給人豪華的印象，所以保留了「マンション」的命名。

　　像這類因應日本的情況製造的和製英語，已經連原詞的影子都看不到了。

3. イメージ造語—（3）原語と違った観点で作られた語

住まいに関する和製英語の続きです。

⑥ ベッドタウン（bed town）→ out skirts of town, bedroom suburbs

これも、日本の住宅事情の反映ですね。日本では、オフィス街、住宅街、商店街、遊楽街など、地域が機能別に分かれています。戦後、土地の値段が上がって庶民は都心に家を買うことが難しく、都心から遠く離れた郊外に住居を求めざるを得ませんでした。1970年代、80年代の高度成長時代、サラリーマンは昼は都心の職場で働いて、夜は郊外の家に帰る。しかし通勤生活は厳しく、住居から職場まで満員電車で押し合いながら平均1時間半、仕事は残業続きで帰宅は終電車に乗って、駅からはタクシーを奪い合ってやっとの思いで家に辿り着くと12時を過ぎている。長いこと父親の顔を見ていないという子供もいました。つまり、サラリーマンにとって、「家」とは「寝るだけの場所」になっていました。その比喩で「ベッド」と言い、そのような家が集まった地域を「ベッドタウン」と言ったわけです。「寝る」という面だけを取り上げて「ベッド」と言ったわけですが、地理的に見れば、要するに「郊外」なのです。

⑦ ライブハウス（live house）→ club with live music

「ライブ」とは生演奏のことですが、最近の日本ではバンド・ミュージシャンやポップ歌手が聴衆とともに熱狂する場になっているようです。アメリカにはそのような専門の「ハウス」はないそうです。'club with live music'、つまり「生演奏を聞かせるクラブ」として、まず社交の場としての機能を持ち、社交の手段としての生演奏があるということでしょう。日本人が「ライブハウス」に行くのは、音楽を聞いて熱狂することが目的で、社交が目的ではないようですね。

和製英語 20

3. 印象造語—（**3**）以不同於原詞觀點造成的語詞

　　接著仍是跟居住有關的和製英語。

⑥ ベッドタウン（bed town；睡城，住家聚集的郊外）→ out skirts of town, bedroom suburbs

　　這個詞也反應了日本的居住情況呢。在日本，會依照機能區分商業街區、住宅街區、商店街區、遊樂街區等。戰後，土地價格上漲，一般民眾很難在都市中心買房子，所以只能遠離市中心，到郊外居住。1970 年代、1980 年代高度成長時代，上班族白天在市中心的職場工作，晚上回到郊外的家裡。但是通勤生活很艱辛，從家裡到職場，平均必須在擠滿人的電車裡擠一個半小時，工作又一直加班，搭上末班電車回家，在車站爭著上計程車，好不容易終於到家，已經超過 12 點了。甚至有孩子長時間沒看過父親的面容。也就是說，對上班族而言，「家」就「只是睡覺的地方」。因為這樣才用「ベッド」（床）來比喻，稱那種許多住家聚集的地區為「ベッドタウン」。只突顯「睡覺」這一面所以稱「ベッド」，不過以地理的觀點來看，其實就是「郊外」。

⑦ ライブハウス（live house；現場展演空間）→ club with live music

　　「ライブ」原本是指現場演奏，不過最近日本也用來指樂團、音樂人、流行歌手與聽眾共同狂熱的地方。在美國似乎沒有這種專門的「ハウス」。'club with live music' 意即「能夠聽現場演奏的俱樂部」，也就是說具有社交功能，並有現場演奏當作社交的手段。日本人去「ライブハウス」的目的，似乎只是聽音樂狂熱，並沒有社交目的。

3. イメージ造語—（3）原語と違った観点で作られた語

　今回は、家族に関する和製英語の話です。

⑧ ハーフ（half）→ mixed parentage

　例えば、父親がアメリカ人で母親が日本人の人が「私はハーフだ。」と言っているのをよく聞きますが、「私はミックスだ。」と言う方が正確なようですね。「私はハーフだ」を直訳すると、「私は半分だ」ですから、一体何が半分なのかわかりません。しかし、「ミックス」と言うと何だか犬の雑種のようで聞こえが悪いから「ハーフ」になったのでしょう。half という言葉を使うなら、英語では 'I am half American and half Japanese.' と言うべきで、日本語なら「私は半分アメリカ人で、半分日本人だ。」になりますから、「ハーフ」というカタカナ語はどこにも登場しないわけです。

　なお、ニューハーフ（new half）というのは女装した男性のことですが、松原留美子というタレントが 1981 年に使い始めた全くの造語で、親からの出自とは全く関係がありません。

⑨ ホームドクター（home doctor）→ family doctor

　ある家族のかかりつけのお医者さんのことを、英語では 'family doctor' と言います。しかし、日本人は「ホームドクター（home doctor）」と言うんです。どうしてでしょうか。'family' は「家族」、'home' は「家庭」ですね。「家族」はある家の一人一人の成員を指しますが、「家庭」は一緒に生活する親族集団、または生活する空間のことですね。日本人は「家族」というものを集団として捉えているから「ホームドクター」という表現になってしまうのでしょうか。つまりは、表現の違いは文化の違いに由来しているのでしょうか。

和製英語 21

3. 印象造語—（**3**）以不同於原詞觀點造成的語詞

這一回，要說和家人有關的和製英語。

⑧ ハーフ（half；混血兒）→ mixed parentage

例如，常聽到父親是美國人，母親是日本人的人說「私はハーフだ。」（我是混血兒。），正確的說法應該是「私はミックスだ。」才對。因為照字面翻譯「私はハーフだ」會變成「我是一半」，不知道說的到底是什麼的一半。不過，大概是因為說「ミックス」的話，總感覺像是狗類的雜種，不太好聽，所以才用「ハーフ」吧。要用 half 這個詞的話，英文應該說 'I am half American and half Japanese.'，日文是「私は半分アメリカ人で、半分日本人だ。」（我一半是美國人，一半是日本人。），「ハーフ」這個片假名詞完全沒有出現。

此外ニューハーフ（new half）是穿著女裝的男性，由松原留美子這位藝人於 1981 年開始使用，是徹底的造語，已經與承自父母的狀況完全無關。

⑨ ホームドクター（home doctor；家庭醫生）→ family doctor

某一家人經常就診的醫生在英文稱 'family doctor'。但是，日本人說「ホームドクター（home doctor）」。這是為什麼呢？ 'family' 是「家族」（家人）、'home' 是「家庭」。「家族」是指某個家的每一位成員，「家庭」是指一起生活的親人團體，或生活的空間。大概是日本人把「家族」當作一個群體，所以才用「ホームドクター」吧。也就是說，表達方式的不同大概源自文化的不同吧。

日本語

3. イメージ造語—（3）原語と違った観点で作られた語

　今回は、人の行動様式に関する和製英語の話です。

⑩ マイペース（my pace）→ one's own pace

　今、職場や学校で飲食をする時、自分のカップや箸を携帯して使用することを「マイカップ」とか「マイ箸」などと言いますね。考えてみればこれもずいぶん自己中心の表現です。もし英語で 'Do you have my cup?' と言ったら、'No, I don't have your cup.' という答えが返って来るでしょう。「マイカップ」は 'one's own cup' と言うべきですね。同様に、マイペース（my pace）も 'one's own pace' でしょう。

　どの言語にも「現場依存の言葉」というのがあります。それは、指示言語と指示対象が場面によって違う言葉です。例えば誰かが「犬」と言ったら、他の人は四つ足で肉食でワンワンと鳴く、あの動物を思い浮かべますね。この場合、指示言語は「いぬ」で、指示対象は「四つ足で肉食でワンワンと鳴く」という犬のイメージです。しかし、「私」などの「現場依存の言葉」というのはそうはいきません。もし、この私、吉田妙子が「私」と言ったら、みんなはあの背の小さい、元気な吉田先生を思い浮かべるし、トランプ大統領が「私」と言ったら、みんなは体の大きな、ツイッターの好きなあの人のことを思い浮かべますね。「現場依存の言葉」「私」の指示対象は「犬」「大統領」などのようにいつも一定のものでなく、発話者自身を指します。「ここ」もそうですね。「ここ」というのは発話者がいる場所で、発話者が誰であるかによって、指示空間も違います。

　「私」「ここ」などは「現場依存の言葉」ですから、「マイカップ」「マイペース」と言ったら、話者自身のカップ、話者自身のペースということいなってしまいます。

　これは、日本人が自己対象化ができないということでしょうか、それとも、親が子供に対して「お母さん、ちょっと出かけるわよ。」などと言うように、相手の視線で自分を表現しているということでしょうか。

和製英語 22

3. 印象造語─（**3**）以不同於原詞觀點造成的語詞

　　這一回，要說和人的行動模式有關的和製英語。

⑩ マイペース（my pace；自己的一套，自我）→ one's own pace

　　現在，於職場、學校吃東西時，自備杯子、筷子等稱作「マイカップ」、「マイ箸」等。仔細思考的話，就會覺得這種表達很自我主義。要是英文說 'Do you have my cup?'，大概會聽到 'No, I don't have your cup.' 的回答。「マイカップ」應該要說是 'one's own cup'。同樣地，マイペース（my pace）也應該說是 'one's own pace' 吧。

　　不管哪個語言都有「視情況而定的語詞」。這是說，指稱語的指稱對象會依場合而不同。例如要是有人說了「狗」，其他的人就會連想到四隻腳、吃肉、汪汪叫的那種動物。這時候指稱語是「狗」，指稱對象是「四隻腳、吃肉、汪汪叫」的狗的形象。但是「私」（我）等「視情況而定的語詞」就不同了。要是我，吉田妙子說了「私」，大家腦中就會浮現身高不高、很有精神的吉田老師；而川普總統說「私」的話，大家腦中就會浮現體型高大、很喜歡推特的那個人吧。「視情況而定的語詞」，「私」的指稱對象不像有固定東西的「狗」、「總統」等，而是指說話者本身。「ここ」（這裡）也是。「ここ」是指說話者所在的地方，指稱的空間會依據說話者是誰而有所不同。

　　「私」、「ここ」等是「視情況而定的語詞」，所以說了「マイカップ」、「マイペース」的話，就是指說話者自己的杯子、說話者自己的步調。

　　這大概是因為日本人無法把自己對象化吧，或是像父母會對孩子說「お母さん、ちょっと出かけるわよ。」（媽媽稍微出去一下。）等，會以對方的視角來表達自己吧。

日本語

---

3. イメージ造語—（3）原語と違った観点で作られた語

　以下に述べるのも、日本人の価値観が挿入された行動様式に関する「和製英語」です。

⑪ スキンシップ（skin ship）→ petting (touching)

　テレビで、職場で男性の上司に体を触られて女性が顔をしかめている場面を見たことがありませんか？（台湾の職場ではそんなことはないでしょうが。）そんな時、上司の男性は「スキンシップ、スキンシップ」と言って逃げます。相手の体に触って親しみを示すことは、赤ん坊とか子犬とかには気持ちのいいものでしょうが、男女の間では下手をすると「セクハラ（sexual harassment、性騒擾）」になります。中国語で言えば、「吃豆腐」ですね。この場合、「スキンシップ」とは、「吃豆腐」を美化した表現でしょう。

　人の体に触って愛情や友情を示すことは、英語では 'petting' とか 'touching' とか言うのですが、'petting' や 'touching' ではいかにも男女の性行為を思わせて下品です。アメリカでは複数の女性にセクハラをして国民に非難されている人が大統領に選ばれてしまうほど性行為に対して寛容なようですが、日本だったら政治家が不倫をしようものならばたちまち更迭されてしまいます。「私はあなたに性交を求めているのではない、体を接触させることによってより多くの親しみを求めているのだ。」ということを表すため、性行為に対して禁欲的な日本の価値観が「スキンシップ」という言葉を生み出しました。

和製英語 23

3. 印象造語―（**3**）以不同於原詞觀點造成的語詞

　　以下也是加入日本人價值觀而造，關於行動模式的「和製英語」。

⑪ スキンシップ（skin ship；肢體接觸）→ petting (touching)

　　有沒有在電視上看過職場中，女性被男性上司碰觸到身體，皺眉不快的場面？（雖然台灣的職場可能沒有這種狀況。）這種時候男性上司會說著「スキンシップ、スキンシップ」逃避。碰觸對方的身體表達親密，如果對象是小寶寶、小狗可能很愉悅，但是男女間一個不妥可能就會變成是「セクハラ（sexual harassment；性騷擾）」。用中文來說就是「吃豆腐」。這種情況，大概是用「スキンシップ」美化「吃豆腐」的表現吧。

　　碰觸人的身體表達愛情、友情，在英文說 'petting' 或 'touching'，但是 'petting' 或 'touching' 就是會令人聯想到男女的性行為，很不雅。在美國，對性行為似乎寬容到，性騷許多女性遭國民責難的人都可以當選總統，不過在日本的話，要是政治家膽敢外遇，不久就會被換掉。為了表達「我並非想與你發生性行為，而是希望透過肢體接觸更加親近」，日本對性行為較忌諱的價值觀才催生了「スキンシップ」這個詞。

3. イメージ造語―（3）原語と違った観点で作られた語

　これも、人の行動様式に関する「和製英語」です。

⑫ ワンパターン（one pattern）→ set in one's way, the same pattern

　例えば、「いつも同じスタイルでばかり演技している俳優」を「ワンパターンの俳優」と言います。いつも清純な女の子しか演技できない、いつも正義感溢れた紳士的な男性しか演技できない、そんな俳優です。

　しかし、「ワンパターン（one pattern）」と言ったら「一つのパターン」ということで、「一つのりんご（one apple）」「一匹の犬（one dog）」と同じ、数量を表すことになってしまいます。「いつも同じパターン」という意味を表すには、'the same pattern' ですよね。「彼はワンパターンだ。」というのは、英語では 'He sets in his way.' と言うようです。

和製英語 24

3.印象造語—（**3**）以不同於原詞觀點造成的語詞

　　這個，也是和人的行動模式有關的「和製英語」。

⑫ ワンパターン（one pattern；千篇一律）→ set in one's way, the same pattern

　　例如我們稱「總是用同樣演技演戲的演員」為「ワンパターンの俳優」（只有一種演技風格的演員），就是像那些只能演清純女生，或只能演充滿正義感的紳士男性的演員。

　　但是說「ワンパターン（one pattern）」是「一つのパターン」，和「一つのりんご（one apple）」、「一匹の犬（one dog）」一樣，是表達數量的意思。要表達「總是一樣的模式」，英文會用 'the same pattern'。「彼はワンパターンだ。」（他總是一成不變）英文會說 'He sets in his way.'。

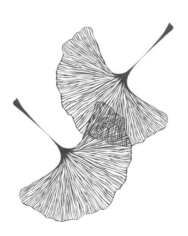

日本語

3. イメージ造語—（**4**）日本人の価値観を挿入して作られた英語

次は、原語を日本風にアレンジした英語です。

⑬ マナーモード（manner mode）→ silent mode

授業中や映画館など静かにしなければいけない場所では、携帯をバイブレーションに設定しますね。それは、まさに 'silent mode' です。しかし、日本では「マナーモード（manner mode）」と言いますね。何故でしょう。

日本では、静かなことが礼儀正しいことと考えられているようです。例えば、仕事の関係で深夜に帰宅する人は、自宅のドアを開けるために鍵穴に鍵を差し込んで回す時、鍵が鍵穴の金具にぶつかってガチャガチャと音がしますね。それが近所迷惑だと言われるので、鍵と鍵穴の金具が触れ合う音を避けるために、鍵穴の周囲にフェルト地の布を貼っている人がいます。また、私の父は会社の社長専用の運転手で、仕事の都合で深夜帰宅することが多かったのですが、私の母は深夜自動車を車庫に入れる音が近所迷惑ではないかと気を使い、定期的に近所の人たちにお詫びの品物を配っていました。大きな声で話す人、おしゃべりなうるさい人は下品な人と見なされます。そのような日本人の価値観が、「マナーモード」という和製英語を生み出しました。

和製英語 25

3.印象造語—（**4**）加入日本人價值觀而造的英語

接下來，是把原詞改造成日本風格的英文。

⑬ マナーモード（manner mode；靜音模式）→ silent mode

大家上課時或在電影院等必須保持安靜的地方，會把手機設成震動模式。那個就是 'silent mode'。但是，在日本稱為「マナーモード（manner mode）」。這是為什麼呢？

在日本，似乎認為保持安靜才是有禮貌的樣子。例如，因為工作很晚回家的人，在開自己家門，將鑰匙插入鑰匙孔轉開時，鑰匙碰撞到鑰匙孔的金屬部分會發出匡噹匡噹的聲音吧。這會被說是造成鄰居困擾，所以為了避免這個聲音，有人會在鑰匙孔周圍貼上氈布。此外，我父親是公司社長專用的司機，因為工作的關係，常在深夜才回家，我母親擔心將汽車停入車庫的聲音在深夜會讓鄰居困擾，所以會定期地發送禮品賠罪。說話大聲、講話吵鬧的人會被認為沒水準。這種日本人的價值觀催生了「マナーモード」的和製英語。

日本語

4. これも和製英語ですよ！

英語の規則をまったく無視した和風英語の例です。

① アンバランス（unbalance）→ imbalance

釣り合いが取れていないことを、英語では 'imbalance' と言いますが、何故か日本人は「アンバランス（unbalance）」と言っています。'unbalance' は「平衡を失わせる」という意味の他動詞で、「釣り合いが取れていない」という形容詞や「不均衡」という名詞は 'imbalance' です。これは、英文法に対する無神経さから来た間違いでしょう。

② ナイター（nighter）→ night game

野球などのスポーツの夜間試合のことを「ナイター（nighter）」と言うのは、代表的な和製英語ですね。NHK のアナウンサーなどは正しい英語できちんと 'night game' と言っています。しかし、スポーツに限らず、夜間興行のことをアメリカでも「ナイター（nighter）」と呼ぶことはあるそうです。とにかく「ナイター」の語源が何なのかは、よくわかりません。

③ ゲームセンター（game center）→ arcade

高校生などが好んで行く賑やかにゲームをする場所、あれを「ゲームセンター」というのは、完全に和製英語ですよ。

これらは、和製英語と言うより間違い英語と言った方がいいでしょうね。

和製英語 26

4. 這也是和製英語喔！

　　這個例子是完全無視英文規則的和風英文。

① アンバランス（unbalance；不均衡）→ imbalance

　　沒辦法取得平衡，在英文稱 'imbalance'，不知道為什麼，日本人卻說「アンバランス（unbalance）」。'unbalance' 是他動詞，意思是「使失去平衡」，而「無法取得平衡」的形容詞與「不均衡」的名詞是 'imbalance'。這大概是對英文文法太過隨興所造成的錯誤吧。

② ナイター（nighter；夜間比賽）→ night game

　　將棒球等運動的夜間比賽稱為「ナイター（nighter）」，算是很具代表性的和製英語。NHK 的主播等會用正確的英文說 'night game'。不過不止運動，在美國也會稱夜場表演為「ナイター（nighter）」。總之已經不知道「ナイター」的語源是什麼了。

③ ゲームセンター（game center；電子遊樂場）→ arcade

　　高中生等愛去，可以熱鬧地玩遊戲的地方，稱之為「ゲームセンター」，這是徹底的和製英語。

　　不過這些與其說是和製英語，不如說是錯誤的英文比較恰當吧。

國家圖書館出版品預行編目資料

妙子先生の日本語ミニ講座 III / 吉田妙子著；
許玉穎譯
-- 初版 -- 臺北市：瑞蘭國際, 2020.06
328面；19×26公分 --（日語學習系列；51）
ISBN：978-957-9138-83-3（平裝）
1.日語 2.讀本

803.18　　　　　　　　　　109006108

日語學習系列 51

妙子先生の日本語ミニ講座 III
台湾日本語、和製英語

作者｜吉田妙子
譯者｜許玉穎
責任編輯｜葉仲芸、王愿琦
校對｜吉田妙子、許玉穎、葉仲芸、王愿琦

封面設計、版型設計、內文排版｜陳如琪

瑞蘭國際出版
董事長｜張暖彗・社長兼總編輯｜王愿琦
編輯部
副總編輯｜葉仲芸・副主編｜潘治婷・文字編輯｜鄧元婷
美術編輯｜陳如琪
業務部
副理｜楊米琪・組長｜林湲洵・專員｜張毓庭

出版社｜瑞蘭國際有限公司・地址｜台北市大安區安和路一段 104 號 7 樓之一
電話｜(02)2700-4625・傳真｜(02)2700-4622・訂購專線｜(02)2700-4625
劃撥帳號｜19914152 瑞蘭國際有限公司
瑞蘭國際網路書城｜www.genki-japan.com.tw

法律顧問｜海灣國際法律事務所　呂錦峯律師

總經銷｜聯合發行股份有限公司・電話｜(02)2917-8022、2917-8042
傳真｜(02)2915-6275、2915-7212・印刷｜科億印刷股份有限公司
出版日期｜2020 年 06 月初版 1 刷・定價｜420 元・ISBN｜978-957-9138-83-3